固体聚合物电解质与金属的阳极键合

杜　超／著

中国原子能出版社

图书在版编目 (CIP) 数据

固体聚合物电解质与金属的阳极键合 / 杜超著 . --
北京：中国原子能出版社，2022.11
ISBN 978-7-5221-2269-4

Ⅰ. ①固… Ⅱ. ①杜… Ⅲ. ①固体电解质—聚合物—
复合材料—键合工艺 Ⅳ. ① TN405

中国版本图书馆 CIP 数据核字（2022）第 210832 号

内容简介

“阳极键合”是一种高效、清洁型电子封装技术，目前已实现商用。随着电子器件不断朝着微型化、智能化、可穿戴化的方向发展，且各种功能材料层出不穷，这为“阳极键合”工艺提供了新的发展契机。本书重点阐述了阳极键合的发展应用历程，主要以固体电解质材料与金属和非金属的之间的键合为主。其中，涉及到键合工艺流程、键合性能评价、界面表征方法、质量检测手段等内容，为该技术在电子封装领域的应用提供理论基础。本书论述严谨，内容丰富，是一本值得学习研究的著作。

固体聚合物电解质与金属的阳极键合

出版发行 中国原子能出版社（北京市海淀区阜成路 43 号 100048）
责任编辑 白皎玮
责任校对 冯莲凤
印　　刷 北京亚吉飞数码科技有限公司
经　　销 全国新华书店
开　　本 710 mm × 1000 mm　1/16
印　　张 16.375
字　　数 257 千字
版　　次 2024 年 3 月第 1 版　2024 年 3 月第 1 次印刷
书　　号 ISBN 978-7-5221-2269-4　　定　　价 95.00 元

网　　址：http://www.aep.com.cn　　E-mail:atomep123@126.com
发行电话：010-68452845

PREFACE

前 言

微机电系统（Micro-Electro-Mechanical System，MEMS）是在微电子技术基础上，融合了微机械、光学、化学、材料学等交叉学科而发展成为尺寸在毫米甚至纳米级别的微型电子机械系统。MEMS技术的主要特点在于多元化、微型化、轻量化、智能化、高度集成化以及可大规模生产，其多元化涵盖了收集外界信息（力、热、光、电、磁、化学等）的传感器、进行数据整理分析的处理器以及对目标进行控制作用的执行器等一系列当今科学最前沿的成果，因而其被称为信息革命的又一次技术浪潮。由于MEMS技术是建立在微电子和精细加工技术上，并涵盖几乎所有自然及工程科学技术，当MEMS技术与其他新兴科技相结合时，就能够产生新的MEMS器件，所以它将为各个行业开辟一个崭新的技术领域和产业链。在当今新材料、新原理、新技术的不断发展下，MEMS技术将会得到更大发展，更多的微型传感器、控制器（如图1所示）等将会不断出现并改变人们的生活。

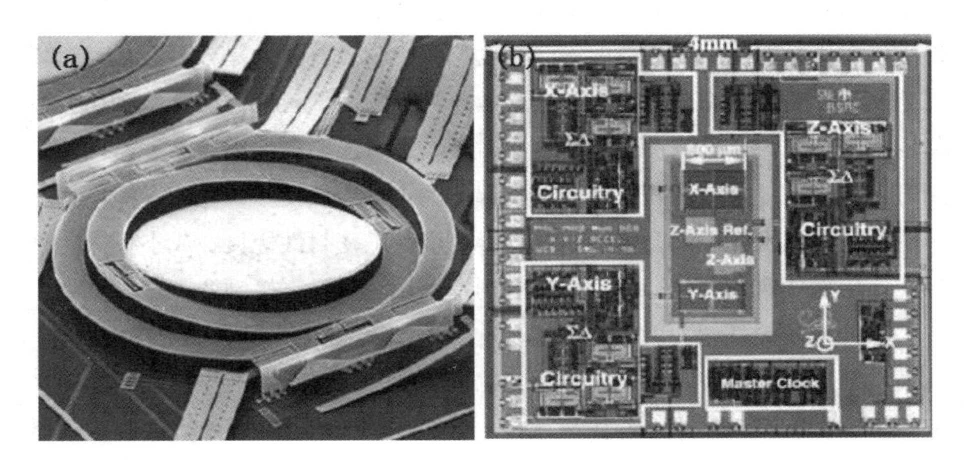

图1 典型MEMS器件

（a）微型光敏开关；（b）微型集成控制器

微机电系统相较于传统电器及机械系统结构较为特殊，其发展离不开相关制造加工技术的加持。MEMS器件的生产环节包含了体微加工技术、表面微加工技术、精细加工技术、高深宽比加工技术及封装技术，其中，良好的封装技术是MEMS器件能够在不同工况下稳定运行的重要保障。MEMS封装技术的基础是IC封装，一个完整的封装就是将MEMS芯片和附加的IC电路结合起来，完成电气互联及各个功能的实现，同时还要保证器件内部不受外界环境的负面干扰和破坏（例如要承受非功能内的力、热、光、电、化学腐蚀等），高质量的封装可以使MEMS器件适应更多使用环境并延长其使用寿命。

由于MEMS器件的尺寸较小，因而必须采用特殊的封装技术和封装材料，但这样同时也增加了封装的难度和经济成本。

常用的封装材料有金属、陶瓷（玻璃）、聚合物，其中，聚合物封装可以分为前期封装和后期封装。前期封装为先注模成型后再将电子芯片固定在基板上进行连接；后期封装是先将芯片和基板互联再进行注模封装。使用聚合物封装的优点是质量轻、耐腐蚀、可加工性强及适于大规模生产，成本较低，因而聚合物封装是现代MEMS器件封装的新思路。

常用的封装方法为胶合封装、熔融键合及阳极键合封装，胶合与熔融键合均存在较大缺陷：胶合是应用最早的封装技术，其主要是通过黏结剂来达到材料连接，但是在胶合过程中容易使内部器件受到污染，而且黏结剂的用量不好精确把控，过多的黏结剂风干后会改变器件原有尺寸，这对于微型器件来说是不利的；熔融键合的键合强度相较于胶合有很大提升，但是其封装工艺复杂、封装效率较低，且在熔融键合过程中由于较高的键合温度还会引起较大键合应力，影响键合质量，同时高温还可能会影响内部电子器件的使用寿命。阳极键合是近几十年才发展起来的一种连接技术，它的主要优势在于键合过程温度低、键合效率高、键合速度快、密封性优良、成本较低、可以在不借助任何辅助材料下对金属、陶瓷等功能材料直接键合。

随着电子元件朝着微型化、集成化、智能化等方向发展，MEMS器件正在航空、航天、深海等越来越多的尖端领域中扮演着重要的作用，而封装又是MEMS器件生产制造过程中一个十分重要的环节，封装质量直接影响到器件的使用环境和使用寿命。据不完全统计，MEMS器件的封装成本占制作成本的50%～80%，在一些尖端行业甚至达到了90%以上。所以封装技术是制约其发展的主要因素，大力发展高效可靠的MEMS封装技术及相应的封装材料已经得到各国相关人员的广泛关注。

本书意在介绍固体聚合物电解质与金属的阳极键合，其中重点阐述了目前主流的PEG基、PU基等阳极键合材料的制备、表面处理及与金属的阳极键合工艺、界面表征等内容，为今后MEMS器件的封装提供新的思路。

作　者

2022年8月

CONTENTS

目录

第1章

阳极键合技术

1.1 阳极键合技术简介

阳极键合的发展始于20世纪60年代美国学者Pomerantz的一次偶然试验，在试验中Pomerantz将两片相互重叠的玻璃和金属加热通电后发现其能够形成稳定的连接，这一发现开启了阳极键合的研究[1]。1969年，Pomerantz和Willis两位学者发表了关于玻璃（陶瓷）与金属在静电场下建立连接的报道，报道中指出将一片硅酸盐玻璃置于两片金属之间并加热通电，经过一段时间后，这片硅酸盐玻璃与连接阳极的金属形成了稳定连接，这种连接称为“阳极连接”，也叫“阳极键合（Anodic Bonding）”[2]。

阳极键合也可称为场助键合或者静电键合，在电场、温度场、压力场的联合作用下，材料内部产生离子迁移和元素扩散，在键合界面处发生化学反应形成新的连接层，最终实现材料的连接。阳极键合技术可分为两大类，即直接阳极键合、间接阳极键合[3]。直接阳极键合技术应用较为普遍，且工艺简单，即不需要在键合材料之间加入中间层或其他连接材料，只需要将被键合材料连接面处理好后紧密贴合（施加一定压力），在合适的温度场和静电场作用下即能完成键合。典型的直接键合为“硅-玻璃”直接阳极键合；间接阳极键合技术是为了弥补直接阳极键合的不足，通过在被键合材料的连接面添加一种或几种中间材料[4]，进而完成键合，它的好处是可以将不能或很难直接键合的材料进行键合，例如“硅-硅”、“玻璃-玻璃”间的阳极键合。

作为微机电系统（Micro-Electro-Mechanical System，MEMS）封装中重要的连接技术，阳极键合在硅原片级封装、器件级封装、真空封装以及微纳封装中占有重要地位[5-7]。阳极键合技术是MEMS器件生产中实现三维交叉立体结构、多层结构等复杂结构的重要手段，广泛应用于微加速度计、微陀螺仪等传感类MEMS器件的封装，应用于微型探针、微流量驱动与控制等生物类MEMS器件的封装，以及应用于微光学、光电检测等光学类MEMS 器件的封装[8]。

学者Despont通过键合中改变电流的方法实现了硅 / 玻璃 / 硅的阳极键合连接，该方法适用于带有极小电子束显微镜中硅与玻璃的键合连接[9]。Nitzsche等用弹性反冲探测分析技术（Elastic Recoil Detection Analysis，ERDA）研究了电场辅助阳极连接中Pyrex硼硅酸盐玻璃内离子迁移分布过程，结论指出不同温度和电压下电流的形成机制不同[10]。Tang等人利用高分辨率透射电镜（High Resolution Transmission Electron Microscope，HRTEM）和能谱分析（Energy Dispersive Spectroscopy，EDS）研究玻璃与硅的键合界面，发现界面产物为纳米级厚度的SiO_2[11]。日本研究人员ShuichiShoji利用β石英铝硅酸锂（β-LAS）微晶玻璃实现了最低温在140 ℃与硅片的键合，研究表明微晶玻璃在阳极键合应用能够有效降低键合温度。国内也有一些课题组对阳极键合机制进行了深入研究，吴登峰[12]等人通过建立力学和电学模型，分析了不同阴极形状对阳极键合时间、电流强度以及对键合界面特性的影响。太原科技大学刘翠荣和杜超[13-15]等人首次报道了聚氧化乙烯（Polyethylene Oxide，PEO）固体电解质与铝箔的阳极键合连接，并对键合界面的结构和键合机制进行了分析。利用制作中间层，阳极键合还可以实现硅与硅、玻璃与玻璃等同种材料间的键合，比如浙江大学沈伟东[16]利用电子束蒸发Schott 8329玻璃，在硅片表面沉积了一层厚度约为2 μm的玻璃薄膜，成功实现了硅与硅的键合。太原理工大学孟庆森[17]等人提出了共阳极键合技术，一步实现了

Glass/Al/Glass的连接，极大地提高了键合效率。波兰比亚威斯托克技术大学的Piotr Mrozek[18]学者利用真空薄膜沉积技术在玻璃表面沉积了一层厚度为几十纳米的Ti膜，然后利用阳极键合技术将玻璃与玻璃成功键合在一起，拉伸试验结果表明，试样的抗拉强度超过25 MPa。

经过几十年的不断发展，阳极键合技术已经成为一种高效、便捷、成本低廉的清洁型材料连接技术。随着现代制造业及各种功能材料的不断发展，传统的金属-金属间连接已经逐渐不能满足需求，必须大力发展金属-非金属（陶瓷）等各种功能材料之间的连接[19]。阳极键合正是凭借其键合温度低、不污染元器件、键合质量好、键合后形变小、工艺简单及成本低廉等优点逐步在微电子加工制造业中显现出强大的生命力[20]。

1.2 “硅-玻璃”的阳极键合工艺过程及键合机理

阳极键合的工艺过程较为简便，在键合前主要的准备工作就是对被键合材料连接面的处理，因为阳极键合的顺利进行需要被键合材料连接面具有良好的清洁度和平整度，一般要求材料表面粗糙度低于0.1 μm，平行度小于5 μm。针对不同键合材料及阳极键合的需求，可以对被键合材料进行精密的切割、打磨、抛光、清洗等处理[21]。

玻璃和硅是应用最为广泛的两种材料，而阳极键合又具有反应温度低、键合强度高的优点，因而阳极键合已成为制造过程中玻璃硅连接工艺最为常用的方法之一，广泛应用于微电子器械、微传感器、微发生器、微流体装置以及基混合微传感器的系统封装等。

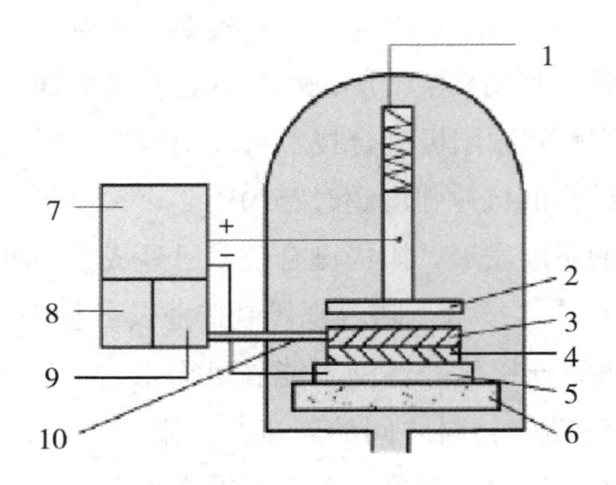

1：压力装置；2：阳极；3：硅片；4：微晶玻璃；5：阴极；6：加热装置；7：电源；
8：信息采集系统；9：温度控制系统；10：调节保护装置

图1-1　“硅-玻璃”阳极键合设备示意图[22]

以“硅-玻璃”的阳极键合为例，先将两种材料分别进行打磨抛光，然后在清洁环境中进行超声清洗，先后分别用丙酮、无水乙醇及去离子水清洁5 min，清洗完后在烘干箱中烘干20 min，烘干后，将硅、玻璃相互重叠并置于键合设备中，同时将硅片与阳极连接，玻璃与阴极连接，如图1-1所示，最后设置好键合参数进行键合[22]。

阳极键合的过程是在静电场、温度场及压力场下进行的，其实质是一种物理热运动及固体电化学耦合反应，当键合温度在500 ℃以下时，称为低温阳极键合技术。以“硅-玻璃”的低温阳极键合为例来介绍其键合机理。

硅和玻璃作为两种常温下几乎不导电的材料很难实现连接，但是当温度改变后，对两种材料的性能会产生比较大的影响。在键合前，先将两种材料进行预热（低于软化点温度），玻璃内部的离子（K^+、Na^+、Li^+）逐渐被“激活”，同时在静电场的作用下这些离子（主要是Na^+）向阴极移动，一段时间后，在玻璃靠近阴极一侧形成阳离子富集区，而在靠近与硅片结合面（阳极）的玻璃界面一侧将形成被极化的碱金属离子耗尽层，由于这一侧碱金属离子耗尽，这一耗尽层内部产生大量O^{2-}堆积，同时硅片靠近阴极一侧也会有大量阳离子聚集，因而形成强大电场，强度高达10^6 V/cm[23]；玻璃在被加热后，其表面将产生一定微观的弹性变形及黏性流动，同时在强静电场的作用下，玻璃界面耗尽层和硅片可以贴合得十分紧密，这为下一步界面发生化学反应提供了有力的条件。在耗尽层与硅片的结合处，O^{2-}与硅发生氧化还原反应形成了–Si–O–Si–键，即硅/氧化合物，当碱金属离子迁移完成，耗尽层与硅片反应结束，电场恢复平衡，键合完成[24，25]（“硅–玻璃”阳极键合机理示意图如图1–2所示）。

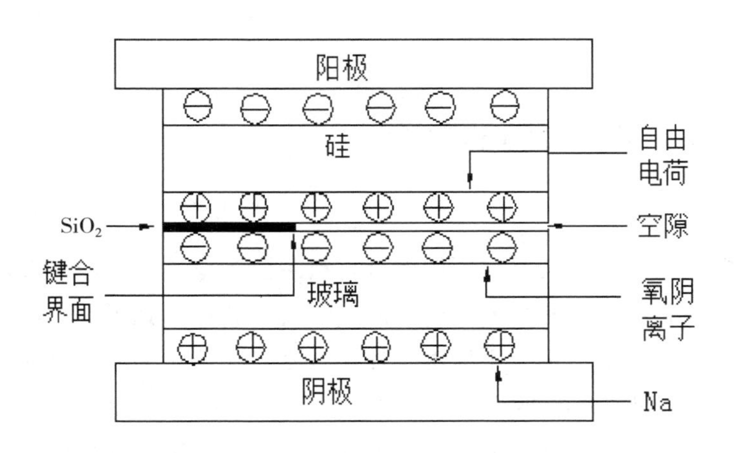

图1–2 “硅–玻璃”阳极键合原理示意图

关于形成有效连接的原因，国内外学者也有不同见解，其中Kreissing[26]的团队就发现，在阳极键合过程中如果不采用真空保护，在键合界面会存在空气和少量水分子，而水分子在高温和强电场作用下可以分解出部分O^{2-}，并与硅片形成–Si–O–Si–键；我国学者孟庆森[27，28]研究发现，在玻璃耗尽层表面会存在部分带有极性的OH^-，其与静电场力共同作用使Si/O在键合界面堆积，并发生化学反应形成Si–O键，而OH^-在高温下不稳定继而发生脱水聚合，氢键被Si–O–Si代替，从而形成硅氧化合物。同样，日本学者Q.F.Xing[29]等人发现，键合界面存在的水分子可以分解为H^+、OH^-、O^{2-}，而这些离子也共同参与键合，经过TEM对键合界面观测可以看到，耗尽层中有一块区别于其他区域的部分，这可能是OH^-富集区，这与孟庆森等人的研究相似。Q.F. Xing和G. Sasaki[30]还对“玻璃–铝”的阳极键合进行研究，研究表明玻璃耗尽层产生的吸引力可以促使Al^{3+}向耗尽层扩散，并与界面存在的水分子分解后产生的OH^-进行反应，并生成有效连接。

1.3 阳极键合的影响因素

1.3.1 键合材料的影响

阳极键合技术最初所应用的键合材料主要为单晶硅与微晶玻璃。随着各种功能材料在形态和性能上的发展，键合材料也得到了极大的扩充，但是并非所有材料都适用于阳极键合连接技术，无论作为阴极材料还是阳极材料都必须满足一定的要求，具体体现在：（1）键合材料表面必须保持清洁及较高的平整度，这样才能在键合过程中促进离子迁移并形成键合层，有利于提高键合质量；（2）阴极材料在键合过程中要能提供有效的自由移动离子（如玻璃中的有效迁移离子为Na^+），这是能否发生键合的关键；（3）阳极材料要能够阻挡离子进入阴极材料或从阴极材料流出，这样才能在键合界面形成强大的静电吸引，生成键合层；（4）键合材料要有一定热稳定性，不能在键合温度下变形或分解，同时也要有相互匹配的热膨胀系数（二者差别最好在±10%以内），以减小键合热应力，提高键合质量，又或者降低材料尺寸，例如使用薄膜材料可降低热膨胀性质的影响；（5）键合材料要具有一定机械强度，因为在键合过程中，键合材料会被施加一定压力，以保证两键合界面紧密贴合；（6）键合材料的尺寸影响，尺寸对键合质量及键合效率都有一定影响，Robin Joyce [31]等人通过研究不同厚度的玻璃与硅阳极键合过程，结果发现，厚度略大的玻璃在键合过程中产生的键合电流略大，且键合时间较短。

1.3.2 键合温度的影响[22]

在阳极键合过程中，温度的影响可以分为两类：其一为预热温度，预热温度是指在键合开始前，先对键合材料进行升温处理，目的是使键合材料（尤其是阴极材料）内部“活化”，提高内部离子热运动，在键合正式开始后可以迅速挣脱离子间的相互作用，成为自由移动的离子；其二为键合温度，几乎所有键合材料在室温下均不能顺利键合，这就需要提高温度以加速材料内部离子解离，一般来讲提高键合温度，键合材料内部自由移动离子数目越多、其迁移能力越强，越有利于键合层的生成，同时，键合温度的提高还会使键合材料在连接面产生一定弹性变形及黏性流动，使材料更加紧密贴合。但是，如果键合温度过高也不利于键合的进行，过高的温度可能会使得键合材料出现软化及热分解，使材料失效，同时高温还会引起较大的键合热应力，影响键合质量。对于MEMS封装来说，过高的温度可能会引起内部器件的损坏。

1.3.3 键合电压、电源及电极的影响

电压在键合过程中起到十分重要的作用。在温度场作用下，键合材料内部离子被激活，随着外加电场的作用，材料内部可自由移动的离子开始定向移动，形成电流，当电压提高时，离子迁移能力越强，键合速率越快，但电压不能超过极值，否则将击穿键合材料、损害内部器件。

直流电源是使用最早的电源形式，脉冲电源因其频率可变及电极多元化等优点，已得到广泛应用[22]。学者Lee[32]采用方波脉冲电源进行键合（如图1-3所示），不仅缩短了键合时间，还提高了键合质量。杨道虹[33]提出了采用双电场进行“硅-玻璃”的阳极键合，采用这种方法，能够有效避免或减少键合过程中的静电力对器件的影响。Roger[34]通过采用变压电源在键合过程中缓慢升高电压，以改变键合电流，从而提高键合质量。

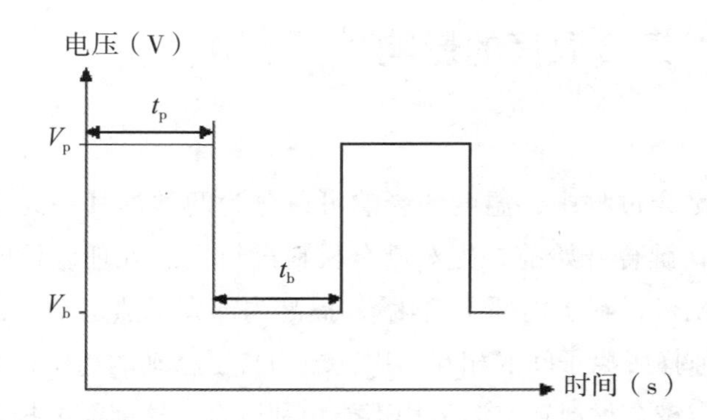

图1-3 脉冲电压波形示意图[32]

由于键合材料表面不可能做到绝对平整，因而在键合界面上就会存在一定缝隙。缝隙小的界面键合静电力强，键合效果好，键合也是从缝隙小的部分开始并逐渐向周围扩展，因而电极形式对键合效率、键合质量都有一定影响。电极的主要形式分为平板电极和点状电极两类，平板电极键合速率快、强度高，但也容易出现键合缺陷；点状电极能有效降低键合产生汽包的概率，但其键合强度不高，只能通过增加电极数量来提高强度。Jung-Tang Huang [35]等人为了降低界面气泡产生，采用了螺旋点电极，如图1-4所示。吴登峰[36]采用了十字线阴极作为阴极电极，不仅缩短了键合时间，而且有效控制了键合缺陷。Jim-Wei Wu [37]等人采用一种非接触扫描电极，如图1-5所示，其优点是电极可以移动，极大地缩短了键合时间，提高了键合效率。

图1-4 螺旋点电极[35]

图1–5　非接触式扫描电极[37]

1.3.4　键合时间的影响

阳极键合过程中最核心的部分就是键合层的产生，这也是能够键合成功的关键[22]，而键合层的产生其实只需要很短时间，但是离子迁移和相应的化学反应却不能短时间完成，因此，提高键合时间仍然有利于键合层的生长，键合密度也能随着键合时间的提高而增加，所以在一定范围内，键合时间越长，键合层厚度就越大，键合质量越好[38]。

1.3.5　键合气氛及压力的影响

阳极键合最初是在空气中进行，随着人们对其键合机理的深入了解，为了追求更理想的键合质量以及更高的键合效率，在各种气氛保护下的键合技术应运而生。例如：在真空中可以使键合材料之间更加紧密地贴合，即有效键合接触点增加，利于键合层的生成；当使用金属材料时，可以采用惰性气体保护，以防止键合过程中材料被氧化。

键合过程需要对键合材料施加一定的压力，进一步降低键合材料间界面缝隙，使其紧密贴合。但是对其施加的压力不能过大，否则材料会产生形变[22]。

1.4　阳极键合目前存在的一些问题

经过近几十年的不断发展，阳极键合已经成为MEMS器件封装过程中不可或缺的连接技术，然而在此基础上也存在着许多亟待解决的问题，尤其是键合工艺及键合材料方面。

1.4.1　键合工艺方面

（1）阳极键合技术相较于传统的熔融键合，已经在温度上有了大幅下降，但即使这样也需要一定的键合温度来完成键合。以“硅-玻璃”阳极键合为例，其键合温度范围大致在350 ℃～600 ℃，对于越来越微型化、精密化的MEMS封装来说，较高的键合温度会产生较大的键合热应力，降低封装质量。

（2）阳极键合过程中，在极间所施加的电压范围大致在400～2 000 V（根据键合材料厚度而定）。当MEMS器件采用多层键合时，其键合电压随着键合层数的增加而增加，对于后成型封装来说，过高的键合电压可能会对封装结构中电子元器件产生一定影响。

（3）在间接阳极键合中，通过中间层所实现的键合，需要在被键合材料间引入一层中间物质，而引入的方法大多为化学真空镀膜和物理气相沉积，两种工艺都较为复杂，不仅耗时，而且成本较高。

1.4.2　键合材料方面

阳极键合材料可分为阴极材料和阳极材料两大类，最初实现键合的材料是硅和玻璃。随着研究的深入，可用于阳极键合的材料也在不断拓展。

阴极材料：阳极键合对阴极材料有特殊要求，即具有离子导电性，特别是在键合温度下具有较高的离子导电率。适合作阴极材料的有快离子导体玻璃，也有特质陶瓷材料，比如Tanaka研制的具有较好断裂韧性的低温共烧陶瓷晶片（Low Temperature Co-fired Ceramics，LTCC）[39-41]；也有固体聚合物电解质材料（Solid Polymer Electrolyte，SPE）。关于聚合物阴极材料的研究才刚刚起步，我们课题组也做了一些前期工作，刘翠荣[13-15]等人报道了PEO基电解质材料与铝箔成功实现了阳极键合连接。

阳极材料：用于阳极键合的阳极材料选择范围较宽，特点是可以实现电子导电，许多导体比如金属类、合金类以及半导体材料都可以作为阳极材料进行阳极键合[42-44]。

经过国内外学者对阳极键合广泛深入的研究，在传统键合材料的键合工艺、键合机理、键合质量评价等方面已取得较大进展，然而阳极键合是非常复杂的物理化学变化过程，在键合过程中材料微观变化与键合质量的对应关系以及从微观角度对整个键合过程精准控制等方面还缺乏系统深入的研究。随着柔性化器件的逐步应用，针对阳极键合在封装领域的特有优势，阳极键合在柔性器件制备与封装方面展现出巨大潜力。下面举出一些常见的键合材料问题。

（1）陶瓷（玻璃）作为常用的阳极键合阴极材料，其室温下离子导电率较低（10^{-9} S·cm^{-1}），在键合过程中所能提供的可移动离子较少，键合电流相对较低，因而在键合中需要通过提高键合温度及电压促使其发生极化、解离，从而提高有效离子迁移数，促进键合。

（2）传统的阳极键合封装材料为，硅、铝、可伐合金、陶瓷（玻璃），其力学性能较差（脆性断裂），可加工性较低（尤其是玻璃），渐渐不能满足日趋复杂化的MEMS封装结构。

（3）传统的封装材料质量较大，而在一些尖端领域对MEMS器件的轻量化要求较高。

（4）材料成本较高。

为了提高阳极键合技术在MEMS封装领域中的应用，必须针对现有的阳极键合工艺及键合材料进行改进。太原科技大学刘翠荣[58]等人成功利用球磨法设计制备出适于阳极键合的聚合物电解质材料PEO-$LiClO_4$，并成功与金属铝进行阳极键合。经研究发现，在PEO-$LiClO_4$耗尽层与Al之间生产了以烷氧基铝（$[(CH_2CH_2O)_n]_3Al$）为主的键合层，如图1-6所示。这项研究表明，聚合物电解质材料在经过一系列改性后可以成功与金属进行键合，这为拓展MEMS封装材料又提供了一种新思路。

图1-6 PEO-$LiClO_4$与Al的阳极键合界面SEM图

第2章 固体聚合物电解质

2.1 固体聚合物电解质概述

聚合物电解质材料是由聚合物材料作为基体，再添加一些导电材料复合成具备导电性的材料，具有质量轻、可塑性强、易加工成型、价格低廉等优点。从20世纪中后期，法国科学家Wright和Fenton[45-47]等人发现了聚氧化乙烯（PEO）与KSCN的络合体能够发生导电行为，之后又研究出PEO与碱金属盐的复合体系具有离子导电性以来，聚合物电解质材料一直具有极高的关注度。尤其是在Armand[48]等人在1979年提出聚合物基体与碱金属锂盐的复合体系能够作为固体储能材料的固体聚合物电解质，自此越来越多的科学家开始针对聚合物电解质材料展开深入研究。

聚合物电解质材料按照导电性能可分为强弱两种电解质[49]，强电解质是指能够完全电离，而弱电解质则不能完全电离；同时按照聚合物电解质的形态又可分为固态聚合物电解质（DSPE）、凝胶聚合物电解质（GSPE）以及微孔聚合物电解质（PSPE）[50]。

固态聚合物电解质（DSPE）是研究最早也是最广的一种聚合物电解质材料，它是由聚合物基体材料加入一些碱金属盐而组成。目前研究最多的是由聚氧化乙烯（PEO）与各种锂盐形成络合物，利用其醚氧基团与Li^+进行配位，同时通过Li^+在链段内的迁移实现导电，形成固体聚合物电解质材料。由分子动力学研究表明，PEO能够有效溶解锂盐，与PEO络合的Li^+周围有五个氧原子，络合行为的发生导致了锂盐的解离，而Li^+能够在PEO分子链段间不断发生“络合-解络合”，从而实现Li^+的迁移（如图2-1所示）。DSPE中锂盐的选择主要看其阴阳离子的特性，一般为体积大且电荷离域程度高的阳离子及具有柔性的阴离子组成的锂盐；聚合物基体的选择则是在分子链内主要应具有能够达到给电子能力强的原子或基团，同时在聚合物中参与配位络合的杂原子要有适当的间距，并且分子链要有良好的柔顺性[51]。PEO作为聚合物基体，其分子链具有柔性，并且是内旋结构，避免了分子堆积，这种结构特性保证了PEO有较强的取向特性，有利于低晶格能的金属盐类材料的解离及迁移。

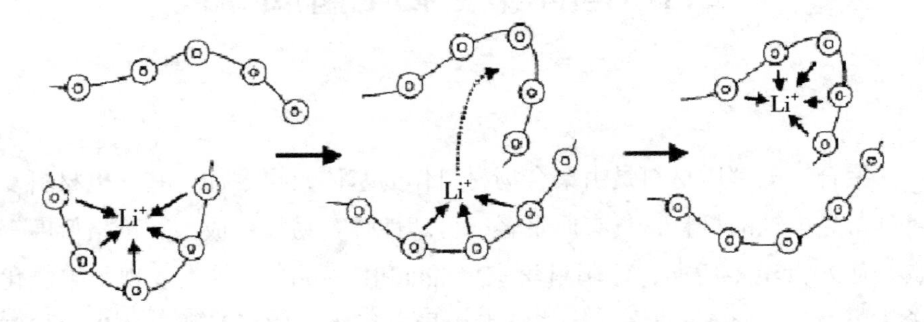

图2-1 PEO-LiX 聚合物电解质Li^+迁移示意图[52]

凝胶聚合物电解质（GSPE）是在DSPE的基础上加入极性小分子溶剂，来降低聚合物材料的玻璃化转变温度，同时提高分子链段的柔性，并利用不同制备方式成膜，从而形成凝胶型聚合物电解质。凝胶型聚合物电解质分为两类，其一为通过物理交联作用将线性聚合物与有机增塑剂形成网络结构的凝胶材料，其二是通过化学交联（热反应或光聚合反应）将溶剂分子固定在不溶于溶剂中的聚合物基体的分子链之中，形成以化学键相互作用的膨胀体系溶胶材料。所以，聚合物基体在其中主要是作为材料体系的支撑结构，而极性小分子能够使锂盐溶解并促进其迁移形成导电，聚合体系的导电能力主要取决于Li^+与聚合物基体及小分子溶剂之间的配位作用，同时也与锂盐阴阳离子解离及聚合物基体链段与小分子溶剂间的相互作用有关。凝胶聚合物电解质材料具有固体材料的内聚性质，又具有液体材料良好的传导能力。流子传导主要发生在电解液微区内，这一点和液态电解质材料的导电相近，因而GSPE比DSPE的导电性要高一些，但是这种电解质的机械强度很低，造成可加工性不理想，因而限制了其在实际中的应用。

微孔聚合物电解质（PSPE）是指聚合物基体自身具有微孔结构，金属盐类及小分子溶剂分散至聚合物基体的微孔结构中，所以这也可以算是一种特殊的凝胶型聚合物电解质。微孔型聚合物电解质的特点是其电解质薄膜中存在高密度微孔，能够吸收一定小分子增塑剂，同时还具备一定力学性能，因而它比普通凝胶型聚合物电解质结构更加利于导电。作为微观上表现为双相结构的材料，聚合基体中大量微孔吸受了小分子增塑剂，Li^+通过这些微孔中的增塑剂进行定向移动，从而实现接近于液体电解质材料的导电性能。最开始研究的微孔聚合物电解质是Gozdz [53]等人利用Bellcore技术制备的PVDF-HFP微孔聚合物电解质薄膜，并成功利用到锂电池的生产过程中。PSPE虽然在导电性上有其独特的优势，但其本身也有一定短板，这主要是因为其双相结构所造成的，因为小分子增塑剂和聚合物基体之间相互作用很弱，当外界工况发生改变，尤其是温度变化，就会影响其结构特性，液体电解质不能稳定存在于微孔之中，那么Li^+的迁移也会不稳定，这样就使得材料导电性能下降。

2.2　复合固体聚合物电解质

复合聚合物电解质（CSPE）是一种较为特殊的聚合物电解质，它可以是上述三种形态中的任意一种，但其主要区别于一般电解质的实质是通过对聚合物基体材料进行共混、共聚、增塑以及加入无机复合物等改性手段而生成具有良好性能的聚合物电解质材料。它的主要优势在于有效平衡了材料导电性能与力学性能之间的矛盾。复合聚合物电解质按照复合方式可分为聚合物-聚合物型、聚合物-聚合物-增塑剂型、聚合物-增塑剂型以及聚合物-无机物型，其中以聚合物-无机物复合形成的复合聚合物电解质研究最为广泛。

自从Weston在1982年发现α-Al_2O_3在PEO-$LiClO_4$中能够起到增强机械性能的作用以来，具有较高比表面积的无机添加剂在复合聚合物电解质中的作用已得到多方验证，其在复合体系中的主要贡献是能够抑制聚合物基体内部的结晶行为，扰乱基体分子链的排列，从而造成复合体系性能上的改变。总体来看，无机填料在复合聚合物电解质中的应用主要分为两种，即活性填料和惰性填料[54]：活性填料指的是能够在复合体系中提供用于导电的离子，这些离子能够在复合基体中形成定向移动，从而导电性得到提高，例如Li_3N、γ-$LiAlO_2$、MAg_4I_5、$LiAlO_2$；惰性填料即不能提供导电离子，也就是其本身不具备导电性，而是通过添加的含量来调节复合体系的各项性能，例如一些氧化物无机颗粒SiO_2、Al_2O_3、TiO_2、$BaTiO_3$等[55-57]。

无机填料对于复合聚合物电解质的改性作用主要集中在其对复合体系导电性及机械性能的改善[58-60]。Capuano [61]在PEO基聚合物电解质中引入γ-$LiAlO_2$后发现，复合体系的导电性提高了40倍，同时力学性能也有所增加；Stevens [62]等人在PEO体系引入$LiAg_4I_5$后，其符合体系室温下的离子导电性达到10^{-3}数量级。Scrosati [63]等人研究发现，无机颗粒具有较大的比表面积，其加入对复合体系结晶性有很大程度的抑制作用，同时提高分子链段的活性，使导电性得以改善。当引入的无机颗粒达到纳米级，其比表面积进一步增加，对基体结晶行为的抑制作用更加明显。当无机颗粒加入后也会与碱金属盐类材料相互作用，改变盐类材料与聚合物基体的络合结构，为离子迁移提供了更多空间，同时无机粉末的加入造成了其与聚合物基体之间的界面出现一些缺陷，从而成为离子迁移的通道，有利于复合体系导电性的提高。Warszawa和Wieczorek [64, 65]等人针对无极填料改善复合聚合物电解质机械性能方面进行了各项研究，研究发现无机颗粒的表面具有不饱和电荷，引入后可以改变聚合物基体的内部结构，使其逐渐变为网格结构[80]，这样有利于提高复合体系的机械性能。由于无机填料对复合聚合物电解质在导电性和机械性能方面的作用，使其成为目前的研究热点，而更小粒径的纳米级无机颗粒对其性能的提升更加明显，这也成为今后复合聚合物电解质研究的一大发展方向。

2.3　聚合物电解质的导电机理

聚合物电解质材料本质上是一种弱性电解质，而且它的导电是通过其内部离子定向移动而实现的，因此与电子导电相比较，离子导电的最大区别在于电荷载体不同，离子导电的电荷载体是离子，体积要比电子大很多，那么体积对导电性的影响就尤其重要，且离子在解离以后还可能会形成离子对、三合甚至多合离子，这样更加放大了载体体积的影响。聚合物电解质材料导电的前提是聚合物对导电离子有一定溶解作用，同时其导电离子能够在其中定向移动，离子导电率的公式为

$$\sigma = \sum_i n_i q_i \mu_i \tag{2-1}$$

由此可知，要提高离子导电率就应该提高n_i（载流子数）及 μ_i（离子迁移率），也就是要增加聚合物基体的介电常数，并使用半径小的一价阳离子金属盐材料。同时，研究表明离子迁移的场所主要集中在基体的无定型区域，当温度提高，结晶区含量下降，无定型态比例增加，这时也能提高材料的离子导电率。无定型区的传导理论将玻璃化转变温度和离子导电率相结合起来，当在玻璃化转变温度以下时，聚合物主要表现为晶体的性质，而在玻璃化转变温度以上时，聚合物基体内部结构发生改变，倾向于变为更具有黏弹性质的状态。所以，当聚合基体中有快离子存在时，在外部电场的影响

下，离子就能够产生定向移动，从而呈现出材料的离子导电性，这种性质随着温度的提高而增强。

关于离子在其内部传导移动的机理一直以来都是相关研究人员所关注的重点，针对其导电机理的研究有利于设计和制备不同功能性的聚合物电解质材料，这对聚合物电解质的开发应用有很强的指导意义。目前主流的导电理论模型有：自由体积理论、阿伦尼乌斯（Arrhenius）理论、有效介质理论、动态键渗透理论、MN法则、VTF方程及WLF方程理论等[66]，下面分别介绍。

（1）自由体积理论

自由体积理论（free volume theory）[67，68]是从宏观角度来解释聚合物电解质的导电机理，即在一定温度下聚合物分子链会发生振动，且振动产生的能量超过其周围的静电压力，能够在分子链附近形成一个振动空间，这个振动形成的空间就是自由体积（V_f），其大小是随着时间的变化而变化，当振动能量变大可能会使自由体积超过离子本身的体积（V），这样聚合物中的离子就会改变位置，形成移动，当外界有电场力时，离子的移动就变成了定向移动。自由体积理论应用温度与聚合物分子振动的关系来解释聚合物电解质导电性，但是其中还有一些问题没有深入到，这主要是没有充分考虑到聚合物相关联的动力学对其的影响。此外，微观图像也是研究导电机理的理论依据，但自由体积理论没有与其联系起来，所以对于离子大小、离子对、离子浓度、极性、聚合物的分子链特性等一系列能够对导电性造成影响的因素也没有充分考虑，所以自由体积理论在一般情况下只作为定性分析的参考。

（2）有效介质理论

有效介质理论（effective medium theory）由Wieczorek等人[69]提出，他们认为，改性填料引入聚合物电解质材料中抑制了聚合物基体的结晶，同时在体系中形成了更多更小的区域，碱金属盐类材料可以在这种多相体系中溶解，使得离子迁移更加顺畅，也就是无机填料的引入可以使聚合物电解质中形成一些高电导率的相界面，这就为离子迁移打通了通道，离子能够凭借较低的迁移活化能进行移动，此复合体系的导电性由三部分决定，即聚合物基体的本体导电性、改性填料的导电性以及分散的填料颗粒表面的高电导覆盖层的导电性，所以理论上加入改性颗粒后的复合聚合物电解质要比不加时导电率要高。McLachlan [70–73]等人对有效介质理论进行扩展，并提出了有效介质方程，即式（2–2），其主要是利用自洽条件对由无机颗粒添加剂组成的复合体系进行分析的平均场理论，该理论还能用于磁性能、热导电性能、介电性能等的研究。

$$\frac{f\left(\sigma_1^{1/t}-\sigma_m^{1/t}\right)}{\sigma_1^{1/t}+A\sigma_m^{1/t}}+\frac{1-f(\sigma_2^{1/t}-\sigma_m^{1/t})}{\sigma_2^{1/t}+A\sigma_m^{1/t}}=0 \tag{2-2}$$

其中，σ_1、σ_2、σ_m分别为两项和复合材料的离子电导率，A为常数，且依据复合材料的介质而定，f为填充剂的体积分数，t为与f和粒子形状有关的指数。有效介质理论对复合聚合物电解质中的非导电性分散体也适用，它揭示了聚合体系导电性提高是由于在聚合基体与改性填料之间的界面处有电荷层，那么复合聚合物电解质就可看作由聚合物基体和分散的复合结构组成的准两相体系[74，75]。

（3）VTF（Vogel–Tamman–Fulcher）方程

VTF方程是根据材料T_g提出的一个将温度与材料导电性相关联的理论，其前提是电解质材料需要在溶剂中完全解离，所以这个理论适合用于无定型的复合聚合物电解质体系[76]，式（2–3）即VTF方程：

$$\sigma T=AT^{-\frac{1}{2}}\exp\left[-B/\left(T-T_0\right)\right] \tag{2-3}$$

其中，σ为离子电导率；T为测试温度；A为指前因子；B为常数，与活化过程无关，但为具有能量的量纲；T_0为基准温度，当温度降低时聚合物基体结构发生变化，此时没有更多熵损失，因而T_0可以近似为聚合物电解质的玻璃化转变温度T_g。由于VTF方程是基于电解质在溶剂中完全解离而提出的，因此与扩散系数有关。当温度高于T_0时，材料的热运动使离子产生松动进而形成迁移，所以当T_g越低时，离子在复合体系中的运动和松弛加剧，此时复合体系的离子导电率越高。研究人员发现，聚合物基体的链段自由体积可为分子提供活动空间，那么离子在其内部的迁移就能通过基体链段的无规则热运动而完成[77]，这样便解释了离子在基体内部的迁移机理。

（4）WLF（Williams–Landel–Ferry）方程

WLF方程是VTF方程的一般展开，用以表征材料在T_g以上无定型相的松弛过程，同时也是遵循自由体积理论，与温度相关的机械松弛或介电松弛过程用式（2–4）[78]表示：

$$\lg\left[\frac{R(T)}{R\left(T_{ref}\right)}\right]=\lg\left(\alpha_{\mathrm{T}}\right)=-\frac{C_1\left(T-T_{ref}\right)}{C_2+T-T_{ref}} \tag{2-4}$$

其中，T_{ref}为参考温度；α_{T}为温度T和T_{ref}时聚合物链段松弛时间比例，即迁移因子；C_1和C_2为试验常数，T_{ref}是任意的，但一般会比材料玻璃化转变温度T_g高大约50 ℃。WLF方程是建立在自由体积理论的基础上，自由体积又与聚合物基体链段、离子类型等因素有关，可以解释一些聚合物体系的导电率与温度的关系。但是它没有考虑到微观结构的影响，因而并不能解释离子对、溶剂化强度、极化等因素对材料导电性的影响。

（5）动态键渗透（The Dynamic Bond Percolation）理论

动态键渗透理论是根据研究局部动力学过程及化学相互作用而提出的研究理论，研究人员Wright和Armand[79，80]认为，在微观层面，聚合物电解质中阳离子是根据聚合物螺旋链跳跃迁移的。通过EXAFS[81，82]和振动光谱的研究发现，聚氧化乙烯与碱金属锂盐的络合体系中，碱金属离子与醚氧原子能够形成较为稳定的络合体，当体系温度大于T_g时，VTF方程能较好地说明其导电理论，这说明离子的定向迁移与离子本身的运动和聚合基体分子链段的热运动有密不可分的关系，也就是说动态键渗透理论是充分基于微观动力学而提出的。

那么在聚合物电解质中，其导电离子与聚合物基体高分子链段既有其各自的运动，又有其相互作用的运动。学者Chung[81]等人的研究表明，温度从1.2 T_g至1.4 T_g之间，聚合物电解质的导电率与温度的关系与VTF方程不符。Drudger[82，83]等人从微观分子运动切入，通过对离子迁移过程的研究，进一步完善了自由体积理论，即聚合物电解质中的阴阳离子在聚合基体任意两点间的迁移速率可用动力学方程式（2–5）表示

$$d_{\mathrm{Pi}} / d_t = \sum_j \left(P_j W_{ji} - P_i W_{ij} \right) \tag{2-5}$$

其中，P_j为离子处于j处的几率，W_{ij}是离子从i位置迁移到j位置的几率，即跳跃几率，这个理论充分考虑到聚合物电解质中阴阳离子的运动及所处的局部引力场，在因频率变化的性能和离子相互作用的情况，相比于自由体积理论更加准确。

2.4　固体聚合物电解质基体及碱金属盐

聚合物电解质在设计之初即是由聚合物基体加碱金属盐配位络合形成的，也就是说所选的聚合物基体要与碱金属离子能发生络合反应，而聚合物基体也要提供离子迁移所需要的结构。具体来说就是聚合物基体材料需要具备以下特点：具有给电子能力强的原子或基团，例如O、S、N等能与碱金属阳离子形成配位键；配位中心间距较为适当，能够得到多元配位键；为了金属离子能够在基体中自由迁移，基体分子链要具有一定柔顺性。常见的一些聚合物基体为PPO、PEO、PAN、PVC、PMMA、PVDF等，以及通过对以上单体进行共聚、共混后得到的聚合物基体等[84–95]。

聚合物电解质所需要的碱金属盐应能充分溶解在基体材料中，其溶解性主要是取决于盐的晶格能、介电常数以及高分子溶剂化能，常见的碱金属盐主要有锂盐（例如：$LiClO_4$、$LiBF_4$、$LiPF_6$、$LiAsF_6$、LiSCN）、钠盐（例如：$NaClO_4$、NaSCN、$NaYF_4$）、钾盐（例如：KYF_4、KNO_3）等[96, 97]。可以发现大部分盐的阳离子都是一价，在理论上，当离子数目相同时，价态越高半径越小，则材料导电性越好，因此在离解能相近、阳离子半径相近、与聚合物基体相互作用相近的情况下，高价态的盐类材料所形成的聚合物电解质导电性较好，但是当阳离子价态高时，离子间作用力也会随之增大，这样就会影响离子在聚合物基体中的移动。在实际应用中，由于锂离子的半径小、所需的离解能较低，且容易电离，因而碱金属锂盐在聚合物电解质中扮演着重要的角色。

2.5 PEO/PEG基固体聚合物电解质的制备及改性

聚乙二醇（PEG）与聚氧化乙烯（PEO）具有相似的化学结构，其化学式均为$HO(CH_2CH_2O)_nH$，以分子量为标准，即20 000 g/mol为分界线，高于20 000 g/mol的为聚氧化乙烯（PEO），低于20 000 g/mol的为聚乙二醇（PEG）。1973年Wright和Fenton等人发现PEO与碱金属盐类材料复合物具有离子导电性，开启了人们对于聚合物电解质材料的研究，而PEO作为其中最早也是研究最广的高分子基体材料已经在固体聚合物电解质中得到了充分的应用。

PEO/PEG较高的实用性主要来源于它良好的醚氧基团电化学稳定性，这种稳定特性使其成为较为理想的“骨架材料”；同时其基体中的氧原子能够与某些金属盐类中的阳离子配对，即能够充分地“溶解”碱金属盐材料，使其变为良好的“溶剂”[98]；从结构上来看，PEO/PEG链段具有螺旋结构且链段柔软[99，100]，易于金属阳离子在其中迁移，这样有利于提高聚合物电解质材料的导电性。虽然PEO/PEG具有一定先天优势，但是其自身的局限性也十分明显，一方面是因为PEO/PEG在室温下具有很强的结晶性，造成碱金属盐类在其中的溶解度较低，这就导致实际参与导电的离子数目不足而使得导电性下降；另一方面其较低的机械性能也限制其在更多领域中发挥作用。因而在实际应用过程中，需要对PEO/PEG基体材料进行针对性的改性，以求得无定型区域广、玻璃化转变温度低、离子导电性高、热稳定性强已经良好机械性能的聚合物电解质材料，具体可分为以下几个方面：

（1）共聚

为了有效降低聚合物的结晶性，增加其无定型区域面积，从而提高材料离子导电率，将其他聚合物材料引入PEO/PEG基体中的方法叫作共聚[101]。引入的聚合物需要与PEO/PEG及碱金属盐类材料充分相容，同时不能与金属阳离子作用过强，形成的共聚物要有一定的化学稳定性，通常经过共聚形成的共聚物有无规则共聚物、嵌段共聚物、接枝共聚物。

无规则共聚物：指的是在PEO/PEG中加入另一种聚合物材料，并且不生成共结晶，使得聚合物材料结晶性降低[102]。Kim [103]等人将PTMG与PEG按照3：7的比例进行共聚，并与$LiCF_3SO_3$复合后得到的无规则共聚物，其室温下电导率达到8×10^{-5} S/cm。

嵌段共聚物：指的是通过链端反应接入另一聚合物和PEO/PEG形成线性共聚物[104，105]，这样既可以通过降低内部结晶达到增强离子电导率的目的，又能够在一定程度上提高聚合材料的机械性能。Killis [106]等人将PEO与PPO进行共聚，同时与碱金属锂盐进行复合，最终得到的共聚物其室温下离子导电率提高至5.2×10^{-5} S/cm。

接枝共聚物：通常指的是将PEO/PEG接到其他聚合物主链上形成梳妆结构的低结晶性接枝共聚物，这样既能保证锂离子在侧链的自由传导[107，108]，又能使得主链获得一定机械强度[109]，提高其使用价值。学者Pennarun[110]和他的团队用Lewis酸氧化硼与羟基进行反应后，继续将PEG、DEGMME、TEGMME与B_2O_3发生反应，最后引入$LiClO_4$制得电化学性能极佳的固体电解质材料。

（2）共混

共混主要是为了降低PEO/PEG结晶性以达到提高无定型区域含量、促进离子迁移的目的，其主要是通过PEO/PEG与其他聚合物相互作用，从而破坏PEO/PEG原有的排列状态而达到的。这种制备方法较为简便，制备出的聚合物电解质无论在导电性、机械性以及化学稳定性上都表现良好[111]。比较常见的是将PEO-$LiClO_4$复合聚合物电解质溶解在溶液中或是在溶液中聚合，所用到的增塑剂有较大的介电常数使得盐类材料充分解离。通常与PEO/PEG进行共混的聚合物有PMMA、PAN、PVA、PVDF等[112-117]。

（3）交联

交联的主要目的是能够抑制PEO/PEG结晶、提高机械强度。学者Liang[118]将CA（柠檬酸）引入PEG中进行交联后发现，CA在其中可以起到交联剂的作用，同时也能改变分子链结构，扩大分子链之间的间距，随着CA的加入，复合聚合物电解质的电导率得到提高。Boaretto[119]将PEG功能化带有三甲基硅氧烷（图2–2），随后使用交联剂进行交联，最后制得的聚合物电解质导电性和机械性能都十分良好。上述两种情况下制得的材料在室温下离子导电率都不算很高，主要是因为交联会在一定程度下阻碍分子链段的运动，提高聚合物T_g[120]。

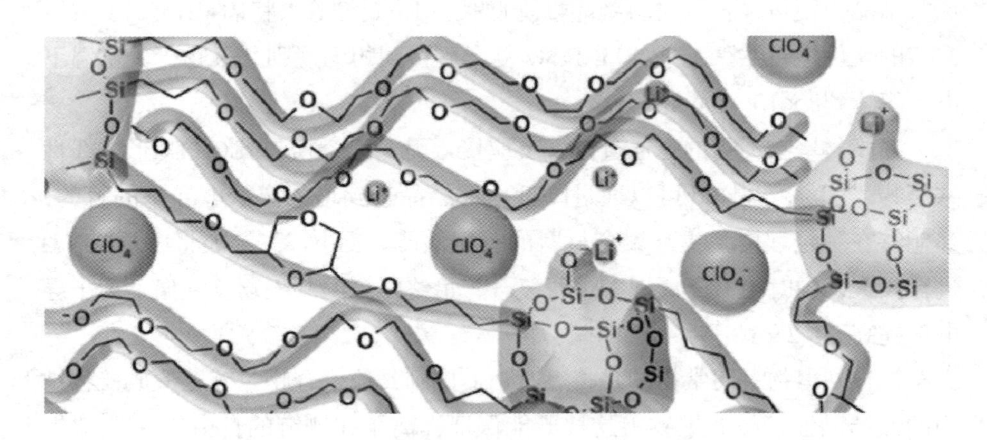

图2–2 硅氧烷交联PEG基聚合物电解质[119]

（4）引入无机颗粒

最初无机颗粒的引入是为了提高聚合物电解质的机械性能，这个理论首先是被海外学者Weston、Steel[121]等人提出，他们认为将无机惰性颗粒加入聚合物电解质材料中可以有效增加材料的机械强度，但后来的发现表明，无极填料的引入也可以对提高导电性有一定贡献。Selladurai[122]等人在PEO–$MgCl_2$中引入B_2O_3，研究发现所制得的聚合物电解质材料在机械性能和导电性能两方面都取得了显著提高。Jannasch[110]在PEG中引入B_2O_3后得到枝装聚合物，最后加碱金属锂盐得到的聚合物电解质具有低结晶性及良好的热稳定性。Chen[123]等人将改性后的MMT引入（PEO）$LiCF_3SO_3$中得到了两种产物，其中一种MMT含量为3%，其离子导电率最佳。

无机颗粒的引入不仅能提高聚合物电解质的机械性能，同时还能改善其离子导电性，拓宽其电化学稳定窗口，增加界面稳定性，这些相似的研究已经得到多方报道，常见的一些无机颗粒有SiO_2、B_2O_2、Al_2O_3、TiO_2、ZnO[124–128]等。

第3章

PEG-$LiClO_4$与铝的阳极键合

3.1 引言

在金属材料加工中，通过对材料进行不同方式和温度下的热处理及冷却，均可显著影响金属材料的组织结构变化，进而影响其性能。因此我们设想，高分子聚合物材料是否也会随着不同方式下的热处理及冷却而改变自身晶态结构，从而对材料性能产生一定影响。因为聚合物电解质材料由非晶态过渡到晶态的过程比较缓慢，而材料导电性又与其有很大关系，即离子迁移大多发生在材料的非晶态部分。现阶段对金属材料的热处理及冷却过程的研究已经相当成熟，而对高分子聚合物材料在这方面的报道很少，通过聚合物基体制备出聚合物电解质，再研究其热处理及冷却过程对材料性能的影响更是鲜有报道。

固体聚合物电解质（DSPE），是具有离子导电性的晶态、半晶态、非晶态的导电材料。1973年，英国科学家Wright公开发表了聚氧化乙烯（PEO）与碱金属盐可以发生配位作用，使得基体具有离子导电性。在此后的几十年间，固体聚合物电解质材料成为功能高分子材料的一个研究重点。聚氧化乙烯其本身具有很多优点[47-51]，且其分子链中的醚氧原子可以与一些碱金属盐配位形成络合物，从而提高其电导率，以聚氧化乙烯（PEO）为基体的锂电池、燃料电池、太阳能电池以及超级电容器等已经得到了广泛研究并取得一系列成就，但其作为封装键合材料的报道还很少，究其原因是因为其较高的结晶度、本身较低的离子电导率以及较低的机械性能是限制其在阳极键合领域发展的一大阻碍。

聚乙二醇（PEG）与聚氧化乙烯（PEO）具有相似的化学结构，其化学式均为$HO(CH_2CH_2O)_nH$。同时，聚乙二醇同样具有聚氧化乙烯醚氧基团的特点，即能与某些碱金属盐类形成络合物，使其络合体具有离子导电性，这是其能够替代聚氧化乙烯作为固体电解质基体的主要原因。两种材料主要在合成方法、分子量及形貌上有所区别，以分子量为20 000 g/mol为界，高于20 000 g/mol的为聚氧化乙烯（PEO），低于20 000 g/mol的为聚乙二醇（PEG）。

高分子材料的分子量对材料的导电性有十分重要的影响，当分子量较高时，高分子材料表现为内部易结晶，从而限制其离子电导率，而阳极键合过程中需要键合材料具有符合要求的离子导电性，因此PEO的高结晶性限制了其在阳极键合中的应用。为了抑制聚合物基体结晶，相关研究人员对聚合物基体的一系列改性，包括交联、共聚、共混、添加无机纳米颗粒等，而通过热处理及冷却方式的不同对其进行改性还未有报道。

本章以聚乙二醇（PEG）为基体，$LiClO_4$为碱金属锂盐，通过高能球磨-热压工艺制备PEG基离子导电固体电解质，并通过不同冷却方式，室温下（25 ℃）、冷水浴（15 ℃）、冰水浴（0 ℃）对材料进行冷却，得到最终产物。通过制备材料时冷却环境的不同研究其对材料结晶性、离子导电性、热稳定性、机械性能等阳极键合性能的影响以及阳极键合过程中的键合特性。

3.2　固体聚合物电解质PEG-LiClO$_4$的制备

3.2.1　“高能球磨-热压成型-快速冷却”工艺

高能球磨技术作为一种固相力化学制备及改性方法已经在金属、无机非金属等功能材料中得到广泛应用[129-132]，但是在聚合物高分子材料中的应用还比较局限。与其他材料相同，在高能球磨的压缩、冲击、摩擦、剪切等作用下，高分子聚合物材料内部分子结构被破坏，其化学键发生变形或断裂，同时经过不断的球磨作用，使得粉体材料受到反复摩擦、冷焊等复杂的固相力化学效应[133]，其中包括两方面：（1）高能球磨作用能够在粉体材料局部产生瞬间的应力效应，使得高分子链段破裂，并产生自由基形成新的分子链，导致结构发生变化[134]；（2）高能球磨作用能够在材料受到弹性应力时瞬间在局部产生高温，使得局部分子链运动强度提高且相互贯穿交织。由于产生高温的时间很短，分子链这种相互贯穿交织现象得以保留。随着球磨时间的增加，所造成的这种相互贯穿交织现象越来越多，从而加强了对聚合物电解质的物理增容作用[135，136]。

热压法制备聚合物电解质是由国外学者Gary [137]提出的，其过程主要是将混合材料加热至熔融温度后置于磨具中，在一定压力的挤压下成型，整个过程需要注意材料尽量少暴露在潮湿环境中。热压法的优点是制备方法简单、成型快、成本低，更重要的是在制备得到的聚合物电解质中没有溶剂残留。Kumar [138]等人发现，通过热压法得到的材料相当于经过一次热处理，材料性能也会发生改变，这相较于溶胶凝胶法得到的材料在性能上将会更加优异。Pandey [139]报道了一种用热压法制备的PEO基聚合物电解质，其内部结晶性低于用溶胶凝胶法制备的样品。Shin [140]等人采用热压法将SiO_2引入P（EO）$_{20}$-LiN（$SO_2CF_2CF_3$）$_2$中，制得了室温下导电性良好并且聚合物电解质与锂的界面稳定性也十分理想的复合聚合物电解质。

“快速冷却”处理的提出主要是根据聚合物电解质材料由非晶相转变到

晶相的过程，这个转变过程较为缓慢，而非晶相与晶相的转变对材料离子导电性具有较大影响，因为离子迁移大多发生在材料非晶相部分，提高非晶比例即能为离子迁移提供通道，从而增加体系离子导电性，促进界面反应发生，有利于键合层的形成。

本书将高能球磨和热压法结合，再通过冷却处理得到适用于阳极键合的PEG基固体聚合物电解质。具体步骤如下：（1）在球磨开始前，需要将原材料进行干燥筛分，每种材料设置不同的温度及干燥时间；（2）将干燥后的材料按比例置于球磨罐中，并设置球磨转速、球料比、球磨时间等球磨工艺参数；（3）球磨结束后将球磨罐中粉体再进行筛分，最终得到混合均匀的PEG基聚合物电解质粉末；（4）将得到的混合粉末加热至熔融后倒入模具中，设置好压力进行热压成型，并根据实验需要在不同环境中冷却1 h，最终得到厚度为2 mm、直径为20 mm的圆形样品，放入真空干燥箱中备用。具体制备流程如图3-1所示。

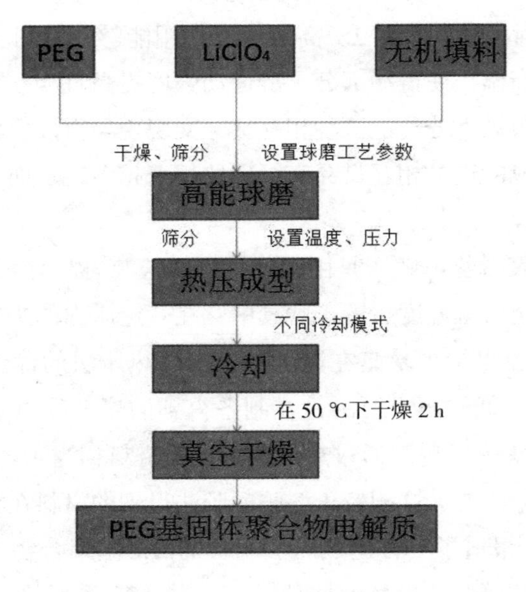

图3-1　工艺流程图

3.2.2　主要原材料

材料制备中主要使用的原材料及试剂见表3-1。

表3-1　主要材料及试剂

材料名称	化学式	材料规格	生产厂家
聚乙二醇（PEG）	$HO(CH_2CH_2O)_nH$	分子量M_w=10 000 纯度＞99.6% 粒度＜70 μm	上海铠源化工科技有限公司
高氯酸锂	$LiClO_4$	分析纯（AR） 纯度＞99.2% 粒度＜50 μm	上海阿拉丁生化科技股份有限公司
无水乙醇	CH_3CH_2OH	分析纯（AR） 纯度＞99.7%	国药集团化学试剂有限公司

3.2.3　实验设备

材料制备中主要用到的实验设备见表3-2。

表3-2　实验设备信息

设备名称	设备规格及型号	生产厂家
电子天平	FA2004	上海天平仪器厂
电热恒温鼓风干燥箱	DH-101	长沙仪器仪表厂
真空干燥箱	ZK-83A	上海仪器仪表厂
变频星式球磨机	XQM-2	上海新诺仪器设备有限公司
压力机	JB04-2	杭州国良精密机械有限公司

3.2.4 PEG基固体聚合物电解质$(PEG)_{10}LiClO_4$的制备工艺

将制备时所需材料在电热恒温鼓风干燥箱中进行干燥处理，去除材料表面残留水分以及部分内部结晶水，其中聚乙二醇（PEG）在50 ℃温度下干燥48 h；高氯酸锂在120 ℃温度下干燥48 h。然后将干燥处理后的PEG及$LiClO_4$按比例放入球磨罐中，倒入少量无水乙醇作为研磨剂，研磨球为直径3 mm、5 mm、8 mm的玛瑙球，其比例分别为1∶1∶1。设置球磨参数（见表3–3）进行球磨，随着长时间高能球磨过程的进行，粉体材料在研磨罐内不断发生强烈的冲击、挤压，粉末颗粒不断变形断裂，表面发生冷焊结合，在细化晶粒的同时发生络合反应。

表3–3　球磨工艺参数表

球磨材料	（PEG）：（Li^+）	球磨转速（r/min）	球磨时间（h）	球料比
PEG /$LiClO_4$	10∶1	300～350	12	7∶1

球磨过程结束后，将球磨得到的粉体材料进行干燥和筛分（过滤掉一些团聚体），将混合粉体加热至熔融状态，倒入自制圆柱形模具中进行热压，之后将模具密封后分别置于室温下（25 ℃）、冷水浴（15 ℃）、冰水混合物（0 ℃）三种冷却环境中冷却1 h，最终得到直径为20 mm和厚度约为2 mm的圆形固体聚合物电解质材料$(PEG)_{10}LiClO_4$。为避免空气中水分与氧气的影响，将制备好的样品放入真空干燥箱中保存。

3.3 材料表征结果及讨论

3.3.1 $(PEG)_{10}LiClO_4$表面显微组织特性分析

由于在制备材料过程中需要对其在不同温度环境下进行冷却，冷却环境的不同又对材料表面特性产生一定影响。通过观察样品在经不同冷却方式处理后的表面形貌来分析和研究冷却方式（速率）对材料表面的影响规律。

图3-2为$(PEG)_{10}LiClO_4$在经过不同冷却环境处理后的表面形貌SEM表征图，可以看到$(PEG)_{10}LiClO_4$在经过室温环境下冷却后其表面有明显的结晶行为，其球形晶体结构十分明显，且数量较多，尺寸较大，说明此时材料结晶性较强，不利于离子迁移；而在经过冷水浴环境（15 ℃）处理后的$(PEG)_{10}LiClO_4$其表面晶球状结构数量明显减少，且尺寸降低，部分晶界相对模糊，说明此时晶球生长受到阻碍，材料表面整体结晶行为一定程度上被抑制；当材料在冰水浴环境（0 ℃）下冷却时，观察材料表面发现没有明显晶球结构，晶界十分模糊，其无定型区域增多，分子链形态逐渐无序化，结晶行为进一步被抑制，材料表面呈现出更加整体化、平整化，这样有利于离子传输。

经过分析，材料在不同温度环境下进行冷却，其冷却速度是不同的。当冷却速度较大时，材料内部分子链热运动受到抑制，其活性降低，进而不能完成整齐堆砌形成晶核，这样便限制了晶粒的生长，使体系内无定型区域增加，结晶性降低。

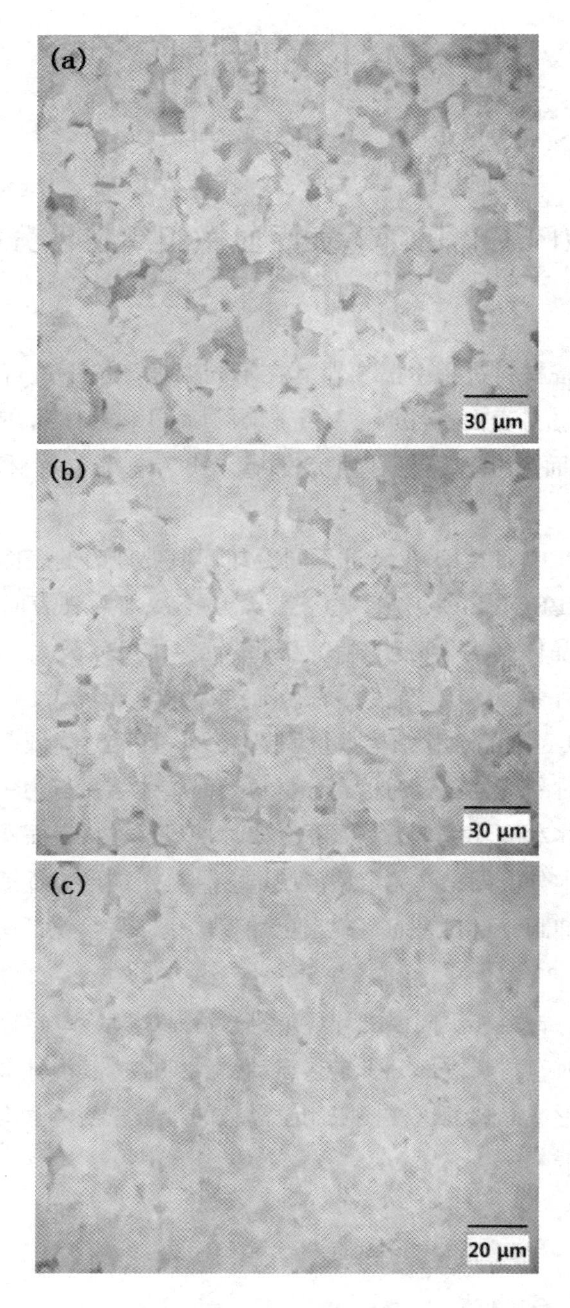

图3-2 $(PEG)_{10}LiClO_4$经不同冷却处理后表面SEM图

（a）室温冷却；（b）冷水浴冷却；（c）冰水浴冷却

3.3.2 X-射线衍射分析

X-射线衍射（X-ray diffraction）是利用X射线对被测材料进行材料成分、内部结构、结晶情况等信息的测试。

实验设备为荷兰帕纳科公司生产的Pert PRO型X-射线衍射分析仪。实验前注意将材料调整位置，放置平整。实验主要参数为：采用Cu-Ka辐射源、波长$\lambda = 0.154\ 06$ nm、管流为20 mA、管压为30 kV、扫描速度$2\theta = 5° / \text{min}$、扫描范围10°～60°（本书中所有XRD分析均采用该设备）。

图3-3、图3-4分别为聚乙二醇（PEG）、$(PEG)_{10}LiClO_4$分别经过不同冷却模式处理后的XRD衍射图谱。PEG是一种高结晶性螺旋型聚合物，从图3-3（a）中可以看到纯PEG的结晶性是很强的，分别在2θ为18.5°和23.5°左右有两个明显的特征衍射峰，当冷却模式改变后，在这两处的衍射峰强度也有所改变，并随着冷却速率的提高衍射峰强度降低，但即使是在冰水浴冷却条件下，PEG的衍射峰强度也是很大，说明结晶性强是PEG本身固有属性。当$LiClO_4$通过高能球磨与PEG进行络合后，对复合体系的结晶性有很大影响，从图3-4可以看到，在2θ为18.5°和23.5°两处的X-射线衍射峰强度相较于之前体系没有$LiClO_4$时出现了大幅降低，峰宽有所增加，并且随着冷却速率的提高其衍射峰强度也逐渐下降，下降幅度最大超过60%，说明$LiClO_4$的引入有效降低了PEG的结晶度，同时也说明提高材料冷却速率同样也能降低络合体系的结晶性。

通过对PEG结晶过程的分析可知，PEG的形核属于均相形核，主要是靠其内部分子链热运动进行整齐的排列堆砌，而形核后晶粒长大同样是依靠分子链在晶核周围的排列堆砌，那么结晶过程的顺利与否主要就是看分子链能否有效地进行整齐排列。

当材料在室温下冷却时，PEG高分子链段可以有充足的时间向晶粒周围移动，并整齐地排列堆砌，这有利于结晶过程的有效进行，此时材料体系结晶度是很高的；而当材料在冷水浴条件下冷却时，冷却速度得到提升，PEG高分子链段的热运动被抑制，无法在短时间内达到整齐排列，这样就使得结晶过程不能有效进行，使得其结晶度下降。

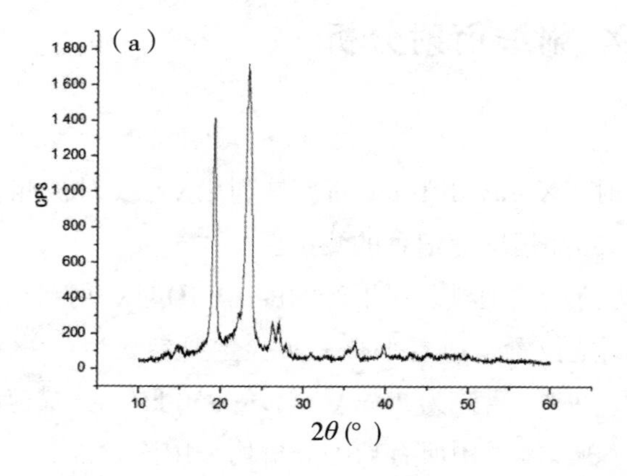

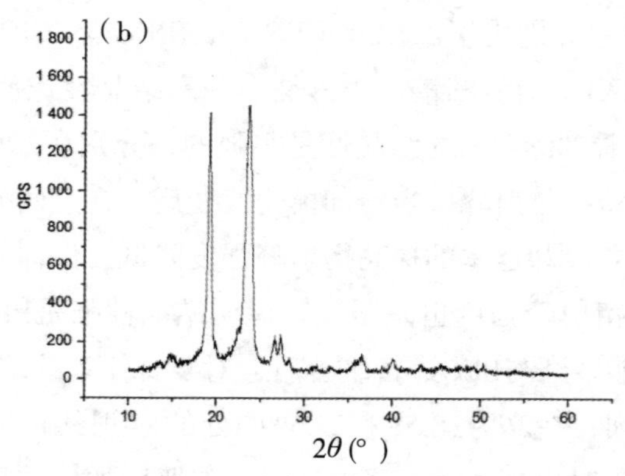

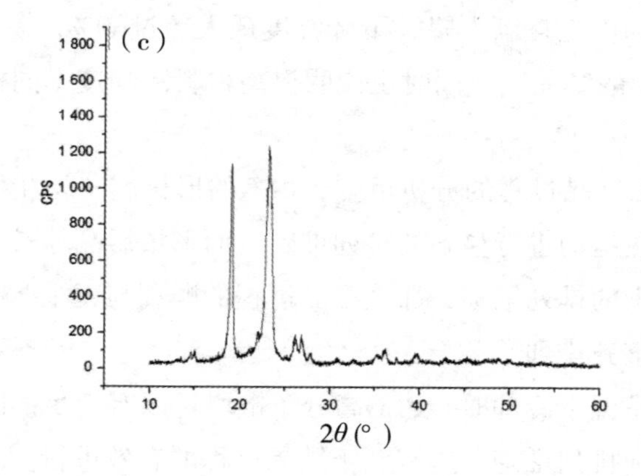

图3-3 PEG经过不同冷却模式处理后的XRD图

（a）室温冷却；（b）冷水浴冷却；（c）冰水浴冷却

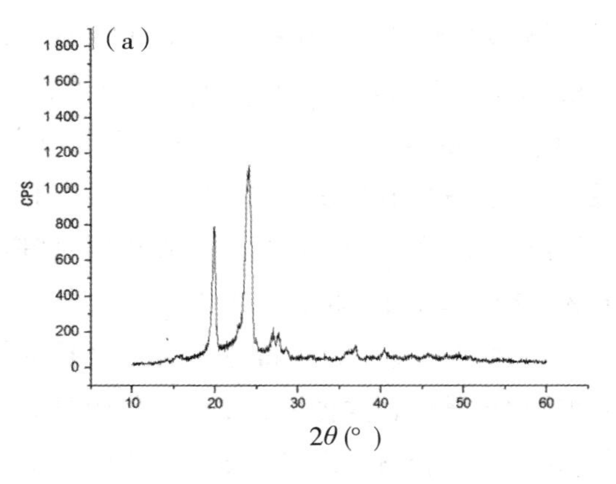

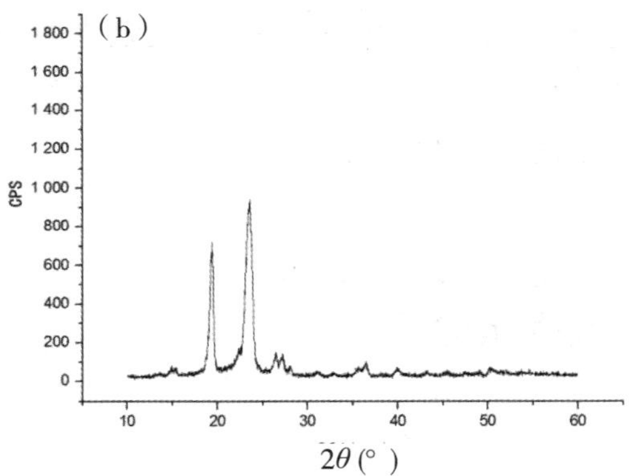

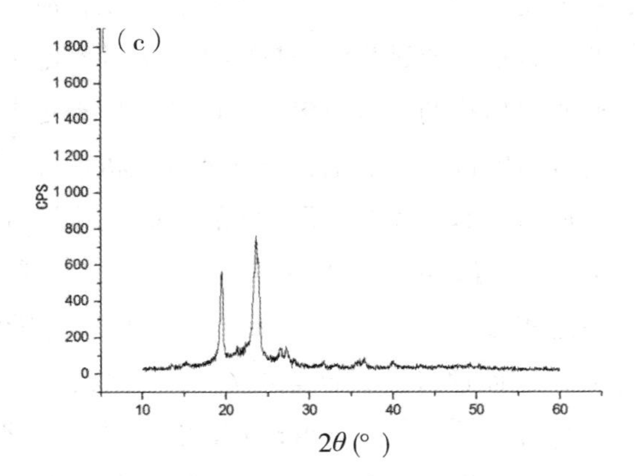

图3-4 $(PEG)_{10}LiClO_4$经过不同冷却模式处理后的XRD图

（a）室温冷却；（b）冷水浴冷却；（c）冰水浴冷却

对比图3-3和图3-4不难发现，在相同冷却环境中，$(PEG)_{10}LiClO_4$比纯PEG的X-射线衍射峰强度更低，说明$LiClO_4$的引入有效降低了PEG的结晶度。通过$(PEG)_{10}LiClO_4$的衍射图谱还可以发现其中并没有$LiClO_4$的特征峰，这说明$LiClO_4$在复合体系中并不是独立的，因为PEG分子链上的极性基团与$LiClO_4$中的锂离子可以形成络合物，锂盐的存在可以对PEG内部分子结构造成扰乱，锂离子嵌入PEG基体内部（与PEG分子链上一个或多个氧原子络合），打破了原本整齐的分子排列，使得体系结晶性下降，而非晶态漫散射强度提高，当冷却速率提升后，这种抑制结晶的作用更加明显。

根据阳极键合机理，键合材料需要在键合过程中提供可移动的离子，并在键合界面形成键合层，而影响离子迁移的最大阻力之一就是材料内部的结晶区域，因为离子迁移主要是发生在无定型相，那么降低体系结晶度就为自由移动的离子打开了通道，从而提高键合效率。

3.3.3 交流阻抗分析

交流阻抗也叫电化学阻抗，是一种以小振幅的正弦波电位或者电流为扰动信号的电化学测量方法。通过交流阻抗实验可以针对电极系统进行各种频率的小幅扰动，同时根据扰动信号与电极之间的响应确定电极阻抗，并得出电极等效电路图，分析电极系统的电化学性能及其机理等。在交流阻抗图谱中涉及的参数为：阻抗实部（Z'）、阻抗虚部（Z''）、阻抗幅膜（$|Z|$）、频率（ω）以及相位移（θ）等，电极的阻抗是由其阻抗的虚部和实部构成，即：$Z=Z'+jZ''$，通过阻抗虚部对实部作图得到Nyquist图，并能够进一步得到被测材料的本体电阻，进而通过公式$\sigma=d/R_b\cdot S$求出其离子导电率（σ为材料的离子电导率；R_b为材料的本体电阻；d为测试时样品的厚度；S为测试时电极与被测样品的接触面积）。我们利用交流阻抗分析不同冷却环境（冷却速度）对聚合物材料离子导电性的影响。

将所制备PEG基固体聚合物电解质材料放置于两个不锈钢电极间，采用CHI604C电化学工作站进行阻抗分析，测试频率范围为1～100 000 Hz。通过交流阻抗测试所制备材料的本体电阻及离子导电率。

图3-5为聚乙二醇（PEG）经过不同冷却模式处理后在室温下的交流阻抗图谱及局部放大图，可以看到每条阻抗曲线都可以分为两部分，即高频部分的一个不完整半圆和低频部分的一条直线。随着冷却模式的改变，当冷却环境逐渐从室温到冰水浴时，观察局部放大图，曲线高频部分的半圆有向高频区移动倾向，并且越发被“压缩”而变得模糊，同时，低频部分的直线斜率也在降低。这是因为当冷却速度加大时，熔融状态下的PEG表面一些杂质离子分布到表面并迅速停留在表面，从而使得PEG的表面结构发生改变，这有利于改善被测材料纯PEG与测试电极之间的界面特性。

当阻抗曲线比较完整时，可以从Nyquist图中直接读出被测样品的本体电阻，即高频部分“半圆”的低频端与低频部分直线的高频端的交点所对应实部的值即为所测PEG的本体电阻R_b，但是当曲线不完整时，这种方式就会产生误差，因而需要针对测试频率对阻抗虚部进行作图，进而得出在此状态下的材料本体电阻，如图3-6所示。

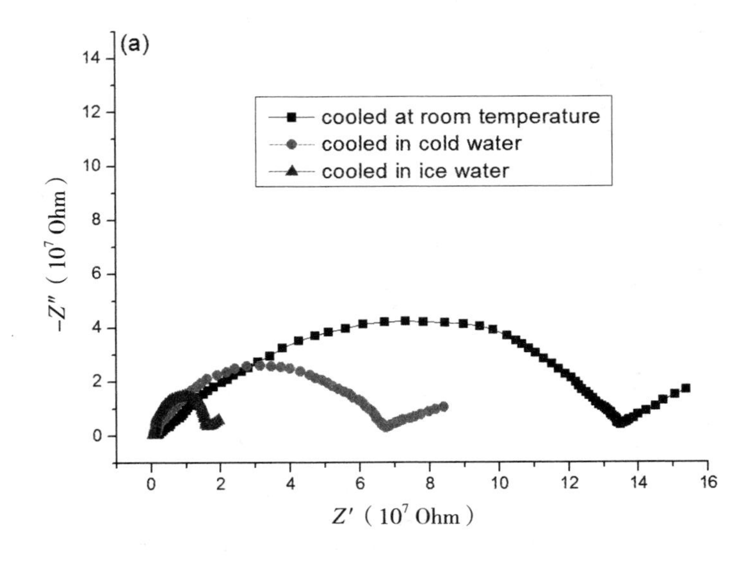

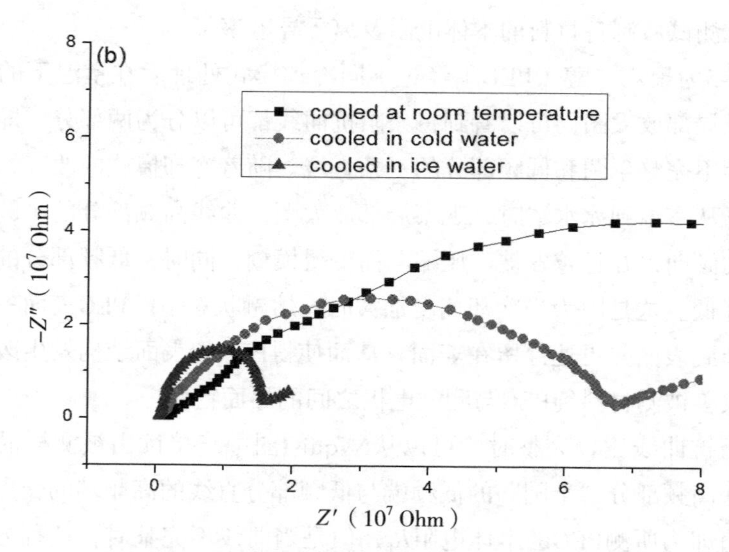

图3–5 在室温下经不同冷却模式处理后PEG的交流阻抗谱

（a）完整阻抗谱；（b）局部放大图

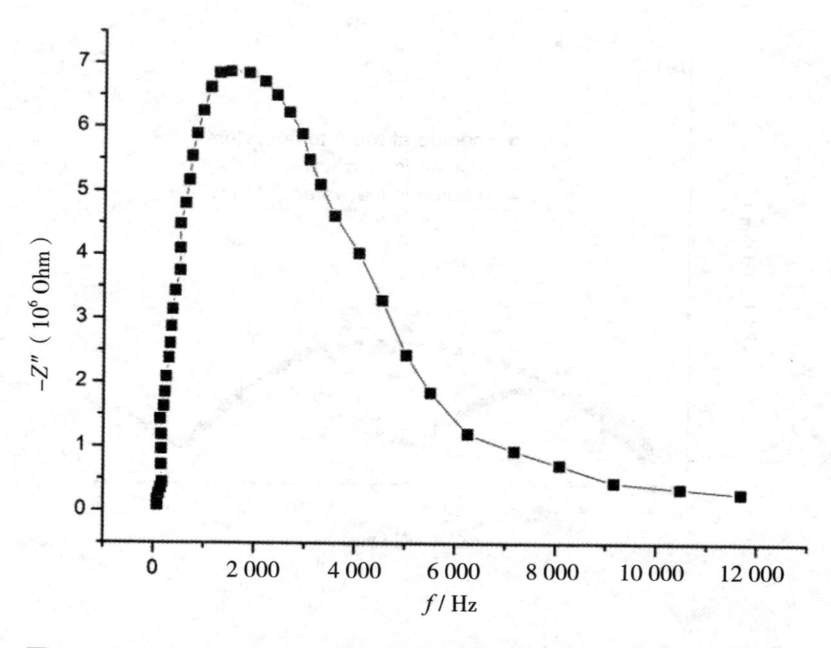

图3–6 经冰水浴冷却处理后的PEG在室温下的测试频率对虚部阻抗关系图

流阻抗虚部与测试频率的作用关系有三个阶段，在各个阶段频率范围内对被测材料导电性产生作用的是电极极化作用、电解质偶极作用、离子迁移作用。当测试频率范围在100～1 000 000 Hz之间时，其主要作用是离子迁移，那么此时被测材料阻抗谱的虚部可通过下式求得

$$Z''=\frac{\omega C R_{\mathrm{b}}^{2}}{1+\omega^{2} C^{2} R_{\mathrm{b}}^{2}} \tag{3-1}$$

对式（3-1）用Z''对角度频率ω进行微分，得出下式：

$$\frac{\mathrm{d} Z''}{\mathrm{d} \omega}=\frac{C R_{\mathrm{b}}^{2}(1-\omega^{2} C^{2} R_{\mathrm{b}}^{2})}{1+\omega^{2} C^{2} R_{\mathrm{b}}^{2}} \tag{3-2}$$

当Z''取到最大值时，上式必须满足：

$$\frac{\mathrm{d} Z''}{\mathrm{d} \omega}=\frac{C R_{\mathrm{b}}^{2}(1-\omega^{2} C^{2} R_{\mathrm{b}}^{2})}{1+\omega^{2} C^{2} R_{\mathrm{b}}^{2}}=0$$

即：$1-\omega^{2} C^{2} R_{\mathrm{b}}^{2}=0$

所以可得出：$\omega=\frac{1}{R_{\mathrm{b}} C}$；将其带入式（3-1）可得：

$$Z''_{max}=\frac{C R_{\mathrm{b}}^{2} / C R_{\mathrm{b}}}{1+C^{2} R_{\mathrm{b}}^{2} / C^{2} R_{\mathrm{b}}^{2}}=\frac{R_{\mathrm{b}}}{2} \tag{3-3}$$

所以根据式（3-3）结合图3-6，Z''的最大值即可求得所测PEG的本体电阻R_{b}，进而求得其离子导电率。表3-4为不同冷却模式下PEG的离子导电率。

从表3-4可以看到冷却模式对PEG导电性能有一定影响，随着冷却速率的加大，PEG的本体电阻呈现减小的趋势，当PEG在冰水浴（0 ℃）冷却时其本体电阻R_{b}最小，导电率最高，说明被测材料PEG的离子导电率随着冷却速率的增加而增大。

表3-4 PEG经过不同冷却模式处理后的离子导电率

冷却模式	材料厚度（d/cm）	材料与电极接触面积（S/cm^2）	材料本体电阻（R_b/Ω）	离子导电率（σ/S/cm）
室温冷却（25 ℃）	0.2	0.5	1.32×10^{8}	3.03×10^{-9}
冷水浴冷却（15 ℃）	0.18	0.5	6.21×10^{7}	5.79×10^{-9}
冰水浴冷却（0 ℃）	0.14	0.5	1.37×10^{7}	2.04×10^{-8}

作为高分子材料的聚乙二醇（PEG），其导电性与内部结晶性有着密不可分的联系，了解其结晶过程对于分析其影响导电性的规律有十分重要的指导意义。PEG的结晶过程和其他材料一样，都是先形成晶核然后晶粒不断长大，而形核的方式又分为均相形核和异相形核，其中均相形核是材料熔融后分子链热运动提供能量，使其整齐排列堆砌从而形成晶核，随着排列的不断进行，在晶核周围开始生长，这就是晶粒的长大。

由此可以看出，分子链在晶核周围排列的速度决定了材料内部晶体长大的速度，所以当外界温度迅速降低时，PEG内部分子链的热运动被抑制，活性降低，这样便不能形成有效的分子链排列堆砌，外界温度降低速率越大其分子链就越不能完成整齐排列，从而限制其晶粒长大，结晶度得以降低，当结晶度降低时，材料的离子导电性也会相应提高。

但是可以看到即使加大了冷却速度，也难以改变PEG较低的离子导电率，这是因为PEG作为高分子材料，其本身并不具有导电性，但在其内部有一定杂质离子和高分子碎片，在局部电场的作用下这些杂质离子和碎片充当了载流子，在材料内部形成定向移动，从而使其具有导电性，但即使这样仍然不能满足阳极键合对材料的要求。

图3-7为$(PEG)_{10}LiClO_4$在不同冷却环境处理后室温下的交流阻抗图，其中三条曲线分别对应$(PEG)_{10}LiClO_4$在室温下、冷水浴、冰水浴三种不同环境中冷却处理后的交流阻抗图谱。可以看到当$(PEG)_{10}LiClO_4$在室温和冷水浴下冷却时，曲线较为整齐，高频部分的压缩半圆及低频部分的直线都比较完整，因而可以根据Nyquist图直接得到其在室温和冷水浴冷却下的本体电阻。当$(PEG)_{10}LiClO_4$在冰水浴冷却时，高频部分的半圆变得极不明显，所以利用

测试频率对阻抗虚部作图，如图3-8所示。用上述方法求出此冷却方式下的材料本体电阻，进而求出(PEG)$_{10}$LiClO$_4$经历三种不同冷却模式处理后室温下的离子导电率，如表3-5所示。

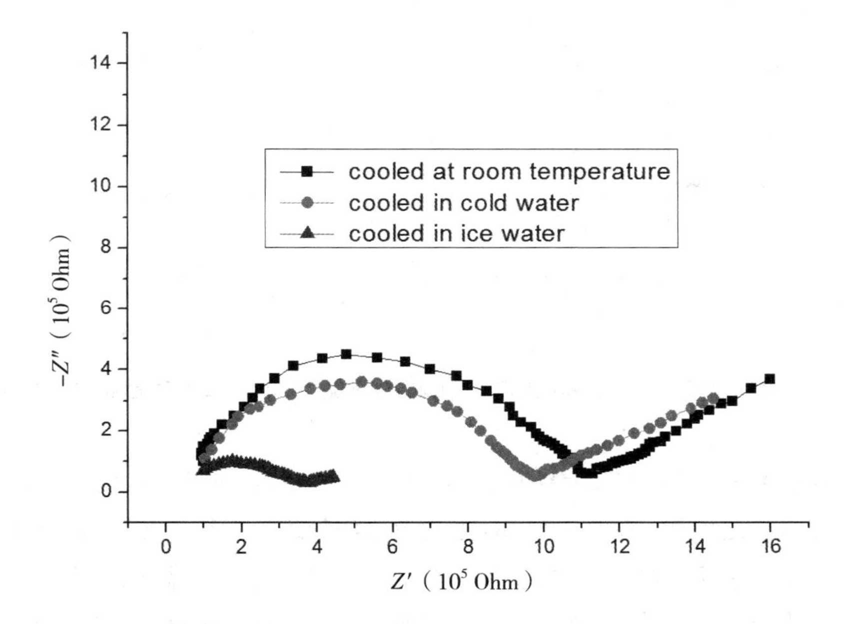

图3-7　在室温下经不同冷却模式处理后(PEG)$_{10}$LiClO$_4$的交流阻抗谱

表3-5　(PEG)$_{10}$LiClO$_4$经过不同冷却模式处理后的离子导电率

冷却模式	材料厚度（d/cm）	材料与电极接触面积（S/cm^2）	材料本体电阻（R_b/Ω）	离子导电率（σ/S/cm）
室温冷却（25 ℃）	0.24	0.5	1.1×10^6	4.36×10^{-7}
冷水浴冷却（15 ℃）	0.19	0.5	9.68×10^5	3.92×10^{-7}
冰水浴冷却（0 ℃）	0.15	0.5	2.56×10^5	1.17×10^{-6}

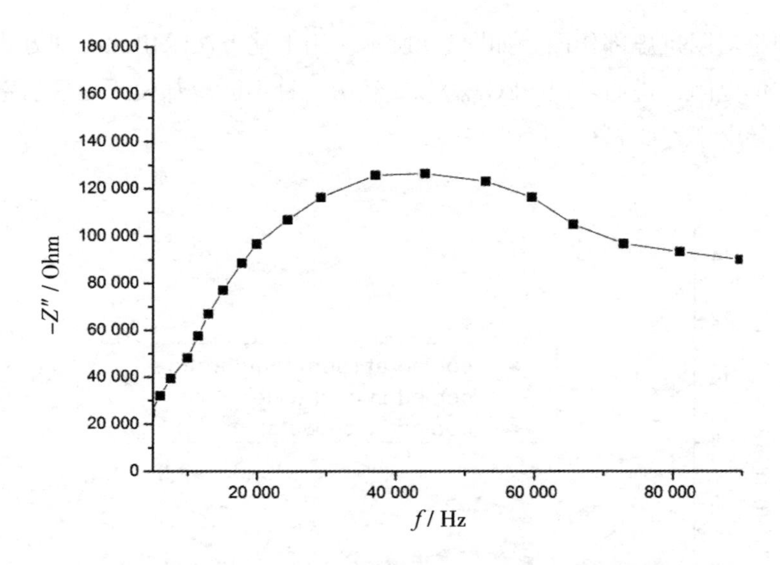

图3-8 经冰水浴冷却处理后的$(PEG)_{10}LiClO_4$在室温下的测试频率对虚部阻抗关系图

从表3-5可以看到随着冷却速率的增加，$(PEG)_{10}LiClO_4$在室温下的离子导电率也随之增加，$(PEG)_{10}LiClO_4$通过冰水浴处理后相较于在室温冷却处理后的离子导电率提高了1个数量级，这是因为当材料在室温下冷却时，冷却速率较为缓慢，结晶过程较为顺利，从而令整体结晶度较高，不利于离子在其内部迁移；而材料在冰水浴冷却时，冷却速度较大，复合固体聚合物电解质在熔融状态下表现出的分子链杂乱状态得以保留，因而体系内部结晶行为变得困难，非晶相所占比例提高，使得离子迁移顺利进行；同时较高的冷却速度也能有效保留熔融状态下Li^+在PEG内部均匀分散的状态，减少其形成离子对的概率，这样一来有利于促进Li^+与PEG的“络合-解络合”过程，使Li^+在复合固体聚合物电解质中更具有“活性”。

通过对比表3-4和表3-5进一步分析可以发现，当冷却处理方式相同时，添加$LiClO_4$后的固体聚合物电解质室温下的离子导电率比不添加$LiClO_4$时要高出很多，这是因为$LiClO_4$的加入可以有效提高复合电解质基体内部载流子的数量。$LiClO_4$为离子晶体，当$LiClO_4$通过球磨过程与PEG进行络合后，使得Li^+可以很好地分散到PEG基体中，在外界局部电场的作用下，Li^+可以在基体内部发生不断的“络合-解络合”，从而形成定向移动产生电流；与此同时，$LiClO_4$的存在可以有效抑制PEG的结晶行为（由XRD分析可知），使得所制备复合固体聚合物电解质中无定型区域含量增加，这样一来Li^+的迁移阻力会大大降低，从而增加离子导电率，提高键合效率。

3.3.4　热性能分析

我们取经过室温（25 ℃）冷却和冰水浴（0 ℃）冷却后的样品进行DTA差热分析。

图3-9和图3-10分别为聚乙二醇（PEG）和$(PEG)_{10}LiClO_4$分别在室温和冰水浴中冷却处理后的DTA图谱。从图3-9可以看到纯PEG在两种冷却环境中均有相似的放热吸热过程，在70 ℃～100 ℃均有一个熔融吸热峰，在280 ℃～300 ℃均有一个氧化分解放热峰。仔细观察二者吸热峰可以发现，PEG在冰水浴冷却处理后的吸热峰面积相较于在室温冷却下较小，同时其吸热峰温度也略低一些。这主要是因为PEG在冰水浴冷却可以抑制分子链的整齐排列与堆砌，降低体系内部结晶性。

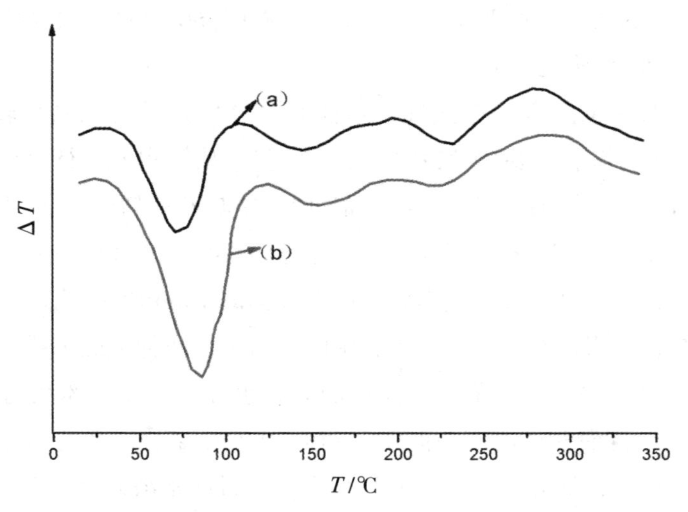

图3-9　不同冷却模式处理后PEG的DTA曲线

（a）冰水浴冷却；（b）室温冷却

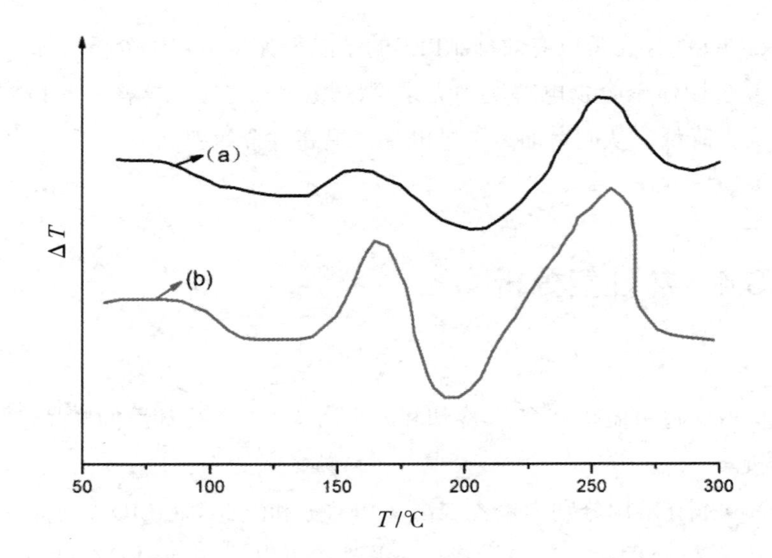

图3-10 经不同冷却模式处理后$(PEG)_{10}LiClO_4$的DTA曲线

（a）冰水浴冷却；（b）室温冷却

如图3-10所示，$(PEG)_{10}LiClO_4$在经过两种冷却模式处理后的放热吸热过程也十分相似：在200 ℃附近均有一个吸热峰，但经过冷水浴处理后$(PEG)_{10}LiClO_4$的晶型转变吸热峰面积略小于经过室温处理后的样品；而$(PEG)_{10}LiClO_4$的放热峰有两个，一个是在低温区160 ℃附近的放热峰，另一个是高温区260 ℃附近的放热峰。

低温区160 ℃附近的放热峰，可能是复合体系结晶区结构转变放热，$(PEG)_{10}LiClO_4$的熔点也要比纯PEG体系高一些。从结构上进行分析，PEG的分子链上存在极性基团-C-O-C-，而$LiClO_4$中具有空轨道的锂离子可以与PEG中一个或多个氧原子形成络合物，也就是锂离子可以与一条分子链上很多氧原子络合，使这条分子链内旋，或者是锂离子和PEG中几条分子链上的氧原子络合，使得PEG分子链之间的作用力加大，两种情况都扰乱了PEG分子结构，使之无序化，在降低结晶性的同时也提高了复合体系的熔点（相较于纯PEG）。随着测试温度的提高，$(PEG)_{10}LiClO_4$络合体系的结构发生变化使得体系放热。从低温区放热峰面积来看，经过冰水浴处理的$(PEG)_{10}LiClO_4$在低温区放热面积要明显小于经过室温冷却处理后的样品，这也是因为

$(PEG)_{10}LiClO_4$在冰水浴冷区过程中冷却速率加快，可形成的有序结构减少，内部规整的结晶区域减低，所以结构转变的放热也随之减少。高温区260 ℃附近的放热峰是氧化分解放热峰，对比图3-9的纯PEG的氧化分解放热峰可以发现，$LiClO_4$的引入使得体系放热峰向低温区移动，因为$LiClO_4$通过球磨过程均匀地弥散到PEG基体中，改变了PEG原有的分子结构。

纯PEG和$(PEG)_{10}LiClO_4$两个体系的放热峰及相变温度都随着冷却速率的提高而向低温区移动，这都表明冷却速度的加快能有效抑制体系结晶。经分析，这可能是与体系从一种稳定状态过渡到另一种稳定状态的过程有关，小分子材料的这个过程很短，可以在短时间内发生相变，而高分子材料则不然，因为高分子材料结构复杂，其分子链之间作用力很强，使得分子运动不能在很短时间内完成，而在冰水浴下冷却处理时可以大大削弱高分子材料内部分子链之间的相互作用。同时，高冷却速率也能有效抑制分子链有序排列和堆砌，这样一来经过冰水浴冷却处理的样品不仅能降低体系结晶性，同时还使得体系的晶型转变温度和放热峰朝着低温方向移动。

3.3.5 力学性能分析

阳极键合过程主要是键合材料在静电场、温度场以及压力场下的界面连接行为，其中压力场指的是在键合中需要对被键合材料施以一定压力，以促使其紧密贴合。键合材料的力学性能决定了其在键合中能够承受的键合压力，而键合压力的大小会直接对键合质量产生一定影响。

键合压力过低时，键合材料不能紧密贴合，因而键合强度下降；键合压力过高时，会使键合材料产生永久变形，破坏材料（如图3-11所示）。当键合材料作为封装材料应用时，过大的键合压力还可能造成封装结构内部器件的损坏。因此合适的键合压力对提高键合质量及封装质量有着重要的意义。

采用P10-10型电液伺服疲劳试验机对样品进行室温下的力学性能测试，设备规格为10 kN，精度等级为0.5。测试试样尺寸为10 mm × 10 mm × 5 mm，水平放置于设备载物平面，调整压力头初始位置，设置下压速率为0.02 mm/s，测试过程中记录位移-载荷曲线，通过计算得到样品下屈服强度。

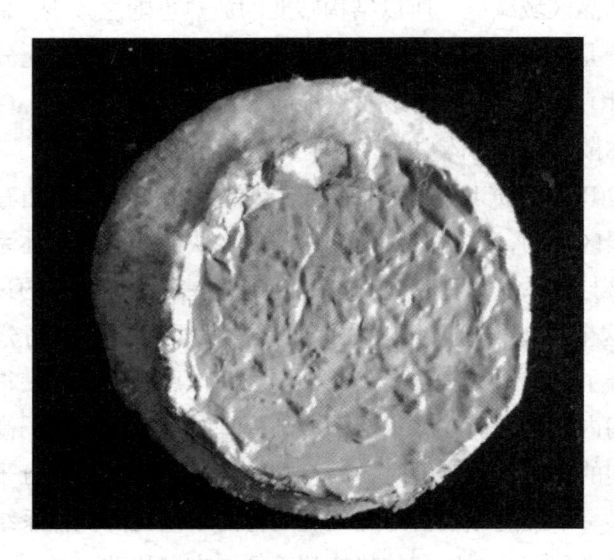

图3-11 发生严重变形的键合试样

图3-12为经过不同冷却处理后的$(PEG)_{10}LiClO_4$在力学疲劳试验机上的位移-负荷曲线，测试温度为室温，表3-6提供了相应的数据对比。可以看到当$(PEG)_{10}LiClO_4$在室温环境中冷却后，其屈服强度为37.81 MPa；当$(PEG)_{10}LiClO_4$在冷水浴（15 ℃）环境中冷却后，其屈服强度为39.43 MPa；当$(PEG)_{10}LiClO_4$在冰水浴（0 ℃）环境中冷却后，其屈服强度为42.14 MPa，相比于在室温下冷却后屈服强度提高了4.33 MPa，说明提高材料冷却速度有助于提高其屈服强度，在阳极键合中可以施加更大的键合压力，以保证键合材料紧密贴合。

表3-6 经过不同冷却处理后$(PEG)_{10}LiClO_4$在室温下的屈服强度

$(PEG)_{10}LiClO_4$冷却方式	面积（S/mm^2）	载荷（F/N）	屈服强度（ReL/MPa）
室温冷却（25 ℃）	100	3 781	37.81
冷水浴冷却（15 ℃）	100	3 943	39.43
冰水浴冷却（0 ℃）	100	4 214	42.14

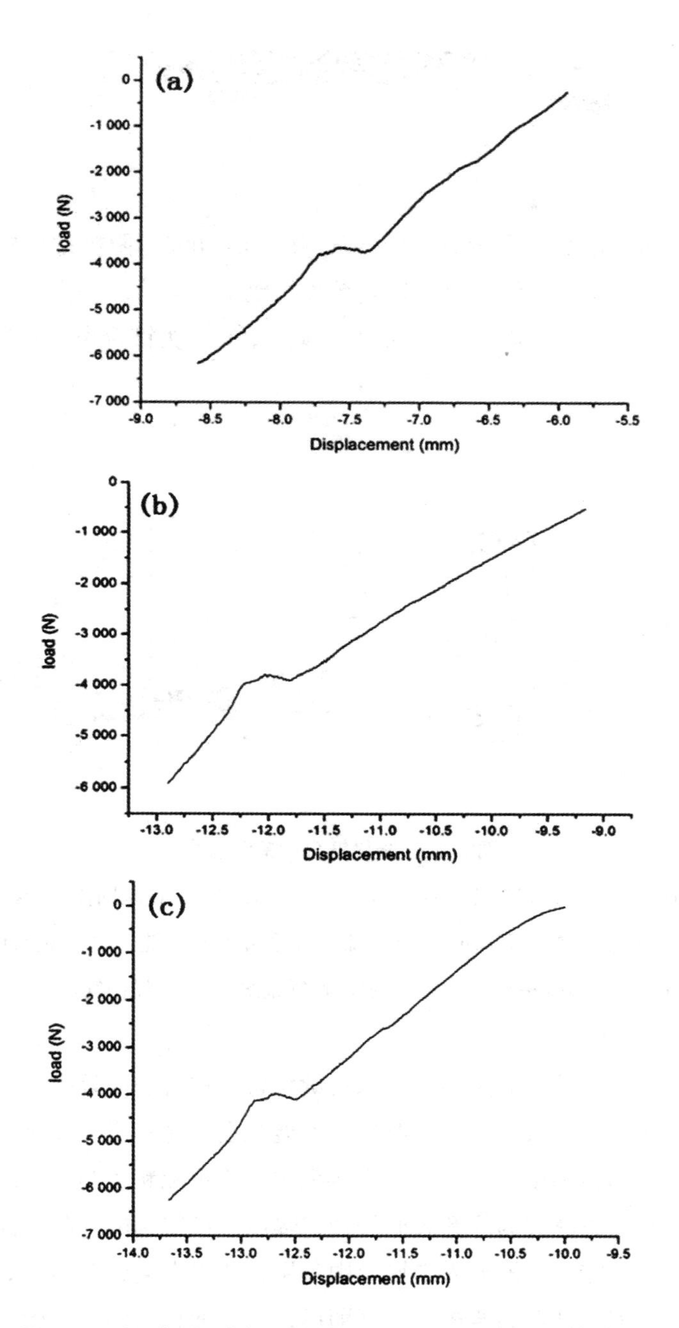

图3–12　经过不同冷却处理后$(PEG)_{10}LiClO_4$的位移–负荷曲线

（a）室温冷却；（b）冷水浴冷却；（c）冰水浴冷却

3.4 阳极键合试验及分析

实验中所用阳极键合设备为自行研制的AB-1000型阳极键合机，其主要由键合炉、温控加热系统、电压控制系统、数据采集系统等构成。键合电源使用直流电，最大工作电压可达到1 000 V。图3-13为键合设备示意图。

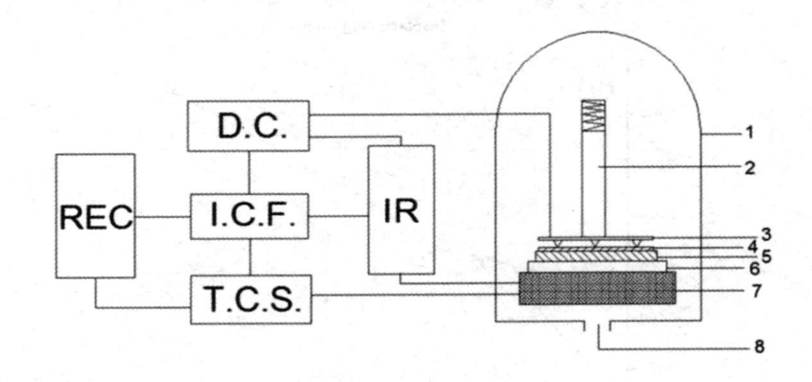

图3-13 阳极键合设备示意图

1：键合箱；2：压力控制系统；3：阳极；4：铝箔；5：PEG 基固体聚合物电解质；6：阴极；7：集成加热装置（DC: 直流电源、IR: 数据采集系统、REC: 记录计算模块、ICF：调节保护系统、TCS：温度控制系统）；8：保护气加入口

在阳极键合开始前的主要工作为对键合材料进行表面处理，因为阳极键合对键合材料表面要求较高，既要保证不能存在一些有机、无机废物，也要保证一定的表面粗糙度，一般对键合界面要求表面粗糙度低于0.1 μm。聚合物电解质在制备时就较为注意表面处理，热压成型得到的样品表面粗糙度较低，同时在制备完成时即放入干燥箱中备用，所以在键合实验开始前可对其不做处理，只需要针对铝箔进行处理即可，键合前材料照片见图3-14。

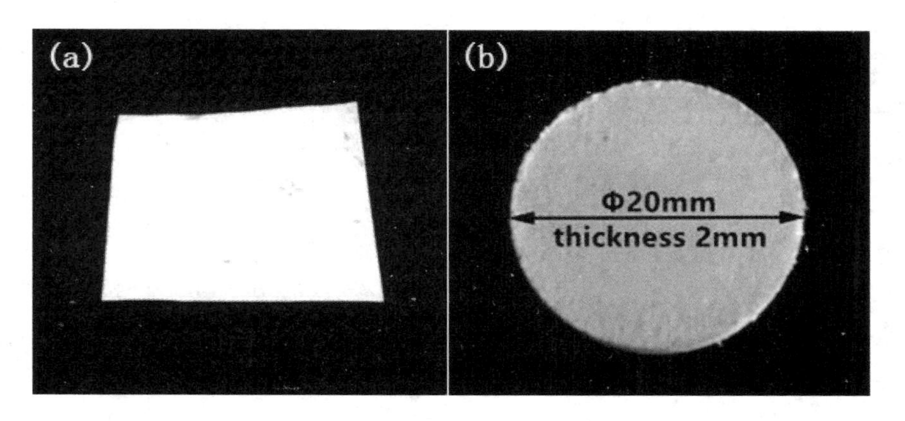

图3-14 键合前的材料宏观照片

（a）铝箔；（b）DSPE

清洗前将铝箔用小刀裁剪为边长为20 mm的正方形，然后对铝箔表面进行处理。铝箔表面主要附着一些杂质及氧化层，按照大小可分为分子、离子、原子三类，分子型杂质是靠范德华力吸引附着在表面上，去除较为简便，而离子和原子型杂质主要是化学吸附，附着力较强，需要重点清理。首先将裁剪好的铝箔浸泡在丙酮溶液中5 min，再用去离子水冲洗，而后用标准RCA溶液（NH_4OH：H_2O_2：H_2O=0.25：1：5）清洗10 min，清洗完后再用去离子水冲洗，最后用氮气吹干，以防止新的氧化层出现。

将表面处理好的铝箔与所制备的PEG基固体聚合物电解质材料相互重叠，并裁剪掉多余部分的铝箔，放置于键合设备中；将键合材料分别与键合设备中的电极相连接，其中，铝箔连接至阳极，所制备电解质材料连接至阴极；设置好键合温度、键合电压、键合时间、键合压力等键合参数后开始进行键合，并记录键合电流随时间的变化；键合完成后保持键合压力不变，令试样随炉冷却1 h，冷却速度大约为2 ℃/min，之后取出试样，键合完成。具体键合工艺路线如图3-15所示。

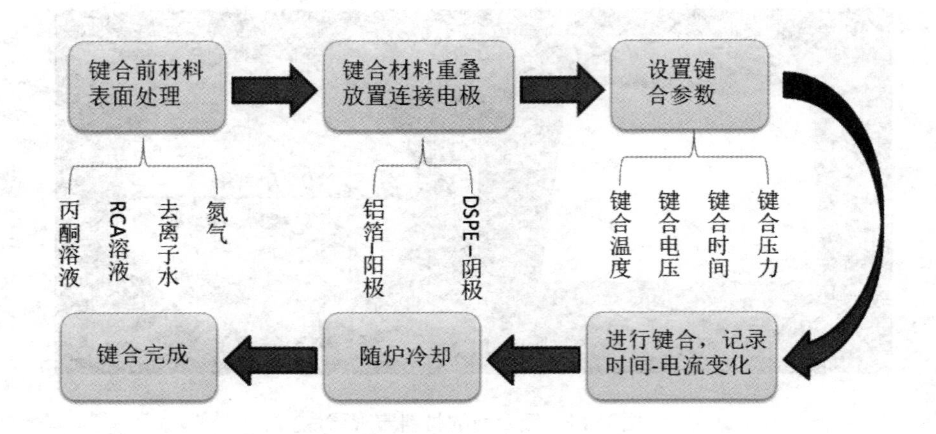

图3-15　键合工艺流程图

3.4.1　$(PEG)_{10}LiClO_4$与铝箔阳极键合工艺试验

经过不同冷却处理后得到的固体聚合物电解质$(PEG)_{10}LiClO_4$与铝箔进行阳极键合，在键合前先对铝箔裁剪至20 mm × 20 mm的正方形，然后对其进行表面处理（具体处理方法参见第2章）。将处理好的铝箔与$(PEG)_{10}LiClO_4$相互重合，并裁剪掉铝箔多余部分，而后将试样放置在键合炉中与电极相连，其中铝箔连接至阳极，所制备电解质材料$(PEG)_{10}LiClO_4$连接至阴极，在设置好键合参数后开始键合，并记录键合过程中键合电流随时间、电压变化规律，具体键合参数及方案见表3-7。

表3-7　$(PEG)_{10}LiClO_4$与铝箔阳极键合参数表

试样编号	$(PEG)_{10}LiClO_4$ 冷却方式	键合温度（℃）	键合电压（V）	键合时间（min）	键合压力（MPa）
3-1	室温冷却（25 ℃）	室温	800	12	20

续表

试样编号	$(PEG)_{10}LiClO_4$ 冷却方式	键合温度（℃）	键合电压（V）	键合时间（min）	键合压力（MPa）
3-2	冷水浴冷（15 ℃）	室温	800	12	20
3-3	冰水浴冷（0 ℃）	室温	800	12	20
3-4	室温冷却（25 ℃）	50	800	12	20
3-5	冷水浴冷（15 ℃）	50	800	12	20
3-6	冰水浴冷（0 ℃）	50	800	12	20
3-7	室温冷却（25 ℃）	80	800	12	20
3-8	冷水浴冷（15 ℃）	80	800	12	20
3-9	冰水浴冷（0 ℃）	80	800	12	20
3-10	室温冷却（25 ℃）	100	800	12	20
3-11	冷水浴冷（15 ℃）	100	800	12	20
3-12	冰水浴冷（0 ℃）	100	800	12	20
3-13	冰水浴冷（0 ℃）	80	600	12	20
3-14	冰水浴冷（0 ℃）	80	700	12	20
3-15	冷水浴冷（15 ℃）	80	600	12	20
3-16	冷水浴冷（15 ℃）	80	700	12	20

3.4.2　阳极键合过程中时间电流特性

在阳极键合中，能够反应键合过程的直观途径就是键合电流，而键合电流的大小、衰减速率、持续时间等又对键合界面质量产生重要的影响，因而研究键合过程中键合电流随时间的变化规律有助于分析不同键合材料及键合工艺对键合过程的影响。

设计实验，将经过不同冷却处理的$(PEG)_{10}LiClO_4$（试样3-4、试样3-5、试样3-6）与金属铝箔进行阳极键合，并同步记录键合过程中键合电流随时间的变化，整个键合过程通入氮气保护。图3-16所示为键合过程中时间-电流曲线。

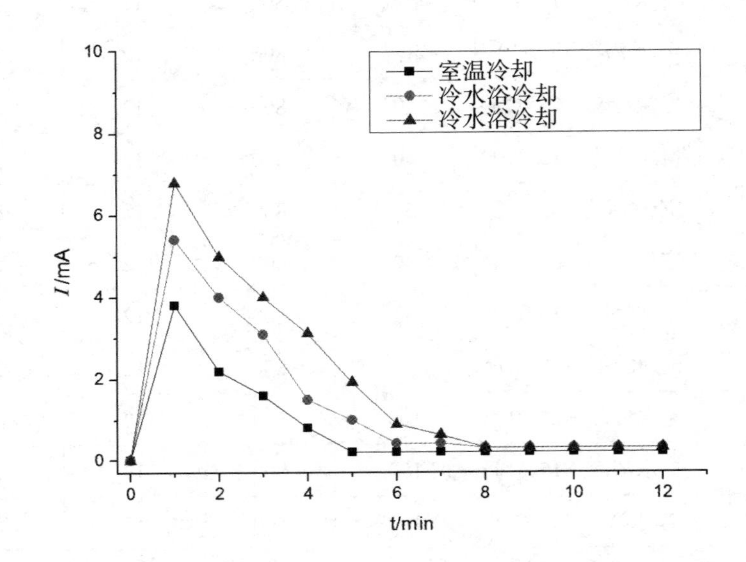

图3-16　经不同冷却方式处理后的$(PEG)_{10}LiClO_4$与铝箔阳极键合过程中时间-电流曲线

从图3-16中可以看到，经过不同冷却处理的$(PEG)_{10}LiClO_4$都在键合开始时电流达到最大，之后随着时间的增加，电流逐渐减小，最终电流值降至最低（趋于零）并稳定保持。

经过分析，在键合刚开始，大量自由移动的离子进行迁移形成电流，随着键合过程的进行，离子迁移达到饱和，电流下降，最终电流值趋于零。经过冰浴冷却处理的$(PEG)_{10}LiClO_4$在开始时电流值上升的速率比在室温和冷水浴下冷却处理后的样品快，所达到的最大电流值也较大，这可能是因为经过冰水浴处理后可以最大限度保留$(PEG)_{10}LiClO_4$在熔融状态下的部分结构特征，不仅降低了聚合体系的结晶度，提供了更多自由移动的锂离子，还使得体系内部呈现大量多孔状态，保证了离子迁移的通道，所以经过冰水浴冷却处理后的$(PEG)_{10}LiClO_4$更加有利于阳极键合。

3.4.3　键合温度对键合电流的影响

图3-17、图3-18图3-19分别为经过室温、冷水浴、冰水浴冷却处理后的$(PEG)_{10}LiClO_4$在不同键合温度（室温、50 ℃、80 ℃、100 ℃）下与铝箔进行阳极键合过程中的时间-电流曲线，其中键合电压均设为800 V，键合施压约为20 MPa，键合时间为12 min，键合过程通入氮气保护。

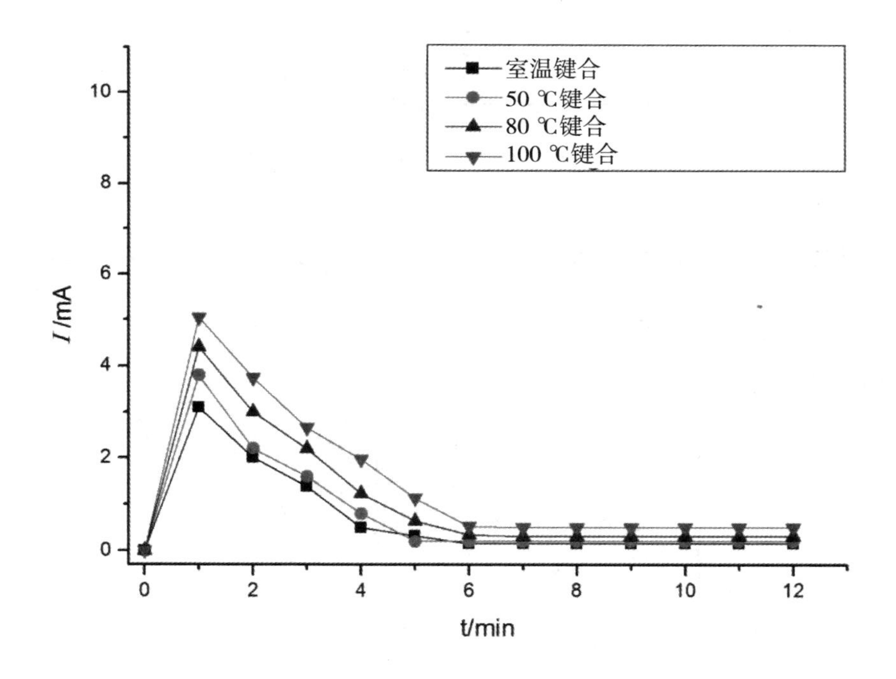

图3-17　室温冷却后的$(PEG)_{10}LiClO_4$与铝箔阳极键合过程中时间-电流曲线

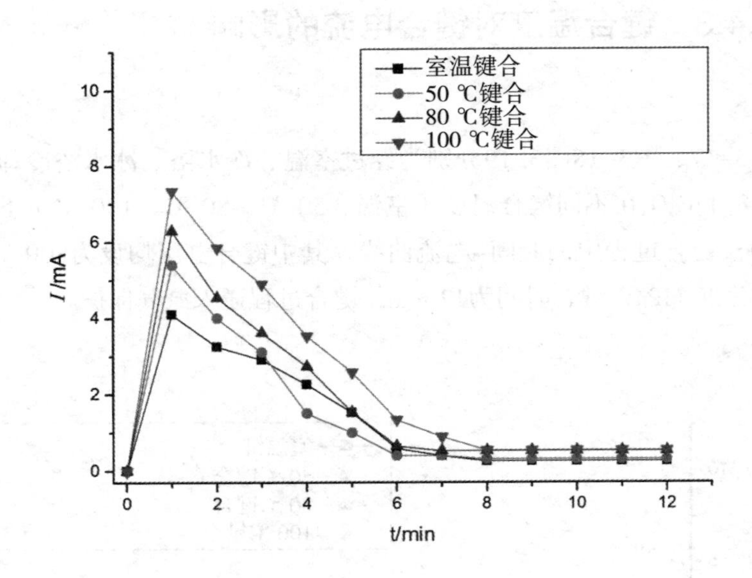

图3–18 冷水浴冷却后的$(PEG)_{10}LiClO_4$与铝箔阳极键合过程中时间–电流曲线

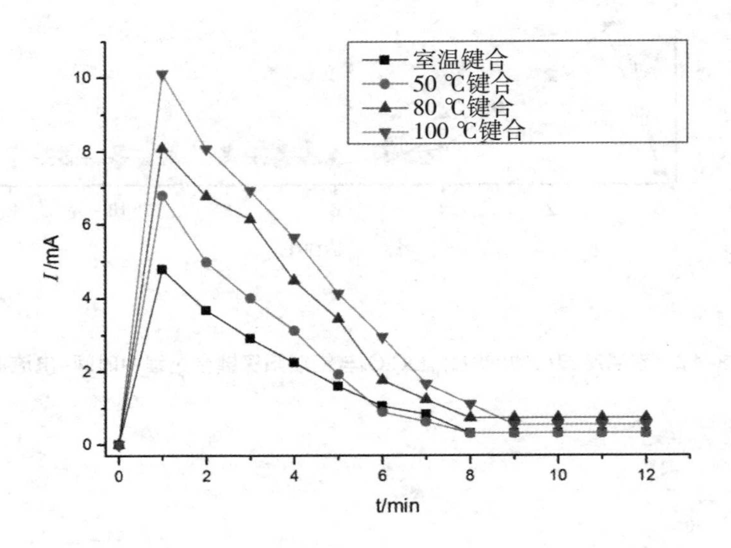

图3–19 冰水浴冷却后的$(PEG)_{10}LiClO_4$与铝箔阳极键合过程中时间–电流曲线

从图3-17至图3-19中可以观察到，各冷却方式处理后的$(PEG)_{10}LiClO_4$在与铝箔的阳极键合中，随着键合温度的提高，键合电流在初始时的上升速率有了明显的增加；当$(PEG)_{10}LiClO_4$在室温下进行键合时，三组样品键合过程中电流强度都比较弱；温度对键合过程中峰值电流的影响也较大，如表3-8所示，当$(PEG)_{10}LiClO_4$在100 ℃下进行键合时，冰水浴冷却后的样品其峰值电流达到10.11 mA，比在室温下进行键合时峰值电流提高了5.33 mA，说明键合温度的提高也会造成峰值电流相应增加。经过分析，温度的增加可以有效促进$(PEG)_{10}LiClO_4$中离子的解离，释放出更多的可自由移动的锂离子，在外加电场的作用下，离子进行定向迁移形成电流，所以键合温度的增加可以提高键合过程中的峰值电流。

但是在实际键合过程中还发现，$(PEG)_{10}LiClO_4$在80 ℃左右会产生软化微变形，在100 ℃时软化变形会更加严重，这对阳极键合是十分不利的，因此在实际键合中最大键合温度应不超过80 ℃。

表3-8　$(PEG)_{10}LiClO_4$与铝箔阳极键合过程中峰值电流

$(PEG)_{10}LiClO_4$冷却方式	室温下键合峰值电流（mA）	50 ℃下键合峰值电流（mA）	80 ℃下键合峰值电流（mA）	100 ℃下键合峰值电流（mA）
室温冷却（25 ℃）	3.11	3.82	4.41	5.04
冷水浴冷却（15 ℃）	4.21	5.41	6.29	7.37
冰水浴冷却（0 ℃）	4.78	6.79	8.08	10.11

3.4.4　键合电压对键合电流的影响

图3-20所示为冰水浴冷却后的$(PEG)_{10}LiClO_4$（试样3-13、试样3-14、试样3-9）在不同键合电压下与铝箔键合过程中的时间-电流曲线。

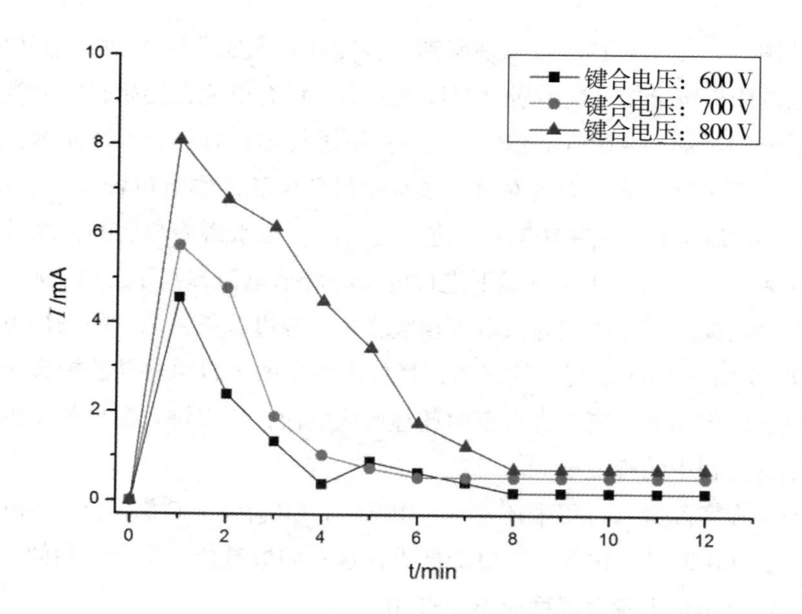

图3-20 冰水浴冷却后的$(PEG)_{10}LiClO_4$与铝箔在不同电压下键合的时间–电流曲线

可以看到，当其他键合参数不变时，$(PEG)_{10}LiClO_4$与铝箔在600 V电压下键合其峰值电流为4.55 mA，在700 V、800 V电压下键合时，其峰值电流分别增加至5.73 mA和8.08 mA。这说明键合电压的提高能够引起键合峰值电流的提高，同时电流在键合初始时的上升速率也相应增加。我们知道，电压的作用主要提供了键合过程中的静电场，而由于电压的不同导致静电吸引力的不同，在高的键合电压下，可以使键合材料间实现更加紧密的贴合，有利于在接触面形成键合层，促进键合过程中离子迁移，从而相应的键合电流得到提高。但是过高的键合电压会导致击穿键合材料，使键合失效，而作为封装材料时，过高的键合电压也会对内部器件造成影响。

3.4.5 键合界面微观表征

采用日立S–4800型扫描电镜对样品进行SEM测试，获取样品表面结构、形貌等显微组织特性，同时利用超轻元素能谱分析仪（EDS）对键合界面进行元素分布分析。

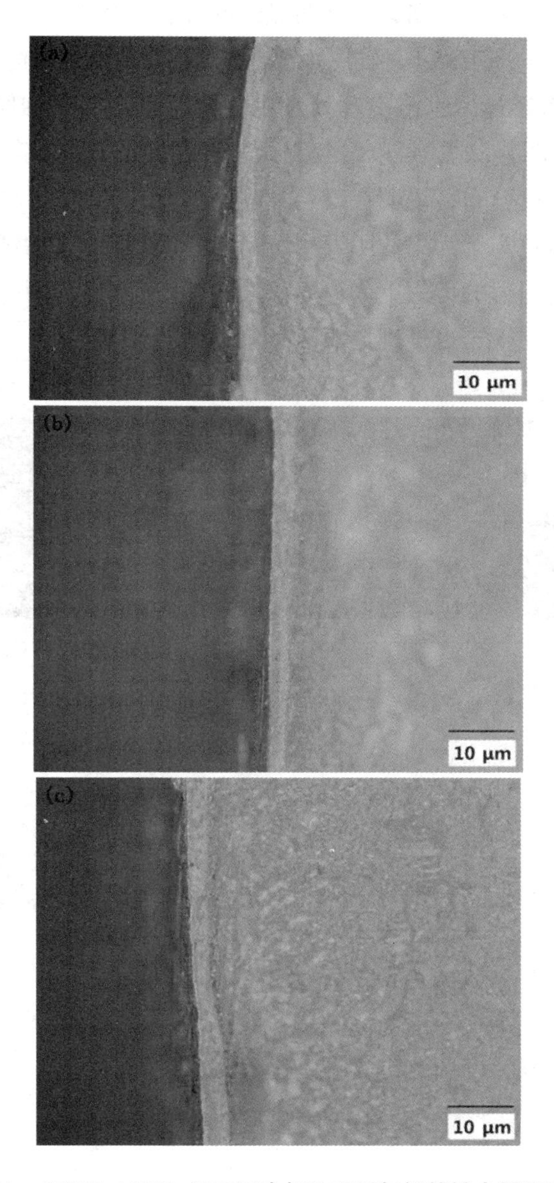

图3-21　$(PEG)_{10}LiClO_4$经不同冷却处理后与铝箔键合界面SEM图

（a）室温冷却；（b）冷水浴冷却；（c）冰水浴冷却

图3-21所示为试样3-7、试样3-8、试样3-9的$(PEG)_{10}LiClO_4$经过不同冷却温度处理后与铝箔阳极键合界面的微观表征图，可以看到，每组界面在铝箔及固体聚合物电解质之间有一处明显的键合层，其界面没有明显的孔隙及裂痕，但键合层的厚度略有不同，经过室温冷却后的$(PEG)_{10}LiClO_4$键合层平均厚度较小，而经过冰水浴冷却处理后的样品键合层平均厚度较大。通过EDS能谱分析（图3-22），可以看到界面中存在元素迁移，其中铝、氧、氯、碳在键合层呈梯度分布，说明在键合过程中，反应界面聚合物一侧的阳离子耗尽区中，以氧负离子为主的阴离子不断向界面迁移，而铝箔一侧的阳离子同样也在静电吸引力的作用下向界面移动，并在界面处发生不可逆转的化学反应，形成键合层，这也是键合能够有效发生的关键。

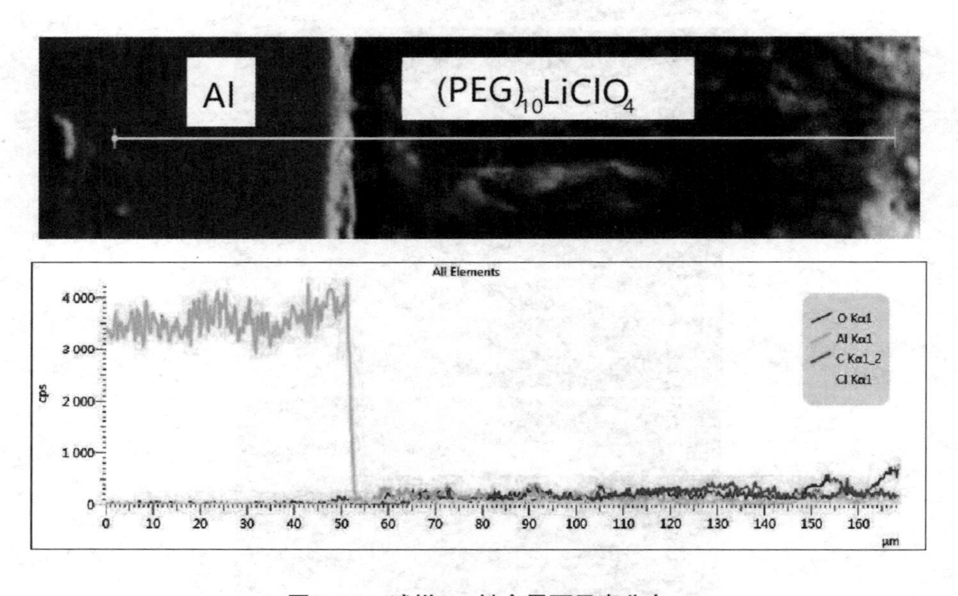

图3-22 试样3-9键合界面元素分布

3.4.6　力学性能分析

采用P10–10型电液伺服疲劳试验机对样品进行室温下力学性能测试，设备规格为10 kN，精度等级为0.5。将试样尺寸裁剪为10 mm × 10 mm × 2 mm进行测试，由于试样尺寸较小，不易加工成标准试件，先将试样上下表面，即聚合物材料及铝箔表面分别先粘结一个贴片，而后在贴片上放置AB胶，粘接至设备上下两个拉伸头，注意在粘结过程中保持试样水平粘接，等待15 min AB胶干透后，开始进行拉伸试验，直至界面完全拉开，拉伸速率为0.02 mm/s，记录位移–载荷曲线，计算拉伸强度，（本书中的拉伸强度均为该仪器及该方法测量）。

将键合后的试样裁剪为10 mm × 10 mm × 2 mm的正方形，并用两贴片分别粘接至试样铝箔及聚合物电解质表面，如图3–23所示，将贴片涂抹AB胶后粘接到上下两个拉伸头上，待AB胶干透后在常温下进行拉伸试验，拉伸速率为0.02 mm/s。

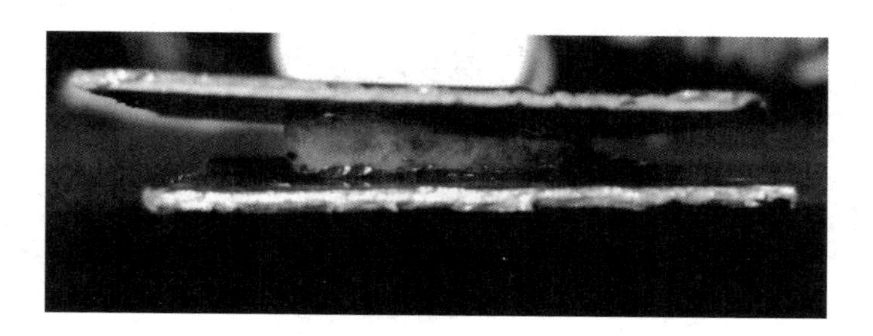

图3–23　两贴片与试样相连接

图3–24分别为试样3–7、试样3–8、试样3–9常温下的位移–负荷曲线，对应的拉伸强度数据见表3–9。可以看到，当经过不同冷却温度处理后$(PEG)_{10}LiClO_4$与铝箔的键合界面拉伸强度不同，其大小与$(PEG)_{10}LiClO_4$的冷却速度成正比，当$(PEG)_{10}LiClO_4$经过室温冷却后，其与铝箔的键合界面拉伸强度为2.95 MPa，当$(PEG)_{10}LiClO_4$经过冰水浴冷却时，拉伸强度增大至5.23 MPa。

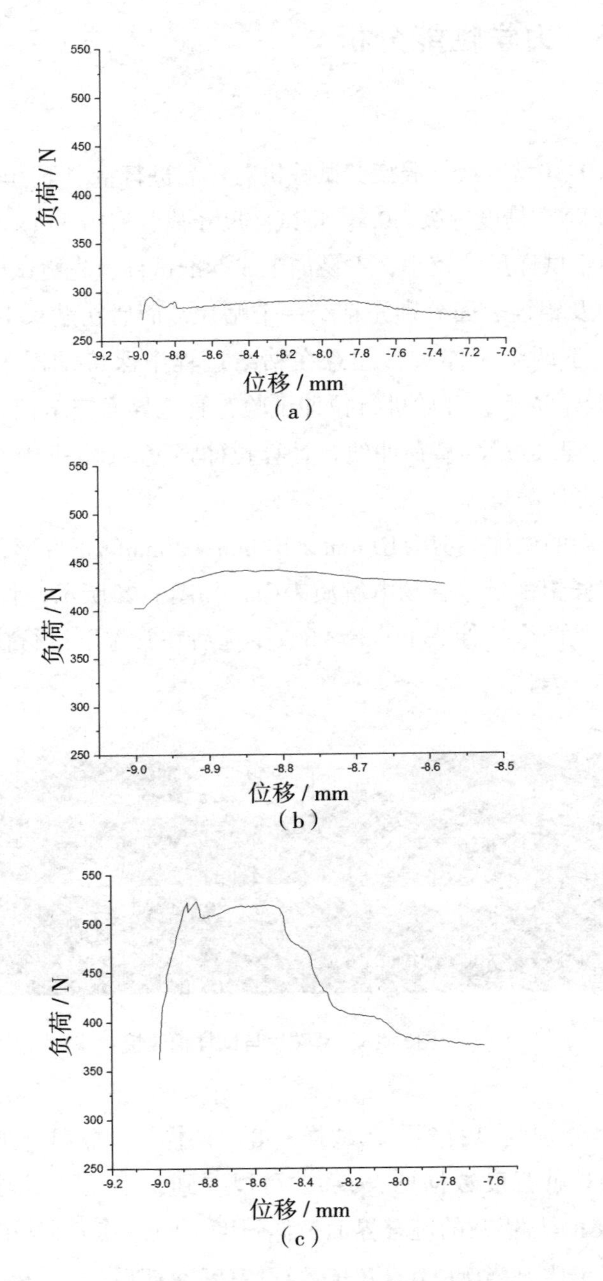

图3-24 $(PEG)_{10}LiClO_4$与铝箔键合界面拉伸位移-负荷图

（a）室温冷却；（b）冷水浴冷却；（c）冰水浴冷却

表3-9　经不同冷却处理后的$(PEG)_{10}LiClO_4$与铝箔在室温下键合界面拉伸强度

试样编号	冷却方式	面积（S/mm^2）	载荷（F/N）	拉伸强度（Rm/MPa）
3-7	室温冷却（25 ℃）	100	295	2.95
3-8	冷水浴冷却（15 ℃）	100	442	4.42
3-9	冰水浴冷却（0 ℃）	100	523	5.23

图3-25所示为经室温冷却处理后的$(PEG)_{10}LiClO_4$与铝箔键合界面拉伸断口形貌，可以看到，铝箔一侧表面大部分较为光滑，只残留少量白色薄膜状残留物，推测为键合层部分物质，说明此时键合质量不佳，大部分铝箔并没有与$(PEG)_{10}LiClO_4$产生键合，只有少部分的键合连接，导致其拉伸强度较低，说明$(PEG)_{10}LiClO_4$在室温冷却后的键合性能较差。

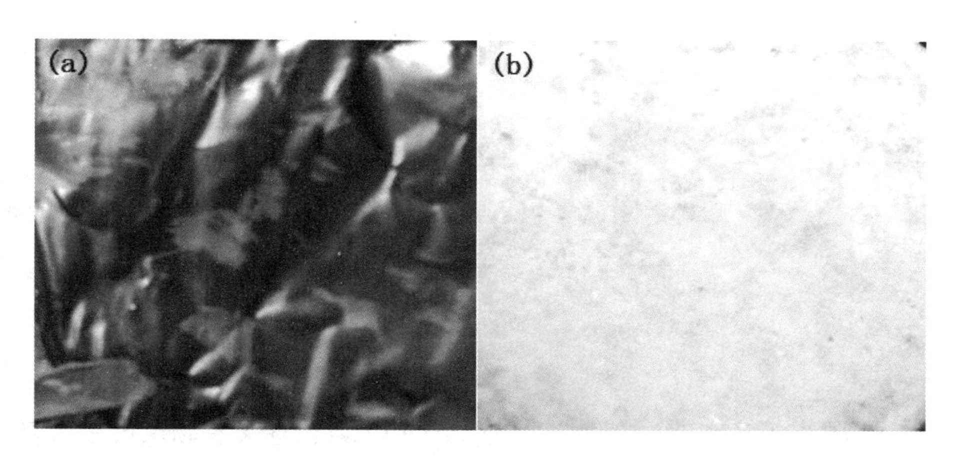

图3-25　试样3-7的拉伸断口形貌

（a）铝箔；（b）DSPE

图3-26所示为经冰水浴冷却处理后的$(PEG)_{10}LiClO_4$与铝箔键合界面拉伸断口形貌，对比图3-25发现，其在铝箔一侧没有出现未键合区域，同时也可以看到一层残留物，同样在$(PEG)_{10}LiClO_4$表面处也能看到一些拉丝状残留物，推测其均为键合层部分物质，说明其断裂发生在键合层内部，

$(PEG)_{10}LiClO_4$与铝箔键合情况良好。分析得出，$(PEG)_{10}LiClO_4$在冷水浴环境下冷却处理后与铝箔的键合强度相较在室温下冷却处理后有所增加，说明其键合质量得到提高。

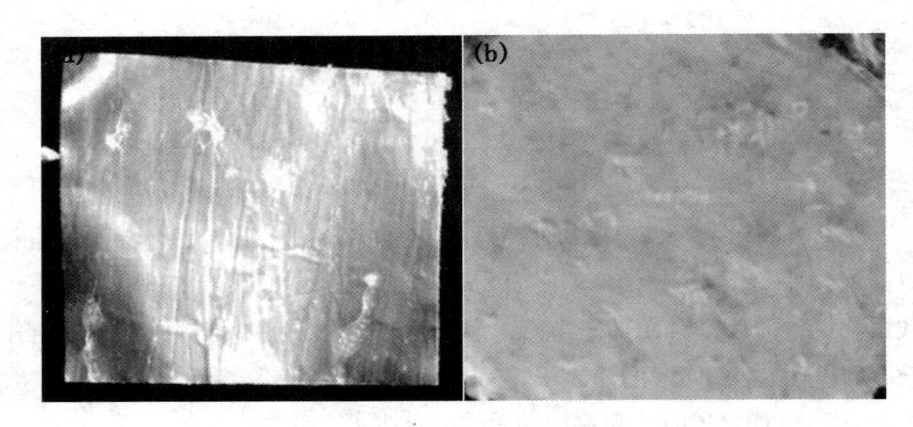

图3-26 试样3-9的拉伸断口形貌

（a）铝箔；（b）DSPE

3.5 本章小结

本章通过高能球磨-热压工艺制备了PEG基固体聚合物电解质材料$(PEG)_{10}LiClO_4$，并将所制备材料在室温（25 ℃）、冷水浴（15 ℃）、冰水混合物（0 ℃）三种不同环境下进行冷却处理，得到其最终产物，同时通过多种表征手段分析研究了不同冷却方式对材料阳极键合性能的影响，得到具体结论如下：

（1）通过X-射线衍射及热性能分析可知，所制备材料经过冷却处理后，可以有效抑制其结晶行为，并且随着冷却速度的提高，材料结晶性进而降低。当经过冰水浴环境冷却后，通过微观观测可知，聚合物表面结晶颗粒尺寸降低，无定型区域增加。经分析，较高的冷却速度可以有效抑制聚合物内分子链热运动，使之无法在短时间内达到整齐排列，使得结晶过程不能有效进行。

（2）提高聚合物电解质的冷却速度能够增加其离子导电率，且随着冷却速度的提高，其离子导电率也随之提高，当复合材料$(PEG)_{10}LiClO_4$在冰水浴环境下冷却后，其离子导电率为1.17×10^{-6} S·cm^{-1}，相比于在室温下冷却提高了1个数量级。

（3）所制备材料在经过冷却处理后能够有效提高其力学性能，并随着冷却速度的提高而提高，当复合材料经过冰水浴冷却后，其室温下屈服强度为42.14 MPa，相较于室温下冷却后的材料提高了4.33 MPa。

（4）通过$(PEG)_{10}LiClO_4$与铝箔的阳极键合实验得到了键合过程中“时间–电流”变化规律：键合电流在键合开始时的短时间内达到峰值，随着键合过程的进行，电流强度逐渐减弱，当离子迁移达到饱和，键合电流逐渐趋于零并保持稳定，键合结束。同时还分析了键合温度及键合电压对键合过程中峰值电流的影响，随着键合电流及电压的升高，峰值电流随之升高，在给定键合条件下，当样品经过冰水浴冷却处理后，键合过程中峰值电流最大，达到10.11 mA。

（5）在键合后对键合界面进行表征，发现所制备聚合物电解质与铝箔之前有明显的键合层存在，这是二者能够成功连接的关键，且经冰水浴处理后的键合层厚度略大。通过EDS能谱分析，在键合界面处铝、氧、氯、碳呈阶梯分布，说明了元素在键合过程中发生了迁移。在对键合界面强度测试中，经过冰水浴冷却处理后的材料其室温下键合界面拉伸强度为5.23 MPa，相较于室温下处理的材料提高了2.28 MPa，键合质量较好。

第4章

PEG-$LiClO_4$-SiO_2与铝的阳极键合

4.1 引言

聚合物电解质材料在室温下表现为强结晶性，以至于其室温电导率很低，远不能达到阳极键合对材料导电性的要求。1979年，法国学者Armand [48]等人提出聚醚与碱金属盐能形成导电率较高的固体电解质，正式开启了人们对固体聚合物电解质的深入研究。研究人员通过在PEO中添加碱金属锂盐进行配位形成络合物，利用锂离子在其中的迁移实现离子导电，这种迁移是根据高分子链段的运动而对锂离子与聚合物的络合状态产生影响，使二者配位发生松动，也就是锂离子在其中不断“络合-解络合”的过程，通过这种影响促使作为载流子的锂离子始终保持活性，并在不同分子链段的配位点上不断移动，形成迁移而导电。通过以往的研究我们知道，这种迁移主要是发生在聚合物基体的非晶相部分，而晶相部分发生离子迁移的概率要比在非晶相低2～3个数量级，所以降低聚合物体系的结晶度是提高其离子导电率的主要方式。

针对高分子材料基体进行改性以提高其性能的方法有很多，近年来利用一些无机填料（SiO_2、Al_2O_3、ZnO、ZrO_2、TiO_2、NaCl、MgO、蒙脱土等）对PEO进行交联改性得到有机无机混合型固体聚合物电解质的报道层出不穷，改性后其导电性能、机械性能及界面的稳定性均可得到有效改善，而这些改性报道中又以SiO_2颗粒最受关注，例如Matsuo在PEG-$LiCF_3SO_3$中加入SiO_2后使得聚合物电解质的离子导电率提高了近一个数量级；Fan [141]在PEG-LiX基体中引入改性后的SiO_2使得复合材料基体机械性能得到提高；Capiglia [142]等人将具有不同表面性质的SiO_2加入到PEO-$LiClO_4$中后发现，当加入特殊处理后的SiO_2后，复合聚合物电解质的离子导电性得到提高；Walls [143]等人通过对SiO_2改性，即用辛烷基代替SiO_2表面部分羟基后引入复合材料中，使得导电性和机械性能均得到提高。

本章主要是针对高分子材料聚乙二醇（PEG）进行改性，利用$LiClO_4$提供自由移动的锂离子，并通过长时间高能球磨过程将SiO_2颗粒引入到体系内部，使其均匀弥散至络合体系中，形成有机无机混合固体聚合物电解质，并且研究不同SiO_2含量对所制备PEG基固体聚合物电解质的表面形貌、离子导电性、热稳定性、机械性等阳极键合性能的影响。

4.2 复合固体聚合物电解质PEG-$LiClO_4$-SiO_2的制备

4.2.1 主要原材料

材料制备中主要使用的原材料及试剂见表4-1。

表4-1　主要材料及试剂

材料名称	化学式	材料规格	生产厂家
聚乙二醇（PEG）	$HO(CH_2CH_2O)_nH$	分子量M_w=10 000 纯度>99.6% 粒度<70 μm	上海铠源化工科技有限公司
高氯酸锂	$LiClO_4$	分析纯（AR） 纯度>99.2% 粒度<50 μm	上海阿拉丁生化科技股份有限公司
二氧化硅	SiO_2	分析纯（AR） 纯度>90% 粒度<500 nm	上海阿拉丁生化科技股份有限公司
无水乙醇	CH_3CH_2OH	分析纯（AR） 纯度>99.7%	国药集团化学试剂有限公司

4.2.2　实验设备

材料制备中主要用到的实验设备见表4-2。

表4-2　实验设备信息

设备名称	设备规格及型号	生产厂家
电子天平	FA2004	上海天平仪器厂
电热恒温鼓风干燥箱	DH-101	长沙仪器仪表厂
真空干燥箱	ZK-83A	上海仪器仪表厂
变频星式球磨机	XQM-2	上海新诺仪器设备有限公司
压力机	JB04-2	杭州国良精密机械有限公司

4.2.3 PEG基复合固体聚合物电解质$(PEG)_{10}LiClO_4$–SiO_2的制备工艺

将制备原材料在DH–101电热恒温鼓风干燥箱中进行干燥处理，去除材料表面残留水分以及部分内部结晶水，其中聚乙二醇（PEG）在50 ℃温度下干燥48 h；高氯酸锂（$LiClO_4$）及二氧化硅（SiO_2）在120 ℃温度下干燥48 h。然后将干燥处理后的PEG、$LiClO_4$及SiO_2按比例放入球磨罐中，倒入少量无水乙醇作为研磨剂，研磨球为直径3 mm、5 mm、8 mm的玛瑙球，其比例分别为1∶1∶1。设置球磨参数（见表4–3）进行球磨，随着长时间高能球磨过程的进行，三种粉体材料在研磨罐内不断发生强烈的冲击、挤压，粉末颗粒不断变形断裂，表面发生冷焊结合，在细化晶粒的同时发生络合反应。

表4–3 球磨工艺参数表

球磨材料	（PEG）:（Li^+）	SiO_2含量（wt.%）	球磨转速（r/min）	球磨时间（h）	球料比
PEG / $LiClO_4$/ SiO_2	10∶1	0、3%、5%、8%、10%、15%	280～350	12	7∶1

最后将球磨得到的混合粉体材料进行干燥和筛分（过滤掉一些团聚体），将混合粉体加热至熔融状态，倒入自制圆柱形模具中热压成型，之后将模具密封处理后放置在冰水浴（0 ℃）环境中进行冷却1 h，最终得到直径为20 mm和厚度约为2 mm的圆形固体聚合物电解质材料$(PEG)_{10}LiClO_4$–SiO_2，为避免空气中的水分与氧气的影响，将压好之后的材料放入真空干燥箱中备用。

4.3　材料表征结果及讨论

4.3.1　$(PEG)_{10}LiClO_4$-SiO_2表面显微组织特性分析

键合材料表面显微特性对阳极键合有十分重要的意义，因此，为了探究SiO_2颗粒含量（质量分数）对所制备固体聚合物电解质$(PEG)_{10}LiClO_4$-SiO_2表面形貌特征的影响，设计制备了具有不同SiO_2含量的样品，并进行显微组织观测，图4-1和图4-2是SiO_2颗粒含量分别为3 wt.%、5 wt.%、8 wt.%、10 wt.%、15 wt.%时的$(PEG)_{10}LiClO_4$-x%SiO_2表面SEM表征图。

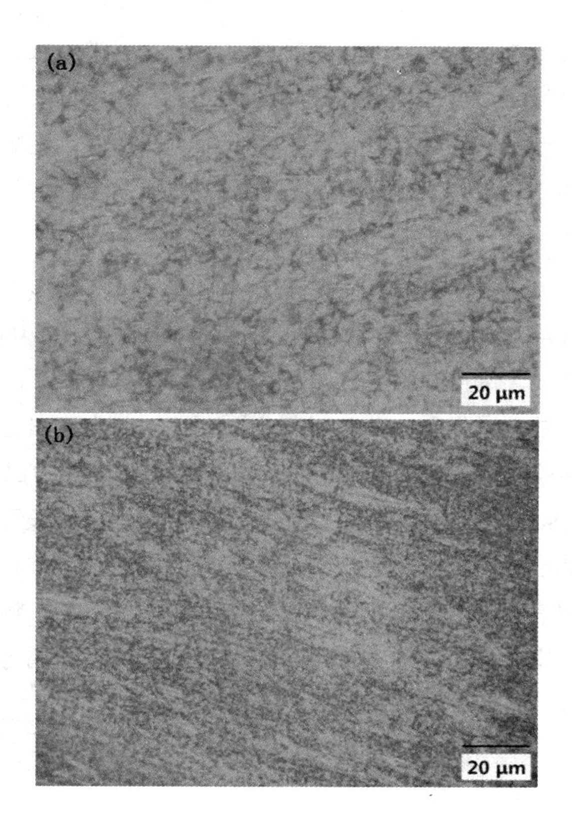

图4-1 $(PEG)_{10}LiClO_4$-x%SiO_2表面显微组织SEM图（a：x=3；b：x=5；c：x=8）

观察图4-1可以看出，当SiO_2含量为3 wt.%时，材料表面较为杂乱，球形晶体十分明显，且尺寸较大；当SiO_2含量为5 wt.%时，材料表面球形晶体尺寸降低，但数量依然较多，在这两种含量下，材料表面都显示出较高的结晶性，无定型区域较少；继续添加SiO_2的含量至8 wt.%时，可以看到材料表面较为整洁，球形晶体无论在数量和形状上都有所降低，无定型区域占比增加，但仍然有部分晶体尺寸较大，此时材料表面结晶在一定程度上已经被抑制。

如图4-2所示，当SiO_2含量上升为10 wt.%时，材料表面十分整洁，并没有明显的大尺寸球形晶体出现，材料表面呈无定型状，说明此时SiO_2颗粒与PEG基体融合充分，材料的结晶行为被有效抑制，这样便使离子迁移更加容易进行。仔细观察还可发现，此时材料表面存在一些少量白色析出物，这可能是由于SiO_2颗粒略微过量，PEG基体“溶解”SiO_2的能力已趋于饱和，所以SiO_2颗粒在表面少量析出。当SiO_2含量继续增加至15 wt.%时，表面又出现了大小不一的球形晶体，同时也出现一些较大的不规则晶体，且其内部存在少量白点，材料表面无定型区域降低。经分析，过量的SiO_2颗粒可能会在表面形核，造成团聚，分子链在其周围可重新排列，产生结晶行为，对离子传输不利。

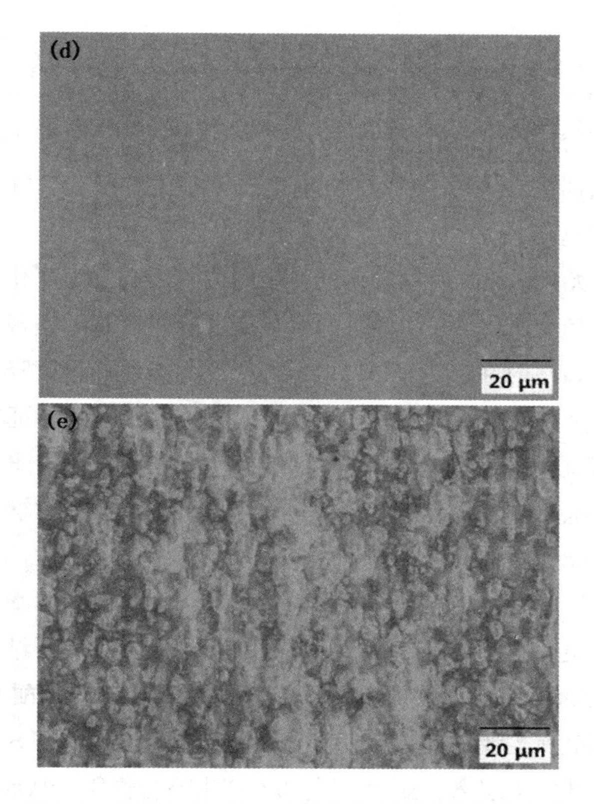

图4-2　$(PEG)_{10}LiClO_4$-x%SiO_2表面显微组织SEM图

（d）x=10；（e）x=15

4.3.2　X-射线衍射分析

X-射线衍射分析（X-ray diffraction）可以通过对材料进行X-射线衍射得到样品的衍射图谱，通过对比衍射峰的位置、峰强、峰宽等因素对样品进行分析，本章主要针对所制备样品$(PEG)_{10}LiClO_4$-SiO_2不同的X-射线衍射图谱分析其结晶性，从而得出当引入SiO_2颗粒含量（质量分数）不同时对体系内部结晶性能的影响。

图4-3所示为所制备固体聚合物电解质$(PEG)_{10}LiClO_4$-x%SiO_2的XRD

衍射图谱，其中图（a）为$(PEG)_{10}LiClO_4$的XRD衍射图谱，图（b）、（c）、（d）分别为$(PEG)_{10}LiClO_4$-5 wt.%SiO_2、$(PEG)_{10}LiClO_4$-10 wt.%SiO_2和$(PEG)_{10}LiClO_4$-15 wt.%SiO_2的XRD衍射图。可以看到，$(PEG)_{10}LiClO_4$体系的结晶性很强，分别在2θ为18.5°和23.5°有两个明显的特征衍射峰，而碳的特征峰并不明显，这应该是经过球磨和热压过程后变成了无定型碳和结晶度较低的碳。当开始加入SiO_2颗粒后，衍射峰的位置没有发生变化但其强度有了大幅下降，并随着所引入SiO_2含量的增加衍射峰强度基本呈现降低趋势，当SiO_2含量为10 wt.%时在2θ为18.5°和23.5°两处的衍射峰强度降到最低，随后继续增加SiO_2含量，衍射峰强度没有明显变化，但SiO_2的特征衍射峰开始显现出来，所以无机氧化物SiO_2颗粒的引入（10 wt.%以内）能够有效降低原络合体系$(PEG)_{10}LiClO_4$的结晶度，但过多的SiO_2颗粒并不能继续降低体系结晶度，反而可能会增加新的结晶。

经过分析，SiO_2颗粒通过高能球磨过程均匀弥散到PEG基体中，其较大的比表面积产生了空间位阻作用，破坏了PEG中原有的分子结构，使其从长程有序逐渐变为无序化，同时其表面羟基可以与PEG内部醚氧基团相互作用，降低了结晶所需要的能量，使其分子链柔性化，此外，SiO_2颗粒可以在聚合物基体内部发生解离，Si^{4+}可以与PEG产生络合作用，从而抑制PEG的结晶行为。但是过多的SiO_2并不会持续降低体系结晶，反而可能会在基体表面及内部产生团聚效应，以其为核心增加结晶，这就使得复合材料内部无定型区域减少，离子迁移不能顺利进行。

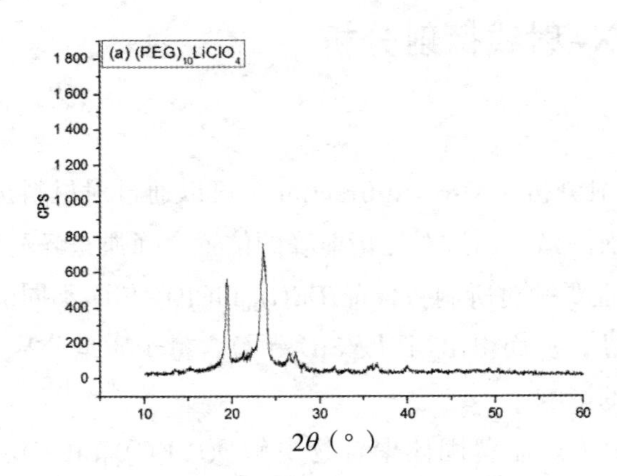

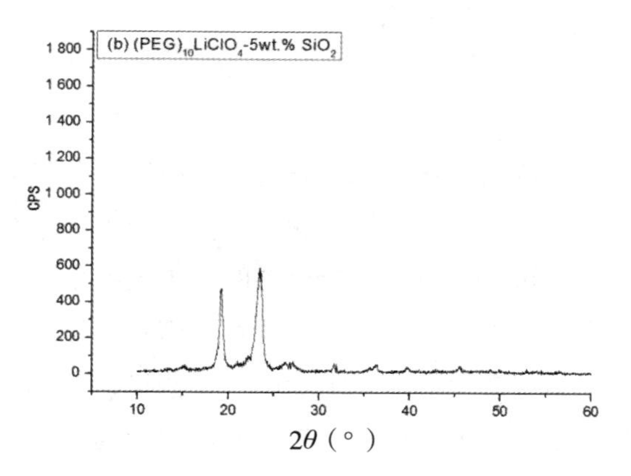

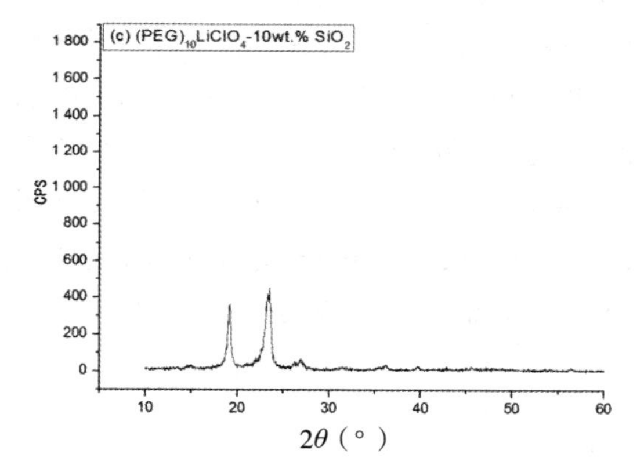

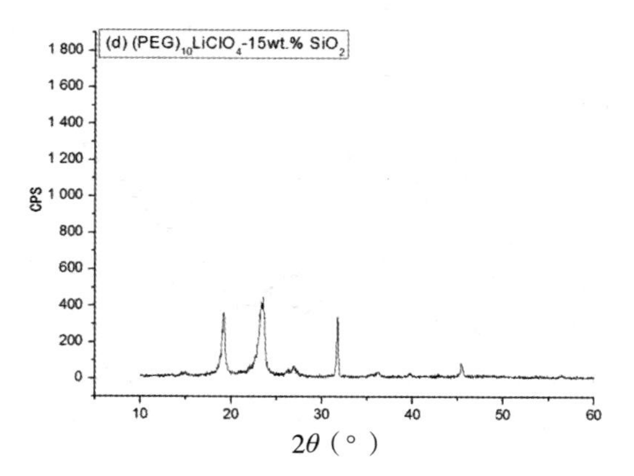

图4-3　$(PEG)_{10}LiClO_4$-x%SiO_2的XRD图

（a）x=0；（b）x=5；（c）x=10；（d）x=15

4.3.3 交流阻抗分析

交流阻抗实验是利用电化学工作站对被测固体聚合物电解质材料的电性能进行测试和分析的一种手段，拥有测试频率范围较广、对被测材料干扰小等优点。通过交流阻抗实验可以分析材料的离子电导率、材料与电极间界面特征及研究离子在固体电解质材料中的迁移机理等。这种测试方法是根据对被测材料体系施加微扰产生的电化学响应进行测量，其中每一个测量频率对应的数据，都包含了测量电压或电流对所测试得到的电压或电流的相位移及阻抗的幅模值，从而得到被测材料电化学响应的虚部和实部。

交流阻抗图谱可以有多种表达方式，在实验中是选择Nyquist图进行分析和研究，Nyquist图是根据交流阻抗的虚部（$-Z''$）和实部（Z'）的变化进行记录并生成图线，也可以称为（$Z''-Z'$）图，根据图线的形貌能够得出被测固体聚合物电解质与测试电极界面之间的影响，也能得出被测材料的本体电阻R_b，从而得到被测材料的离子电导率。通过交流阻抗实验可以研究不同SiO_2含量下，所制备材料离子导电性的变化规律。

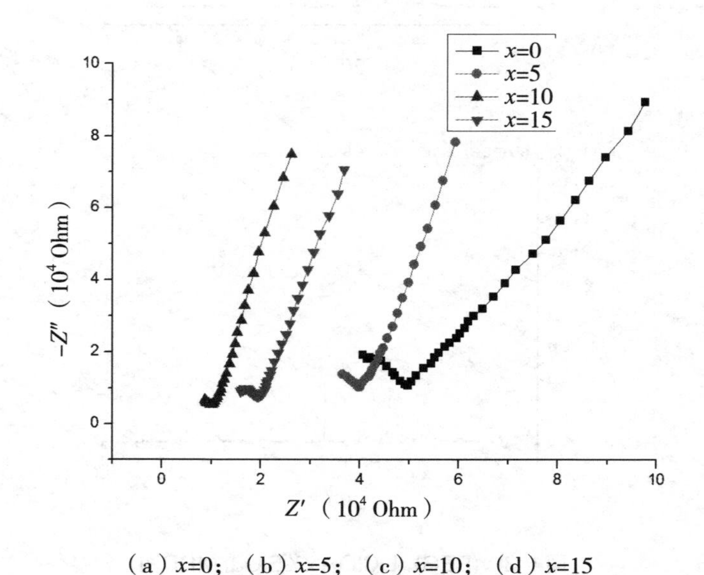

（a）x=0；（b）x=5；（c）x=10；（d）x=15

图4-4 室温下$(PEG)_{10}LiClO_4$-x%SiO_2的交流阻抗图谱

图4-4所示为所制备固体聚合物电解质$(PEG)_{10}LiClO_4$-x%SiO_2在室温下的交流阻抗图谱，可以看到没有添加SiO_2颗粒时，当体系不含SiO_2时曲线明显分为两部分，即高频部分的一个不完整“半圆”和低频部分的一条直线。其中低频部分的斜线表示被测固体电解质中锂离子的扩散属性，而高频部分的“半圆”较为完整，因此可以通过高频部分“半圆”的低频端（最右端）与低频部分直线的高频端（最左端）的交点所对应实部的值即为所测$(PEG)_{10}LiClO_4$的本体电阻R_b，通过公式可以计算出$(PEG)_{10}LiClO_4$的离子电导率

$$\sigma = \frac{d}{R_b \cdot S} \tag{4-1}$$

其中，σ 为被测材料的离子电导率，S·cm^{-1}；R_b为材料的本体电阻，Ω；d为测试时样品材料的厚度，cm；S为测试时电极与被测样品材料的接触面积，cm^2。

当添加SiO_2颗粒后，体系的交流阻抗谱有了明显改变。可以看到随着SiO_2含量的增加，曲线逐渐向高频区移动，同时曲线高频部分的半圆变得越来越不完整，当含量达到10 wt.%时，高频区的半圆已经十分模糊，并与低频部分近乎连成一条直线，这可能是因为测试仪器的最大频率有限，此时要求的被测固体电解质的本体电阻就需要利用Nyquist图的虚部来进行（具体过程如第3章所述）。当SiO_2含量达到15 wt.%时，图线开始向低频移动，相应的本体电阻也增加。

通过计算得出引入不同SiO_2含量后$(PEG)_{10}LiClO_4$-SiO_2体系的离子电导率，如表4-4所示，当SiO_2含量（质量分数）增加时，所制备固体电解质离子导电率也随之增加，当SiO_2含量（质量分数）达到10 wt.%时，导电率达到最高值3.82×10^{-5} S·cm^{-1}，当继续添加SiO_2后，$(PEG)_{10}LiClO_4$-x%SiO_2复合体系的离子电导率有所下降。

表4-4　室温下所制备固体聚合物电解质$(PEG)_{10}LiClO_4$-x%SiO_2的离子导电率

SiO_2含量（wt.%）	材料厚度（d/cm）	材料与电极接触面积（S/cm^2）	材料本体电阻（R_b/Ω）	离子导电率（σ/S·cm^{-1}）
0	0.2	0.5	4.95×10^4	8.08×10^{-6}

续表

SiO_2含量（wt.%）	材料厚度（d/cm）	材料与电极接触面积（S/cm^2）	材料本体电阻（R_b/Ω）	离子导电率（$\sigma/S\cdot cm^{-1}$）
5%	0.2	0.5	3.96×10^4	1.01×10^{-5}
10%	0.19	0.5	9.96×10^3	3.82×10^{-5}
15%	0.21	0.5	1.96×10^4	2.14×10^{-5}

经过研究可知，当$(PEG)_{10}LiClO_4$体系不含SiO_2时，PEG分子链之间的相互作用力占主导，且PEG的结晶度较高，锂离子能够获得的移动空间十分有限，进而难以在体系内部形成有效传输，当伴随着SiO_2颗粒的引入，体系内部结构发生了明显的改变：通过高能球磨过程，SiO_2颗粒可以均匀地弥散到PEG基体内部，并和PEG中的中醚氧基团相互作用，进而阻碍了PEG分子链之间的相互结合，结晶单元发生紊乱，使得体系内部柔性增加，无定型区含量增加，体系整体结晶度下降，同时SiO_2表面的羟基可以与$LiClO_4$中的阴离子发生相互作用，使得锂盐的解离更容易发生，这样就释放出更多的可自由移动的锂离子，有利于提高体系离子导电性；然而当SiO_2颗粒的含量继续增加，体系内部“溶解”SiO_2的能力趋于饱和，过量的SiO_2颗粒会在材料表面及内部发生团聚（通过显微观测也可以看到这种情况），这种团聚将会阻碍锂离子的传输，导致体系离子电导率下降，进而影响其阳极键合性能。

温度对固体聚合物电解质导电性能的影响十分显著，而在阳极键合过程中我们有时也需要在键合前先对被键合材料进行升温预热，从而达到理想的键合效果。图4-5为不同温度下所制备样品$(PEG)_{10}LiClO_4$-10 wt.%SiO_2的交流阻抗图谱，可以看到，随着环境温度的提高，图线整体呈向高频区移动的趋势，同时其低频直线部分的最大值随着温度的升高而降低，通过对被测样品阻抗图的虚部来确定不同温度下样品的离子导电率，当环境温度为80 ℃时，样品的本体电阻最小，说明当温度提高时，基体内部锂离子被不断激活，其自由能增加，导致离子运动能力增强，样品的离子导电率提高，有利于提高键合效率，这对进一步指导阳极键合工艺有十分重要的意义。

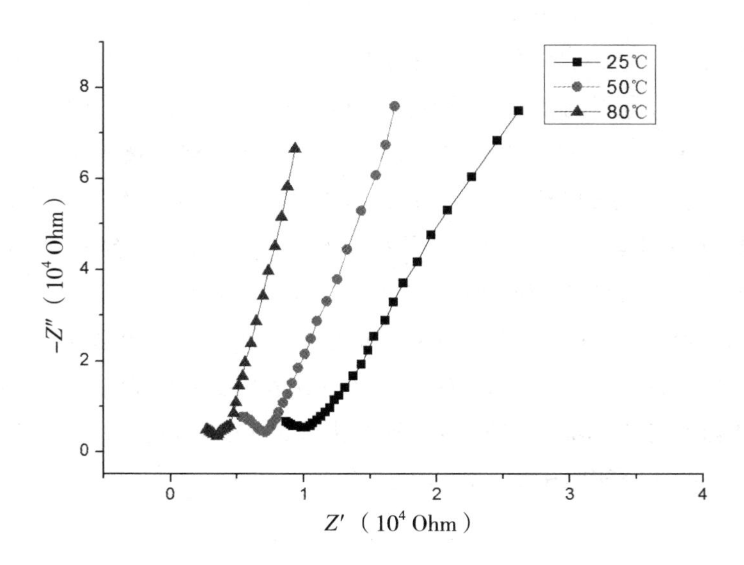

图4-5　不同温度下$(PEG)_{10}LiClO_4$-10 wt.%SiO_2的交流阻抗图谱

4.3.4　热力学性质分析

热力学分析实验能针对所制备固体聚合物电解质材料的热性能，如熔点、玻璃化转变温度、热焓值以及材料的结晶度等进行分析和测定，通过热分析充分了解样品的热力学性能，对进一步优化和提升其阳极键合性能有重要意义。

对所制备PEG基固体聚合物电解质进行一系列热性能分析，采用DSC204-F1型热分析系统进行差示扫描量热DSC及热重TGA测试。将5 mg样品放入坩埚中，测试温度为10～120 ℃，升温速率10 ℃/min，得到测试材料相转变温度、结晶度等信息。采用Q50热重分析仪对样品进行热重分析，对其热稳定性进行测试，测试气氛为N_2，流量为50 mL/min，升温速率为10 ℃/min。

我们对所制备样品进行热重（TGA）及差示扫描量热分析（DSC）测试，以分析SiO_2颗粒对体系热性能的影响。

图4-6所示为所制备样品的热重分析（TGA）图，从图中可以看到三种样品在260 ℃以前只有少量失重，推测为在制备样品过程中还有少量残留乙醇和吸附水分的分解，$(PEG)_{10}LiClO_4$在260 ℃左右有一个明显失重，同时热分解后残留量几乎为零。当SiO_2加入后，可以明显看到测试样品$(PEG)_{10}LiClO_4$-5 wt.%SiO_2和$(PEG)_{10}LiClO_4$-10 wt.%SiO_2的热分解温度分别提高至290 ℃、300 ℃左右，说明SiO_2颗粒的引入有利于提高电解质的整体热稳定性。在热分解后，$(PEG)_{10}LiClO_4$-5 wt.%SiO_2和$(PEG)_{10}LiClO_4$-10 wt.%SiO_2的热分解残留率分别为4.1%和8.2%，这是因为SiO_2的熔点很高（1723 ℃）不易分解，这与实际实验中加入的SiO_2量（5%、10%）基本相同。

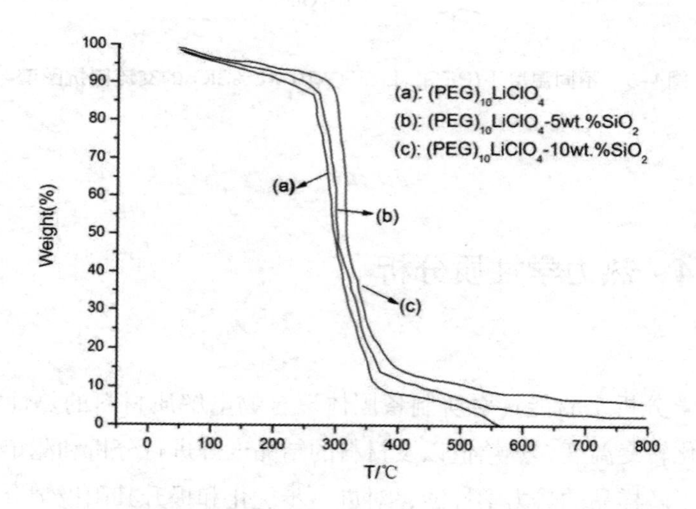

图4-6 固体聚合物电解质$(PEG)_{10}LiClO_4$-x%SiO_2的TGA曲线

图4-7和表4-5分别为所制备固体聚合物电解质的DSC曲线及相对应的样品热力学性质表，其中根据实验所测得的熔融焓（ΔH_m）以及样品含量，计算样品结晶度，其中PEG的标准熔融焓ΔH_{*m}为203 J/g。根据以往的报道我们知道，纯PEG的结晶度很高，超过80%，因为PEG是由很多重复单元组成的，当其超过一定数量时在分子内部就会形成一种长程有序并发生结晶行

为，当加入$LiClO_4$与之发生络合反应，破坏了PEG内部分子结构，使之无序化，同时降低了体系的结晶度，从表4-5中也可以看到$(PEG)_{10}LiClO_4$的结晶度下降至47.71%。进一步添加SiO_2后，SiO_2颗粒弥散至基体内部并和PEG内的醚氧基团进行相互作用，能够降低分子链之间的相互作用力，使得体系内分子基体柔性增加，无定型区面积增大，抑制材料内部结晶行为，其中$(PEG)_{10}LiClO_4$-5 wt.%SiO_2的结晶度下降至40.66%，当继续增加SiO_2的含量至10 wt.%时，$(PEG)_{10}LiClO_4$-10 wt.%SiO_2的结晶度下降至35.16%，说明SiO_2颗粒的引入可以有效降低体系结晶性。

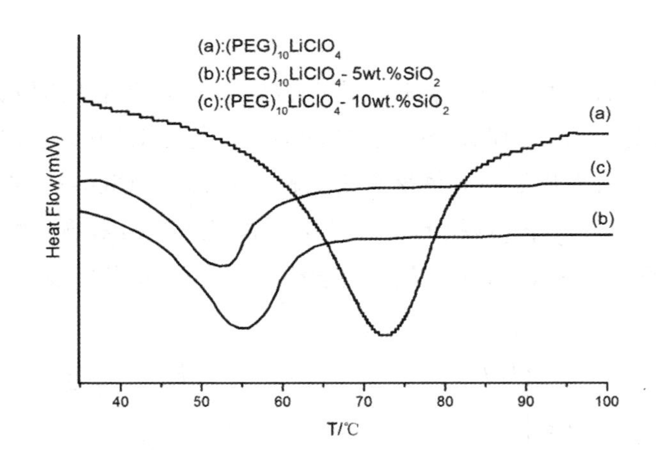

图4-7 固体聚合物电解质$(PEG)_{10}LiClO_4$-x%SiO_2的DSC曲线

另一方面，SiO_2的引入为体系内部提供了大量的Si^{4+}，一定程度上减少了锂离子与PEG中醚氧基团的络合作用，取而代之的是Si^{4+}和PEG中醚氧基团的络合，在实际的阳极键合过程中，需要有一定数量的自由移动离子进行迁移来完成键合，在体系内部可以理解为离子与PEG基体之间的“络合-解络合-再络合-再解络合”，这样一个离子迁移过程，而Si^{4+}的存在刚好可以促进这一过程，释放出更多可以自由移动的锂离子参与键合，提高材料键合性能。

表4-5 所制备固体聚合物电解质$(PEG)_{10}LiClO_4$-x%SiO_2的热力学性能

固体聚合物电解质	熔融温度（t_m/℃）	热焓（ΔH_m/J·g^{-1}）	结晶度（X_c/%）
$(PEG)_{10}LiClO_4$	72.78	96.85	47.71
$(PEG)_{10}LiClO_4$– 5 wt.%SiO_2	55.07	82.54	40.66
$(PEG)_{10}LiClO_4$– 10 wt.%SiO_2	52.35	71.38	35.16

4.3.5 力学性能分析

在阳极键合过程中，键合材料需要被施加一定键合压力以保证键合界面尽可能紧密贴合，因此，键合材料的力学性能会对阳极键合过程产生重要影响。我们针对所制备固体聚合物电解质$(PEG)_{10}LiClO_4$-x%SiO_2进行了屈服强度测试，探究SiO_2颗粒的引入对材料屈服强度的影响。图4-8所示为$(PEG)_{10}LiClO_4$-x%SiO_2在室温下经过力学测试时位移-负荷曲线。

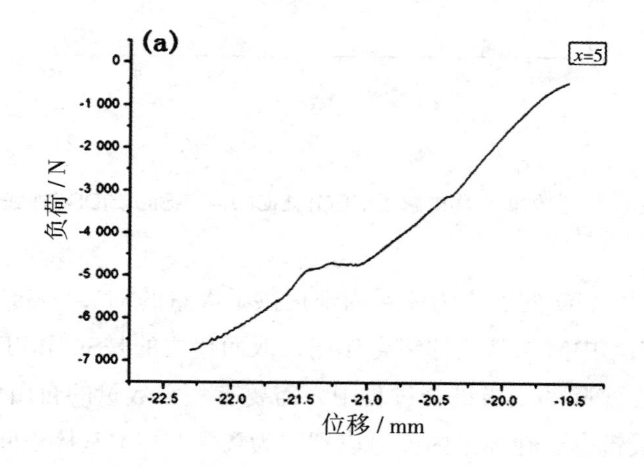

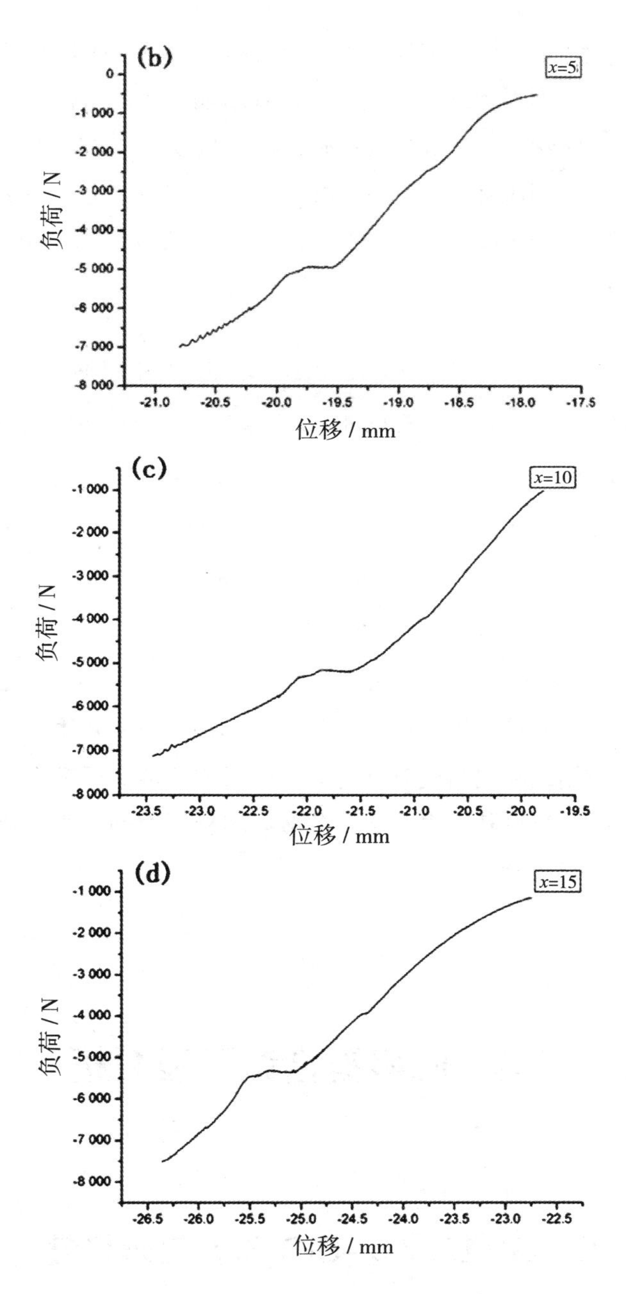

图4–8 $(PEG)_{10}LiClO_4$–x%SiO_2在室温下的位移–负荷曲线

（a）x=5；（b）x=8；（c）x=10；（d）x=15

通过对比表4-6中数据可知，在复合体系中加入SiO_2颗粒后，其屈服强度有了明显提升，随着加入SiO_2颗粒含量的增加，所制备样品的屈服强度也随之提高。当SiO_2颗粒含量为5 wt.%时，拉伸强度为47.44 MPa，当SiO_2颗粒含量为8 wt.%时，屈服强度为49.61 MPa；当SiO_2颗粒含量增加到15 wt.%时，材料屈服强度增大到53.69 MPa，对比于没有引入SiO_2颗粒的$(PEG)_{10}LiClO_4$提高了11.55 MPa。

表4-6 $(PEG)_{10}LiClO_4$-x%SiO_2在室温下的屈服强度

实验材料	面积（S/mm_2）	载荷（F/N）	屈服强度（ReL/MPa）
$(PEG)_{10}LiClO_4$	100	4 214	42.14
$(PEG)_{10}LiClO_4$–5 wt.%SiO_2	100	4 744	47.44
$(PEG)_{10}LiClO_4$–8 wt.%SiO_2	100	4 961	49.61
$(PEG)_{10}LiClO_4$–10 wt.%SiO_2	100	5 213	52.13
$(PEG)_{10}LiClO_4$–15 wt.%SiO_2	100	5 369	53.69

经分析，SiO_2通过高能球磨过程均匀的弥散至PEG基体中，起到了强化PEG分子链的作用，在材料受到外力时，经过强化的分子链迅速支撑起体系结构，同时SiO_2颗粒在其中也可起到分散和转移压力的作用，减少了部分应力集中，使力学性能提高。

4.4 阳极键合试验及分析

4.4.1 $(PEG)_{10}LiClO_4$–SiO_2与铝箔阳极键合工艺试验

将含有不同SiO_2含量的 $(PEG)_{10}LiClO_4$ –SiO_2与铝箔进行阳极键合，键合前先将铝箔裁剪至20 mm × 20 mm的正方形，然后对其进行表面处理（具体处理方法参见第2章）。将处理好的铝箔与$(PEG)_{10}LiClO_4$-SiO_2相互重合，并裁剪掉铝箔多余部分，将二者分别与电极相连，其中铝箔连接至阳极，$(PEG)_{10}LiClO_4$-SiO_2连接至阴极，在设置好键合参数后开始键合，并记录键合过程中键合电流随时间的变化，具体键合参数及方案见表4-7。

表4-7　$(PEG)_{10}LiClO_4$-SiO_2与铝箔阳极键合参数表

样品编号	SiO_2含量（wt.%）	键合温度（℃）	键合电压（V）	键合时间（min）	键合压力（MPa）
4-1	5	室温	800	12	20
4-2	10	室温	800	12	20
4-3	15	室温	800	12	20
4-4	5	50	800	12	20
4-5	10	50	800	12	20
4-6	15	50	800	12	20
4-7	0	80	800	12	20
4-8	5	80	800	12	20
4-9	8	80	800	12	20
4-10	10	80	800	12	20
4-11	15	80	800	12	20
4-12	5	80	600	12	20
4-13	5	80	700	12	20
4-14	10	80	600	12	20
4-15	10	80	700	12	20
4-16	15	80	600	12	20
4-17	15	80	700	12	20

4.4.2 阳极键合过程中时间–电流特性

将添加不同SiO_2含量（质量分数）改性后的固体聚合物电解质$(PEG)_{10}LiClO_4$–SiO_2与铝箔进行阳极键合实验（试样4–7、4–8、4–10、4–11），图4–9为其阳极键合过程中时间–电流曲线。观察曲线发现，所有试样的键合电流在键合初期短时间内即大幅上升并达到峰值，随着键合过程的进行，键合电流强度逐渐减弱，最终稳定在一个极小数值上。

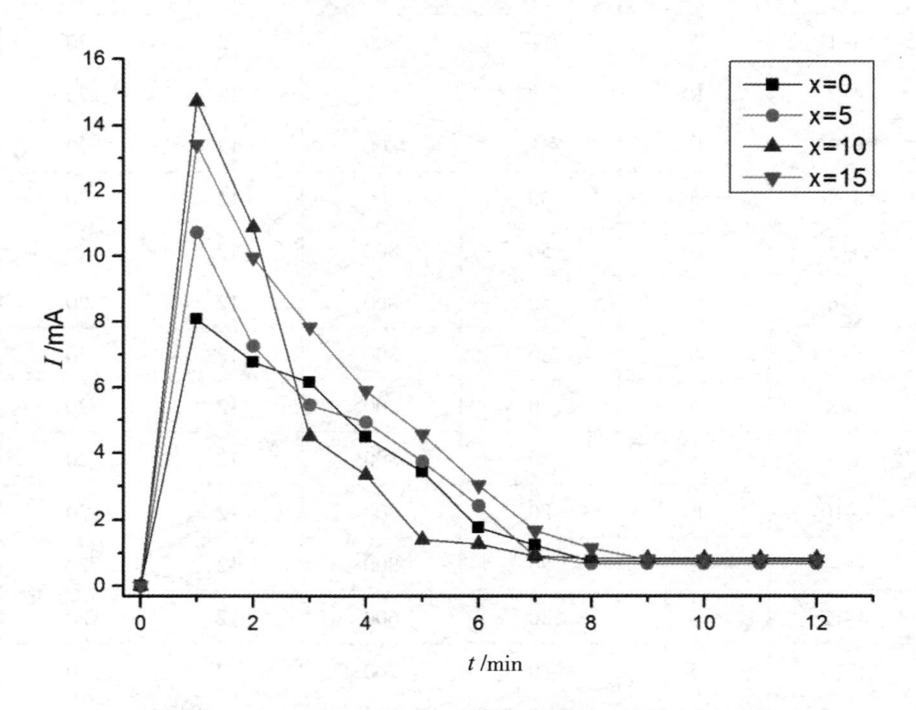

图4–9　$(PEG)_{10}LiClO_4$–x%SiO_2与铝箔阳极键合过程中时间–电流曲线

键合峰值电流也随着SiO_2的含量而发生变化，当复合电解质材料中SiO_2的含量为5 wt.%时，键合峰值电流为10.71 mA，当SiO_2含量为10 wt.%时，键合峰值电流为14.73 mA，当SiO_2的含量为15 wt.%时，键合峰值电流为13.41 mA，略微有所下降。

阳极键合过程中电流的产生最主要是靠外加静电场对键合材料的作用，使其内部可自由移动的离子发生定向移动而形成电流，所以在键合初期电流值增长迅速，随着键合过程的进行离子迁移达到饱和，界面化学反应结束，继而电流强度降低并稳定在一个较低值，键合过程结束。当样品中不含有SiO_2时，键合过程峰值电流较低仅为8.11 mA，说明其内部发生迁移的离子数较少，且内部结构结晶性较强，离子不易迁移；而当SiO_2颗粒引入后，不仅降低了体系内部结晶性，增加了无定型区域所占比重，同时还释放出更多可自由移动的锂离子，提高了材料离子导电率，增加了峰值电流，当SiO_2含量为10 wt.%时，键合峰值电流比不含SiO_2时提高了6.62 mA，同时峰值电流随着SiO_2含量的增加而增加，但过多的SiO_2颗粒并不能持续提高峰值电流，这可能是因为过量的SiO_2会在PEG基体内部及表面产生堆积，阻碍离子的有效迁移。

4.4.3　键合温度对键合电流的影响

在阳极键合过程中，键合温度对键合的影响主要表现在对键合材料的影响，温度的变化能够引起键合材料表面形貌及内部结构的变化，继而影响到材料的离子导电性能，因此通过不同的键合温度来研究材料的阳极键合性能是十分必要的。

图4-10、图4-11及图4-12分别为不同SiO_2含量的$(PEG)_{10}LiClO_4$-SiO_2与铝箔分别在室温、50 ℃及80 ℃下的键合过程中时间-电流曲线，键合过程设置键合电压为800 V、键合施压为20 MPa，键合时间12 min，键合过程通入氮气保护。

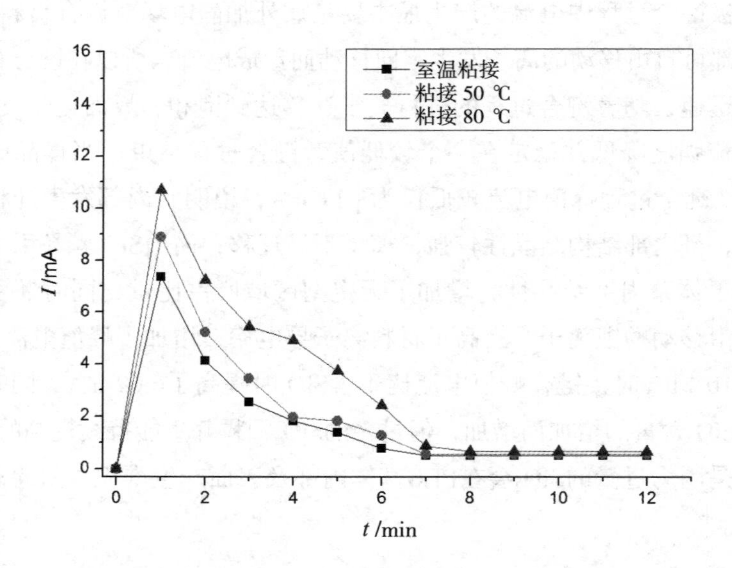

图4-10　$(PEG)_{10}LiClO_4$-5 wt.%SiO_2与铝箔在不同温度下阳极键合时间-电流曲线

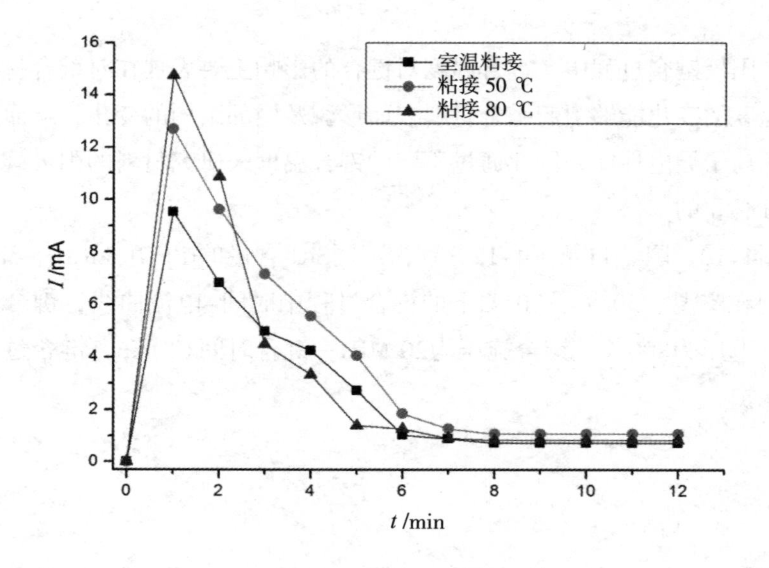

图4-11　$(PEG)_{10}LiClO_4$-10 wt.%SiO_2与铝箔在不同温度下阳极键合时间-电流曲线

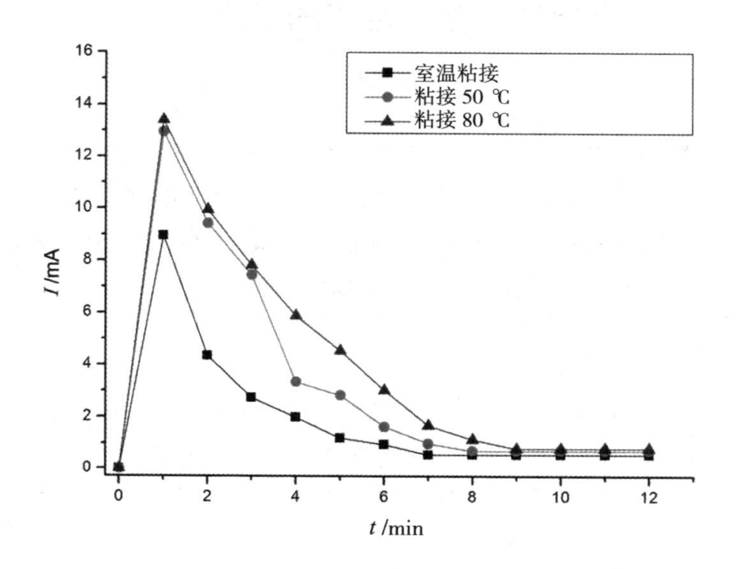

图4-12　$(PEG)_{10}LiClO_4$-15 wt.%SiO_2与铝箔在不同温度下阳极键合时间-电流曲线

从图中可知，当SiO_2含量一定时，键合温度越高，键合过程峰值电流越大，这说明提高键合温度能够有效促进聚合物电解质中的离子的解离及迁移，进而提高峰值电流，对比表4-8中数据可以发现，在相同键合温度下进行键合时，随着SiO_2含量的增加，所制备聚合物电解质与铝箔键合过程中峰值电流先逐渐增大而后减小，这与之前的研究结果相同。

表4-8　$(PEG)_{10}LiClO_4$-x%SiO_2与铝箔阳极键合过程中峰值电流

SiO_2含量（wt.%）	室温下键合峰值电流（mA）	50 ℃下键合峰值电流（mA）	80 ℃下键合峰值电流（mA）
5	7.36	8.91	10.71
10	9.52	12.95	14.73
15	8.86	12.71	13.41

4.4.4 键合电压对键合电流的影响

电压在键合过程中提供了一个强静电场，这是键合能够发生的关键因素之一，键合电压的大小直接影响到键合过程中的电流变化，图4–13为$(PEG)_{10}LiClO_4$–10%wt.SiO_2与铝箔分别在键合电压为600 V、700 V及800 V下的键合过程（试样4–10、4–14、4–15）中时间–电流曲线。

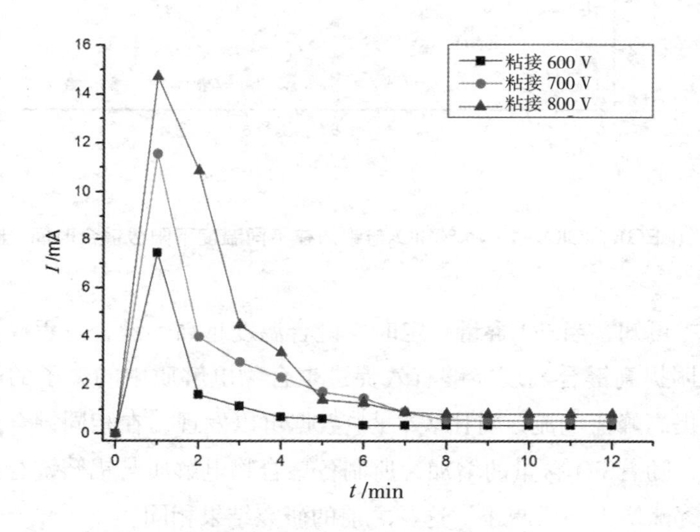

图4–13 $(PEG)_{10}LiClO_4$–10 wt.%SiO_2与铝箔在不同电压下键合的时间–电流曲线

$(PEG)_{10}LiClO_4$–10 wt.%SiO_2与铝箔分别在600 V、700 V及800 V电压下键合的峰值电流分别为7.44 mA、11.55 mA、14.73 mA，说明当其他键合参数不变，键合峰值电流随着键合电压的升高而增加。通过分析，提高键合过程中的键合电压可以增加键合材料间的静电吸引力，使得键合材料之间贴合紧密，促进键合过程中离子的迁移，这样便提高了键合峰值电流，有利于在键合接触面形成键合层。

4.4.5 键合界面微观表征

对所制备复合固体聚合物电解质$(PEG)_{10}LiClO_4$-x%SiO_2与铝箔阳极键合界面进行表征（试样3-8、3-9、3-10、3-11），图4-14为键合连接界面微观SEM图。

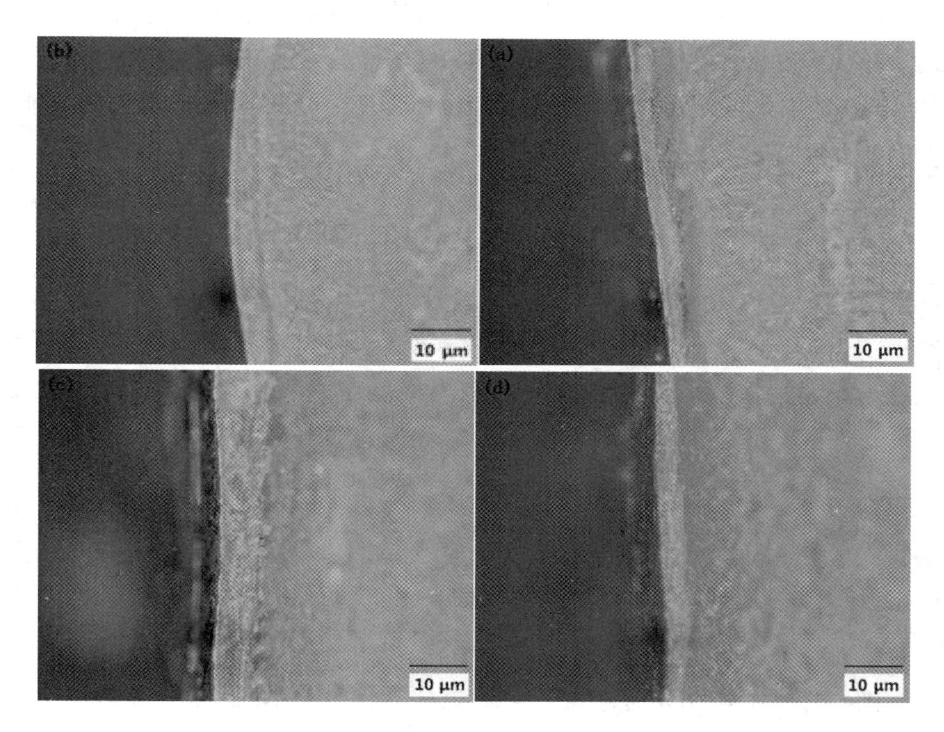

图4-14 $(PEG)_{10}LiClO_4$-x%SiO_2与铝箔阳极键合界面SEM图

（a）x=5；（b）x=8；（c）x=10；（d）x=15

通过观察可以看到，在$(PEG)_{10}LiClO_4$-SiO_2与铝箔之间明显存在一层有别于两边的键合层，其与两边的键合材料相连接，连接处没有出现明显空隙和裂纹，当SiO_2含量为10 wt.%时，中间的键合层厚度略大，说明此时键合界面反应较为充分。

4.4.6 力学性能分析

表4-9给出了不同SiO_2含量下$(PEG)_{10}LiClO_4$-SiO_2与铝箔阳极键合界面室温下的拉伸强度数据，可以看到，当SiO_2含量为5 wt.%时，材料与铝箔键合界面拉伸强度为6.14 MPa，当SiO_2含量为10 wt.%时，材料与铝箔键合界面拉伸强度达到最大值7.72 MPa，说明此时键合质量最高，当SiO_2含量为15 wt.%时，拉伸强度略微降低。同时对比不含SiO_2的样品与铝箔键合后拉伸强度可知，SiO_2的引入可以有效提高键合界面拉伸强度，但过高的SiO_2含量并不能使其持续提高。

表4-9 $(PEG)_{10}LiClO_4$-x%SiO_2与铝箔在室温下键合界面拉伸强度

试样编号	SiO_2含量（wt.%）	面积（S/mm^2）	载荷（F/N）	拉伸强度（R_m/MPa）
4-8	5	100	614	6.14
4-9	8	100	709	7.09
4-10	10	100	772	7.72
4-11	15	100	695	6.95

图4-15和图4-16分别为试样4-8、试样4-10中$(PEG)_{10}LiClO_4$-5 wt.%SiO_2与$(PEG)_{10}LiClO_4$-10 wt.%SiO_2分别与铝箔阳极键合后，键合界面拉伸断口形貌，观察图4-15可以看到铝箔一侧表面存在一层残留物质，说明其断裂发生在键合层，而图4-16铝箔一侧有一些较大尺寸残留物，聚合物一侧则相应有一些凹陷坑及存在少量铝箔残留，说明界面拉伸断裂有一部分发生在键合母材，此时键合强度较高。

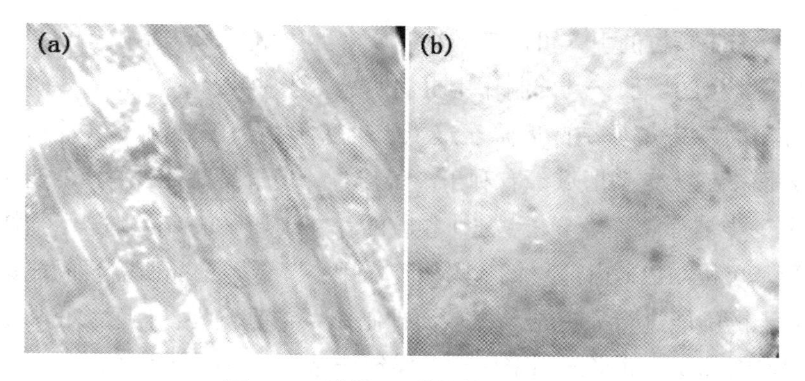

图4-15　试样4-8的拉伸断口形貌

（a）铝箔；（b）DSPE

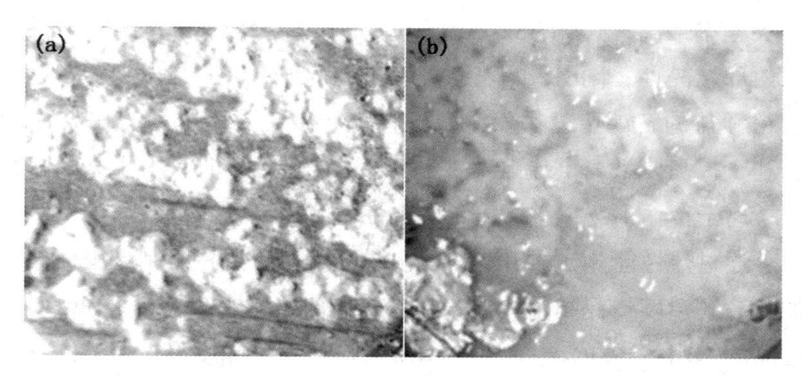

图4-16　试样4-10的拉伸断口形貌

（a）铝箔；（b）DSPE

4.5　本章小结

我们利用“高能球磨-热压成型-快速冷却”工艺制备了适用于阳极键合的PEG基固体聚合物电解质材料$(PEG)_{10}LiClO_4$-SiO_2，并采用多种表征手段分析研究SiO_2颗粒含量对其阳极键合性能的影响机理，得到具体结论如下：

（1）SiO_2颗粒的引入可以有效抑制聚合物电解质的结晶行为，并且随着SiO_2颗粒含量的增加，其抑制作用更加明显，当SiO_2含量为10 wt.%时，所制备固体聚合物电解质结晶度降至最低，通过显微组织观测可以看到此时聚合物表面多为无定型区域，有利于离子传输，但继续添加SiO_2并不能使结晶行为进一步被抑制。经分析，SiO_2颗粒的存在破坏了PEG内部分子结构，其表面羟基可以与PEG内部醚氧基团相互作用，降低了结晶所需要的能量，使PEG分子链不能进行完整结晶，从而抑制体系结晶行为，但过多的SiO_2颗粒会在PEG内部及表面形成团聚，从而导致结晶增加阻碍离子迁移。

（2）通过交流阻抗实验可知，SiO_2颗粒可以有效提高聚合物电解质的离子导电性，且当SiO_2含量为10 wt.%时，所制备固体聚合物电解质在室温下的离子导电率最高，达到3.82×10^{-5} S·cm^{-1}。经分析，SiO_2颗粒不仅能够降低体系内部结晶性，同时SiO_2表面羟基可以与$LiClO_4$中的阴离子发生相互作用，使得锂盐的解离更容易发生，这样就释放出更多的可自由移动的锂离子，有利于提高体系离子导电性，但当SiO_2含量过多时，由于其结晶性的提高导致了离子传输不畅，继而离子导电性下降。

（3）通过热性能测试可知，SiO_2颗粒可以有效提高所制备固体聚合物电解质的热分解温度，提高整体热稳定性，同时也进一步验证了SiO_2对于抑制材料结晶的作用，当SiO_2含量为10 wt.%时，体系结晶度降低至35.16%。

（4）通过力学性能测试得出，SiO_2颗粒可以有效提高复合固体聚合物电解质的屈服强度，当SiO_2含量为15 wt.%时，其室温下屈服强度比不含SiO_2时提高了11.55 MPa。经分析，SiO_2通过高能球磨过程弥散至PEG基体中，起到了强化PEG分子链的作用，在材料受到外力时，SiO_2也可起到分散和转移应力的作用，减少应力集中，使力学性能提高。

（5）通过阳极键合实验得到了键合过程中“时间–电流”变化规律，即在键合刚开始发生时，键合电流在短时间内达到峰值，随着键合过程的进行，键合电流逐渐减弱，当离子迁移达到饱和，键合电流逐渐趋于零并保持稳定，键合结束。同时还分析了阳极键合参数对键合过程中峰值电流的影响，峰值电流随着键合温度及键合电压的升高而升高。在给定键合条件下，当SiO_2含量为10 wt.%时，键合过程中峰值电流最大，达到14.73 mA。

（6）对键合后键合界面进行表征，在$(PEG)_{10}LiClO_4$–x%SiO_2与铝箔之间存在明显的键合层，这是两种材料能够连接的关键，当SiO_2含量为10 wt.%时，键合层厚度较大，键合界面没有明显空隙和缺陷，键合质量良好，在拉伸试验中，$(PEG)_{10}LiClO_4$-10 wt.% SiO_2的拉伸强度最高，为7.72 MPa，此时拉伸断裂有部分发生在母材。

第5章

PEG-$LiClO_4$-CeO_2与铝的阳极键合

5.1 引言

为了进一步拓展固体电解质材料在更多领域当中的应用，很多关于掺杂无机纳米颗粒，用以改善和提高固体电解质材料离子导电性、热稳定性以及机械性能等的报道屡见不鲜，但多是在导电性及机械性能方面找不到一个平衡点。近年来，稀土元素在超级电容器、电子陶瓷、发光材料及其他导电功能材料当中的应用已经十分广泛，其所具有的不饱和3d和4f壳层拥有极其丰富的物理及化学特性，其晶体结构、形态分布以及对载流子运动的影响都能对固体电解质材料产生一系列性能的变化。CeO_2作为一种常见的非磁稀土氧化物，具有典型的萤石结构，同时CeO_2结构稳定，在软化温度以下不会发生相变，这也是其优于其他电解质改性添加剂的一个方面。由于CeO_2具有的这些特性，在本章中，我们将CeO_2颗粒其引入前文中$(PEG)_{10}LiClO_4$的络合体系，用以改善其键合性能，同时重点研究了CeO_2含量（质量分数）对$(PEG)_{10}LiClO_4$络合体系的表面形貌、离子导电性、热稳定性、机械性能及阳极键合过程中离子迁移特性等的影响及阳极键合规律。

5.2 复合固体聚合物电解质 PEG-$LiClO_4$-CeO_2的制备

5.2.1 主要原材料

材料制备中主要使用的原材料及试剂见表5-1。

表5-1 主要材料及试剂

材料名称	化学式	材料规格	生产厂家
聚乙二醇（PEG）	$HO(CH_2CH_2O)_nH$	分子量M_w=10 000 纯度>99.6% 粒度<70 μm	上海铠源化工科技有限公司
高氯酸锂	$LiClO_4$	分析纯（AR） 纯度>99.2% 粒度<50 μm	上海阿拉丁生化科技股份有限公司
氧化铈	CeO_2	分析纯（AR） 纯度>99% 粒度<500 nm	上海阿拉丁生化科技股份有限公司
无水乙醇	CH_3CH_2OH	分析纯（AR） 纯度>99.7%	国药集团化学试剂有限公司

5.2.2 实验设备

材料制备中主要用到的实验设备见表5-2。

表5-2 实验设备信息

设备名称	设备规格及型号	生产厂家
电子天平	FA2004	上海天平仪器厂
电热恒温鼓风干燥箱	DH-101	长沙仪器仪表厂
真空干燥箱	ZK-83A	上海仪器仪表厂
变频星式球磨机	XQM-2	上海新诺仪器设备有限公司
压力机	JB04-2	杭州国良精密机械有限公司

5.2.3 PEG基复合固体聚合物电解质$(PEG)_{10}LiClO_4$-CeO_2的制备工艺

将制备原材料在DH-101电热恒温鼓风干燥箱中进行干燥处理，去除材料表面残留水分以及部分内部结晶水，其中聚乙二醇（PEG）在50 ℃温度下干燥48 h；高氯酸锂（$LiClO_4$）及氧化铈（CeO_2）在120 ℃温度下干燥48 h。然后将干燥处理后的PEG、$LiClO_4$及CeO_2按比例放入球磨罐中，倒入少量无水乙醇作为研磨剂，研磨球直径为3 mm、5 mm、8 mm的玛瑙球，其比例分别为1∶1∶1。设置球磨参数（见表5-3）进行球磨，随着长时间高能球磨过程的进行，三种粉体材料在研磨罐内不断发生强烈的冲击、挤压，粉末颗粒不断变形断裂，表面发生冷焊结合，在细化晶粒的同时发生络合反应。

表5-3 球磨工艺参数表

球磨材料	（PEG）:（Li^+）	CeO_2含量（wt.%）	球磨转速（r/min）	球磨时间（h）	球料比
PEG /$LiClO_4$/ CeO_2	10∶1	0、3%、5%、8%、12%、15%	280 ~ 350	12	7∶1

将球磨得到的粉体材料进行干燥和筛分（过滤掉一些团聚体），将混合粉体加热至熔融状态，倒入自制圆柱形模具中热压成型，之后将模具密封处理后放置在冰水浴（0 ℃）环境中进行冷却1 h，最终得到直径为20 mm和厚度约为2 mm的圆形固体聚合物电解质材料$(PEG)_{10}LiClO_4$–CeO_2，为避免空气中的水分与氧气的影响，将压好之后的材料放入真空干燥箱中备用。

5.3 材料表征结果及讨论

5.3.1 $(PEG)_{10}LiClO_4$–CeO_2表面显微组织特性分析

聚合物电解质的阳极键合性能与其表面微观结构有着密切的关系，研究分析其表面微观组织特性有助于了解聚合物电解质的离子传输特性及原理。图5–1及图5–2为所制备具有不同CeO_2含量的$(PEG)_{10}LiClO_4$–CeO_2在室温下表面的SEM表征图。

观察图5–1可以看到，在CeO_2含量为3 wt.%时，电解质基体的表面较为杂乱，结晶较为明显，且晶体呈不规则状；当CeO_2含量为5 wt.%时，可以看到聚合物电解质表面形貌发生一些改变，部分少量CeO_2颗粒弥散至其中，结晶颗粒有一定幅度降低，但整体任然呈现较高结晶性，体系表面无定型区域含量仍然较低；当CeO_2含量为8 wt.%时，固体聚合物电解质表面有了明显变化，聚合物表面较为齐整，没有明显的大尺寸结晶体出现，CeO_2在基体中充分融合，此时材料表面呈无定型状，说明当CeO_2含量为8 wt.%时，可以有效抑制PEG基体结晶行为，有利于离子传输。

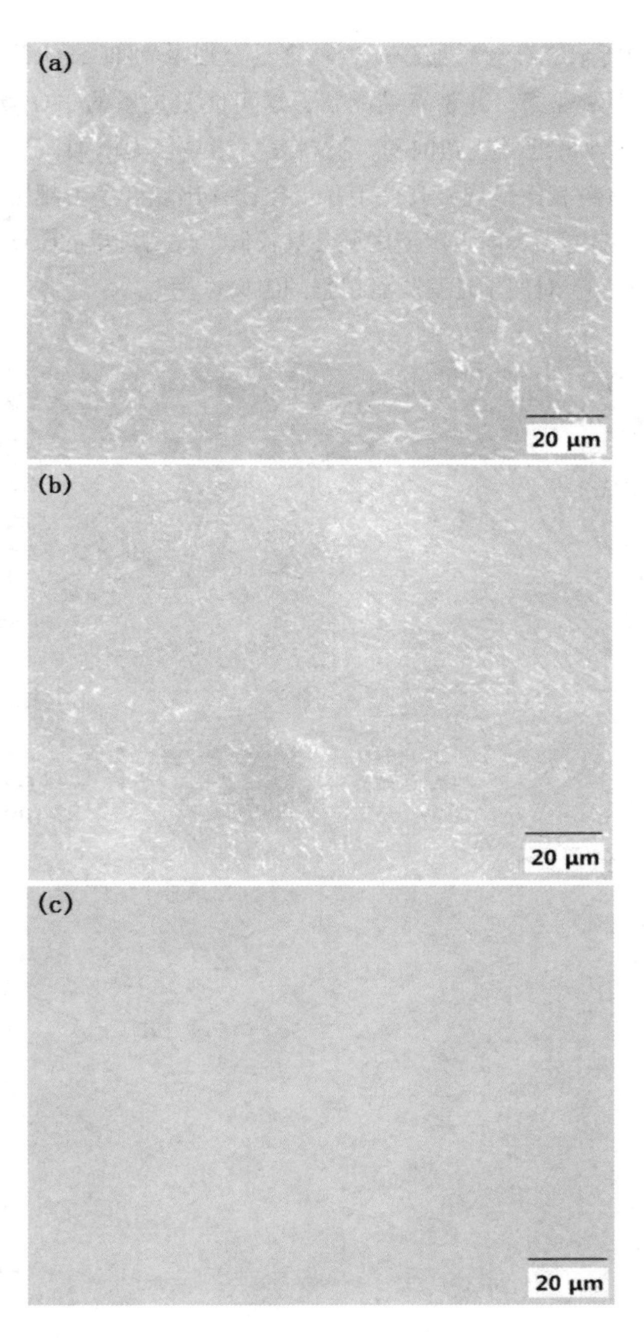

图5–1　$(PEG)_{10}LiClO_4$–x%CeO_2表面显微组织SEM图

（a）x=3；（b）x=5；（c）x=8

如图5-2所示，继续添加CeO_2颗粒含量至12 wt.%时，体系表面开始呈现一些CeO_2团聚现象，并带有结晶状，这可能是过量的CeO_2颗粒析出物，说明此时CeO_2含量已经达到饱和，材料表面结晶行为增加；当CeO_2含量为15 wt.%时，材料表面呈现出高低不平现象，并出现许多不规则结晶体，表现出较高的结晶度，表面无定型区域含量较低，说明过量的CeO_2颗粒会造成体系结晶性上升，对离子迁移具有很强的阻碍作用。

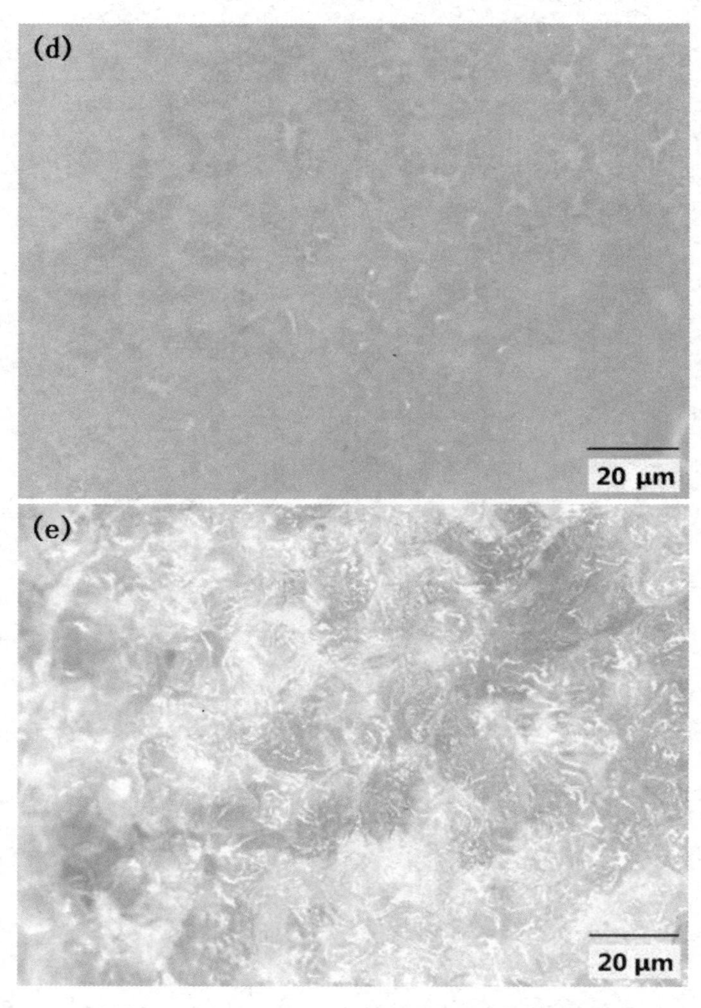

图5-2 $(PEG)_{10}LiClO_4$-x%CeO_2表面显微组织SEM图

（d）x=12；（e）x=15

5.3.2 X-射线衍射分析

作为固体聚合物电解质基体材料的聚乙二醇（PEG）具有较高的结晶性（结晶度高于80%），室温状态下几乎不导电，在其引入$LiClO_4$后导电性得到较大提升，但较高的结晶度仍然是制约锂离子传输的主要因素，通过添加稀土氧化物CeO_2颗粒可以有效降低体系内部结晶性。为了探究CeO_2含量对体系结晶性的影响，我们对所制备样品进行了X-射线衍射分析。

如图5-3所示，纯PEG材料的结晶性很高，分别在2θ为18.5°和23.5°有两个明显的衍射峰，当加入$LiClO_4$与之络合后，衍射峰的强度明显降低，但依旧很强，这也是制约其离子导电性不高的主要原因。再加入不同含量（质量分数）的CeO_2后，衍射峰的位置没有改变，但可以看到衍射峰强度下降，说明CeO_2的引入没有改变体系结晶晶形，CeO_2与PEG-$LiClO_4$体系络合良好，同时体系结晶度进一步降低。当CeO_2含量为8 wt.%时，固体电解质在2θ为18.5°和23.5°的两处衍射峰的强度降到最低，继续增加CeO_2含量至12 wt.%时，衍射峰的强度没有明显变化，但是CeO_2的特征衍射峰强度增强，说明CeO_2的含量已经饱和，过多的CeO_2颗粒并不能持续降低体系结晶性，反而会因为其团聚效应诱发新的结晶产生。

经过分析研究，适量CeO_2颗粒的引入可以进一步降低$(PEG)_{10}LiClO_4$体系的结晶性，CeO_2颗粒与PEG链段相互影响，这种影响可以概括为配位方面和物理交联方面。当CeO_2颗粒通过球磨均匀的分散在PEG基体内部，打破了PEG原有的规整结构，使体系内部发生紊乱，破坏了分子链内部的无规则热运动，从材料结晶过程可知，结晶的发生必须经历形成晶核然后再生长这两个阶段，而原有的热运动被破坏就使得晶核生长所需要的能量有所降低，最终导致结晶过程不能顺利发生，降低了体系的结晶性，反应到XRD衍射图上即为衍射强度降低。但是，当CeO_2含量过多时会形成表面堆积，或者可能会在基体内部发生团聚，同时过多的CeO_2颗粒还会单独形核，可能会促进结晶，这样便使得材料内部无定型区所占比重降低，阻碍锂离子在其内部迁移，不利于阳极键合的有效进行。

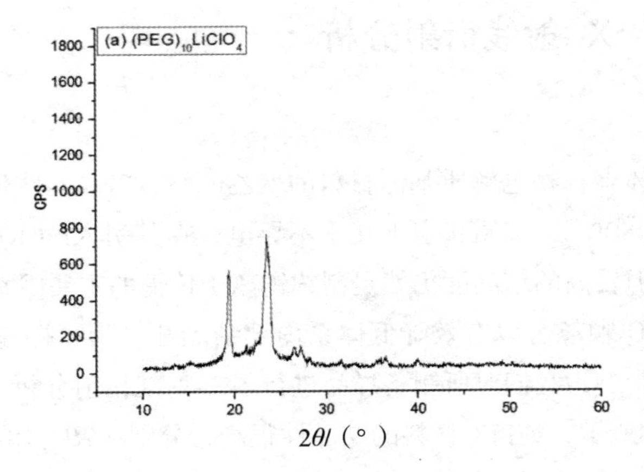
(a) $(PEG)_{10}LiClO_4$
CPS
0
200
400
600
800
1000
1200
1400
1600
1800
10
20
30
40
50
60
2θ/（°）

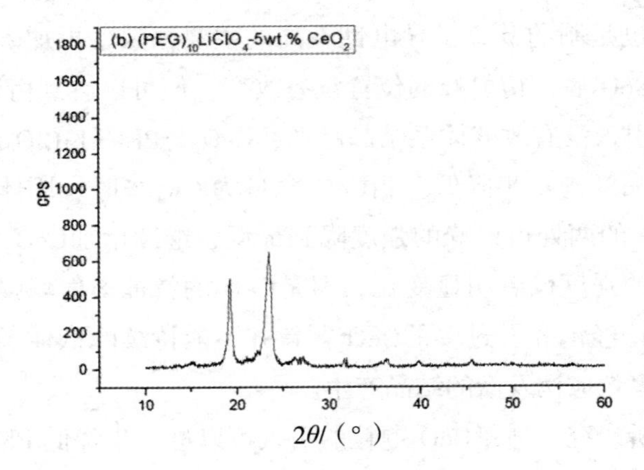
(b) $(PEG)_{10}LiClO_4$-5wt.% CeO_2
CPS
0
200
400
600
800
1000
1200
1400
1600
1800
10
20
30
40
50
60
2θ/（°）

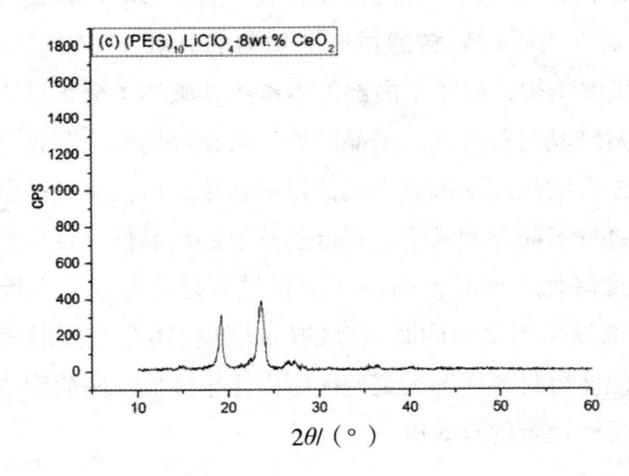
(c) $(PEG)_{10}LiClO_4$-8wt.% CeO_2
CPS
0
200
400
600
800
1000
1200
1400
1600
1800
10
20
30
40
50
60
2θ/（°）

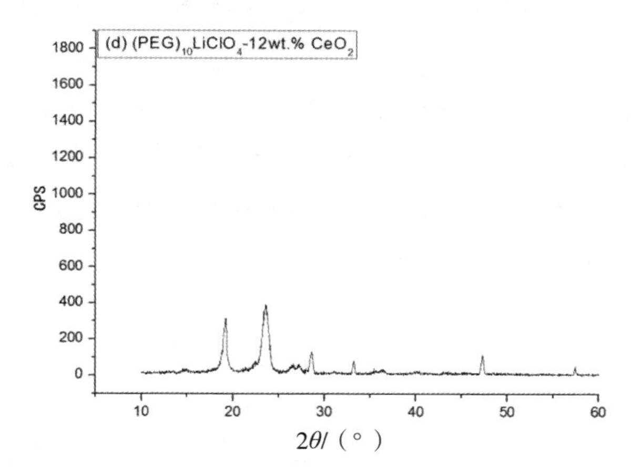

图5-3　(PEG)$_{10}$LiClO$_4$-x%CeO$_2$的XRD图

（a）x=0；（b）x=5；（c）x=8；（d）x=12

5.3.3　交流阻抗分析

为了改善固体电解质的离子导电性，使其在阳极键合中可以获得更多的离子迁移量，促进键合层的生成，可以在(PEG)$_{10}$LiClO$_4$络合体系中加入CeO$_2$颗粒，相较于传统的无机纳米颗粒（NaCl、AL$_2$O$_3$、TiO$_2$等）氧化铈的引入可以在更为宽泛的温度区间内提高固体电解质的离子导电性。为了探究不同CeO$_2$含量（质量分数）对PEG基固体电解质离子导电性的影响，以及温度对导电性的影响，我们针对不同样品进行交流阻抗测试。

图5-4为室温下不同CeO$_2$含量(PEG)$_{10}$LiClO$_4$-CeO$_2$的交流阻抗图谱。每条曲线都可以分为高频部分和低频部分，通过分析可得，在高频部分显示为一个不完整的压缩半圆，这反应了(PEG)$_{10}$LiClO$_4$-CeO$_2$的本体特征，即本体电阻R_b（半圆的低频段与直线的高频段交点所处实部的数值即为R_b），在低频部分显示为一条倾斜直线，表示被测固体电解质的锂离子的扩散属性，图中每条斜线的斜率都大于1，这表示被测样品与测试电极的接触良好。当加入

CeO_2颗粒后，曲线高频部分的半圆开始变的模糊，继续增加其含量（质量分数）后，曲线高频部分的压缩半圆近乎“消失”，经过局部放大可知，高频部分的压缩半圆已经十分模糊，整体看来高频和低频部分近似表现为一条直线；当CeO_2含量为8 wt.%时，所制备离子导电固体电解质的本体电阻R_b最小。继续增加CeO_2颗粒的含量，当CeO_2含量为12 wt.%时，阻抗曲线发生了较为严重变形的同时开始向低频区移动。

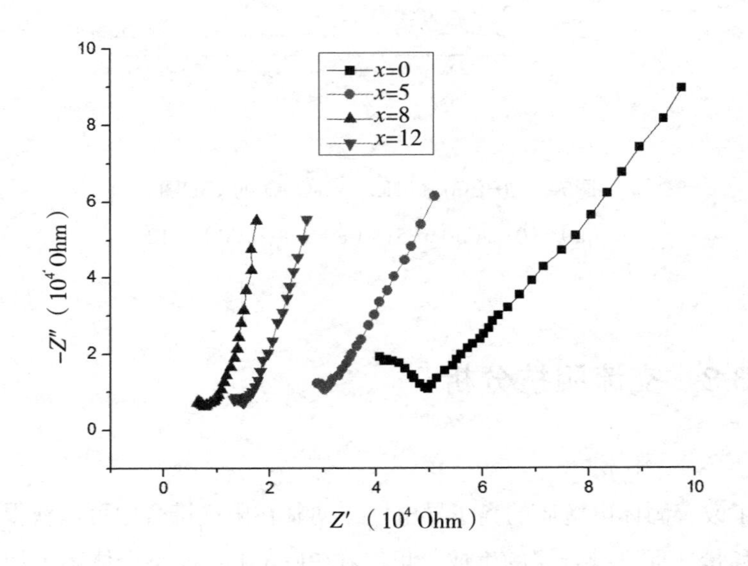

图5-4 室温下$(PEG)_{10}LiClO_4$–x%CeO_2的交流阻抗图谱

（a）x=0；（b）x=5；（c）x=8；（d）x=12

通过式（5-1）可以计算出所制备固体电解质的离子电导率：

$$\sigma = \frac{d}{R_b \cdot S} \tag{5-1}$$

其中，σ为材料的离子电导率，单位为$S \cdot cm^{-1}$；R_b为材料的本体电阻，单位Ω；d为测试时样品材料的厚度，单位为cm；S为测试时电极与被测样品材料的接触面积，单位为cm^2。图中高频半圆状没有明显显示出来的阻抗谱可能是因为所使用的交流阻抗测试仪器有关，这时直接读出材料的本体电阻就十分困难，我们利用Nyquist图的虚部来确定本地电阻，从而求得其离子电导率（如第3章所述）。

表5-4给出了室温下不同CeO_2含量的离子导电率，可以看到随着CeO_2含量的增加，$(PEG)_{10}LiClO_4$-CeO_2的离子导电率有了明显的上升，当CeO_2含量达到8 wt.%时，电导率达到最大4.48×10^{-5} S·cm^{-1}，比不含有CeO_2颗粒的样品提高了1个数量级，继续添加CeO_2后所制备$(PEG)_{10}LiClO_4$-CeO_2的电导率反而有所下降。

表5-4 室温下$(PEG)_{10}LiClO_4$-x%CeO_2的离子导电率

CeO_2含量（wt.%）	材料厚度（d/cm）	材料与电极接触面积（S/cm^2）	材料本体电阻（R_b/Ω）	离子导电率（σ/S·cm^{-1}）
0	0.2	0.5	4.95×10^4	8.08×10^{-6}
5	0.21	0.5	3.03×10^4	1.39×10^{-5}
8	0.18	0.5	8.04×10^3	4.48×10^{-5}
12	0.2	0.5	1.56×10^4	2.56×10^{-5}

通过分析可知，在$(PEG)_{10}LiClO_4$络合体系中引入CeO_2对材料结构有着很大改变，Ce^{4+}的作用表现在两方面：一方面，Ce^{4+}能够与PEG中的醚氧基团发生配位，生成$(—CH_2—CH_2—O—Ce—)_n$，扰乱PEG原有的规则结构，使体系内无定型区域增加，降低了固体电解质体系内的结晶性；另一方面，Ce^{4+}的存在可以减少Li^+与PEG的配位，这时Li^+的解离更容易发生，从而释放出更多可自由移动的Li^+，而阳极键合过程中正是依靠Li^+的迁移，形成阳离子耗尽区，在键合界面形成键合层，所以当CeO_2含量为8 wt.%时，Li^+迁数最多，有利于键合层的生成。但是当CeO_2含量增加到12 wt.%时，CeO_2颗粒会在聚合物基体中产生团聚现象，并形成表面堆积。通过图5-2可知，阻碍锂离子的传输，因而导电率下降。

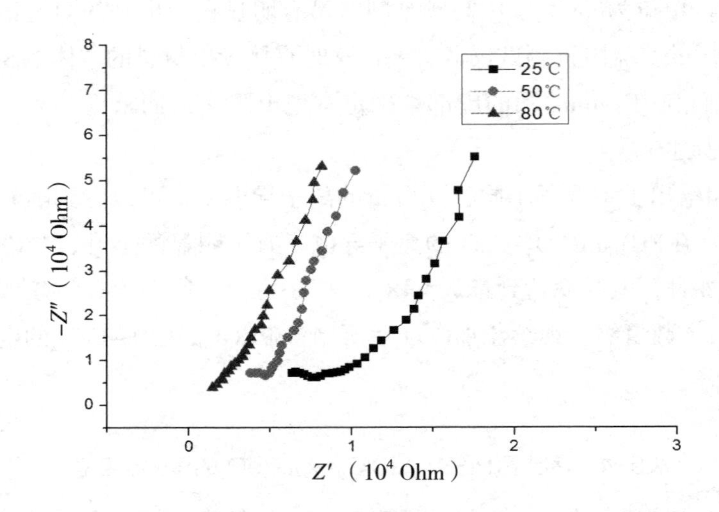

图5-5 不同温度下$(PEG)_{10}LiClO_4$-8 wt.%CeO_2的交流阻抗图谱

由于在阳极键合过程中需要对材料进行预热处理，以激活键合材料使之更具有“活性”，更有利于阳极键合的进行，同时温度对固体电解质材料的离子导电性也有着很大的影响，因而我们进行不同温度条件下样品的交流阻抗测试。图5-5为$(PEG)_{10}LiClO_4$-8 wt.%CeO_2在不同温度下的交流阻抗图谱，从图中可以看到，随着环境温度的提高，低频部分虚部最大值有所降低，当环境温度为80 ℃时降到最低，同时，曲线顺着实部方向向左偏移，样品的本体电阻R_b降低。这说明当环境温度提高时，所制备PEG基固体电解质的离子导电性也相应提高。

5.3.4 热力学性质分析

聚乙二醇（PEG）与聚氧化乙烯（PEO）分子结构单元均为$(CH_2$—CH_2—$O)_n$这样的线性高分子长链，其两端为羟基结构，十分容易结晶且相变焓较大，热力学性质十分复杂。为了探究CeO_2含量对体系热力学性能的影响，针对不同CeO_2含量的样品，进行了热重（TGA）及差热（DSC）分析。

图5-6为三种样品的TGA曲线，其中曲线（a）为$(PEG)_{10}LiClO_4$的TGA图、曲线（b）、（c）分别为$(PEG)_{10}LiClO_4$-5 wt.%CeO_2、$(PEG)_{10}LiClO_4$-8 wt.%CeO_2的TGA图，从图中可以看到，三种样品在260 ℃以前只有少量失重，推测为少量吸附水和残留杂质分解，$(PEG)_{10}LiClO_4$在260 ℃左右有一个明显失重，其热分解后残留几乎为零。当CeO_2加入后，可以明显看到$(PEG)_{10}LiClO_4$-5 wt.%CeO_2的热分解温度提高至270 ℃左右，$(PEG)_{10}LiClO_4$-8 wt.%CeO_2的热分解温度提高至310 ℃左右，说明CeO_2颗粒的引入有利于提高络合体系的整体热稳定性，复合固体电解质的热分解残留率分别为4.5%和7.8%，通过分析这是因为CeO_2的熔点很高（2 397 ℃）不易分解，这与实际实验中加入的CeO_2量（5%、8%）基本相同。

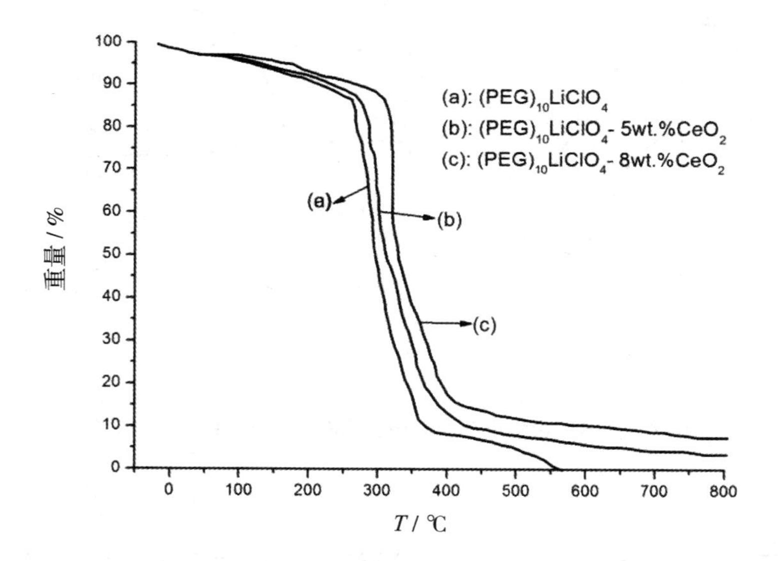

图5-6　固体聚合物电解质$(PEG)_{10}LiClO_4$-x%CeO_2的TGA曲线

图5-7与表5-5分别为所制备样品的DSC曲线及对应的热力学性能表，其中根据实验所测得的熔融焓（ΔH_m）以及样品含量，计算样品结晶度，其中PEG的标准熔融焓ΔH_{*m}为203 J/g。纯PEG在室温下具有很高的结晶性，当PEG加入$LiClO_4$后，其内部结构发生改变，体系无定型含量增加，如表5-5

所示，$(PEG)_{10}LiClO_4$的结晶度为47.71%。当CeO_2加入到复合体系中时，体系内部分子结构进一步发生改变，CeO_2与PEG中醚氧基团相互作用，降低了分子间作用力，抑制结晶行为，当CeO_2的含量为5 wt.%时，复合体系结晶度下降至37.26%；当CeO_2含量增加至8 wt.%，复合体系结晶度为34.72%，比不含CeO_2的材料结晶度降低了12.99%，这说明CeO_2的存在能有效降低PEG的结晶性。

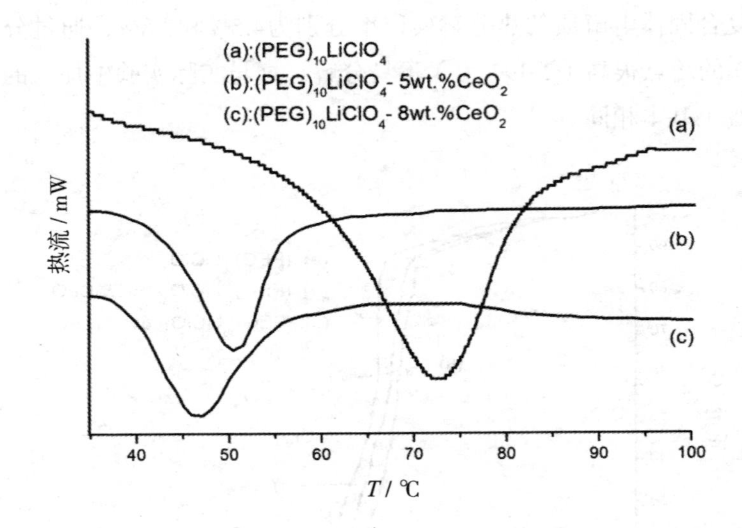

图5-7　固体聚合物电解质$(PEG)_{10}LiClO_4$–x%CeO_2的DSC曲线

表5-5　所制备固体聚合物电解质$(PEG)_{10}LiClO_4$–x%CeO_2的热力学性能

固体聚合物电解质	熔融温度（t_m/℃）	热焓（ΔH_m/J·g^{-1}）	结晶度（X_c/%）
$(PEG)_{10}LiClO_4$	72.78	96.85	47.71
$(PEG)_{10}LiClO_4$–5 wt.%CeO_2	50.48	75.63	37.26
$(PEG)_{10}LiClO_4$–8 wt.%CeO_2	46.62	70.48	34.72

5.3.5　力学性能分析

由于在阳极键合过程中需要对键合材料施加一定的压力以保证键合界面尽可能的贴合，从而达到良好的键合效果，因此我们所制备的键合材料必须具有一定机械性能，我们针对所制备材料$(PEG)_{10}LiClO_4$-CeO_2进行了室温下屈服强度测试，探究不同CeO_2颗粒含量的引入对材料屈服强度的影响。图5-8为$(PEG)_{10}LiClO_4$-x%CeO_2在室温下的位移-负荷曲线。

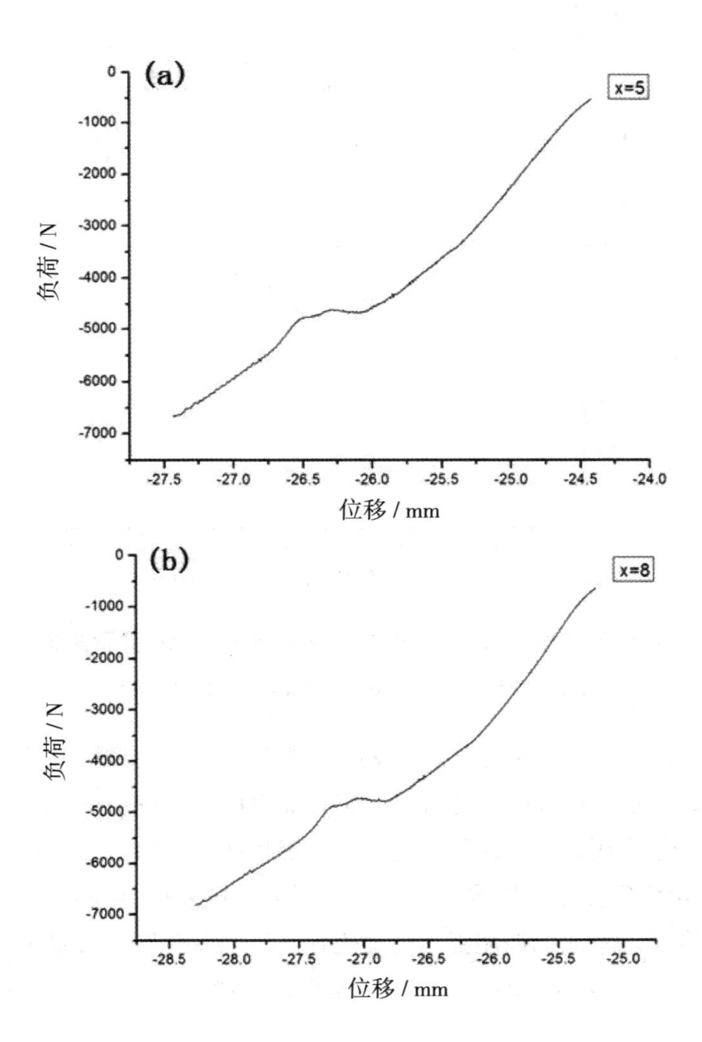

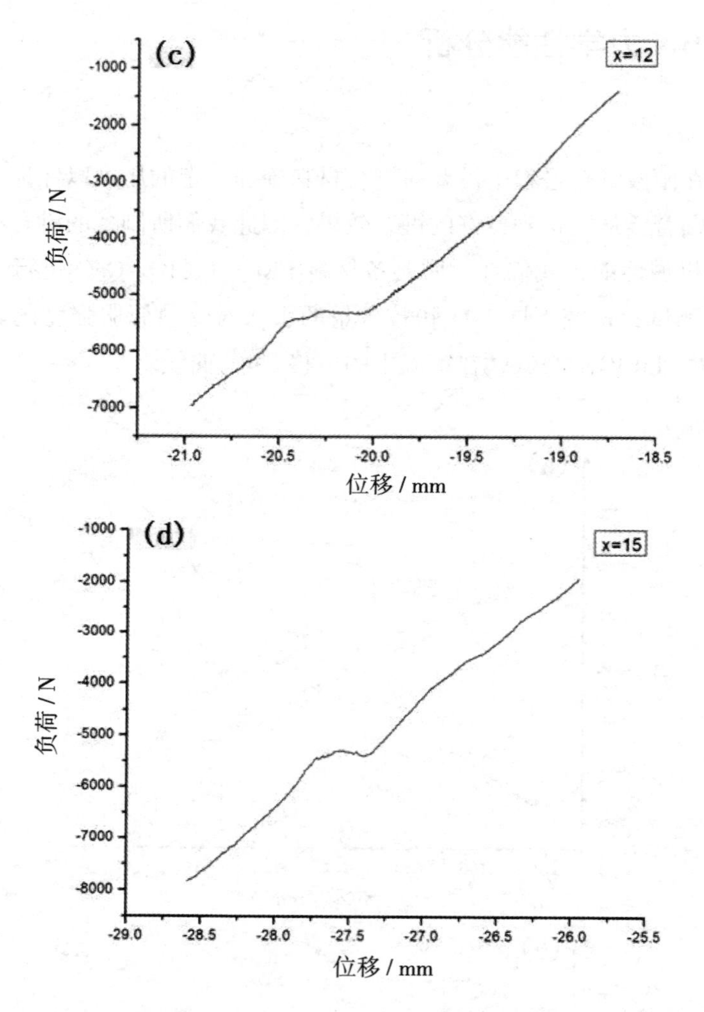

图5-8 $(PEG)_{10}LiClO_4$-x%CeO_2在室温下的位移-负荷曲线

（a）x=5；（b）x=8；（c）x=12；（d）x=15

聚乙二醇（PEG）的高分子链段长而规整且十分容易断裂，因而力学性能很有限，经过与$LiCLO_4$络合后的$(PEG)_{10}LiClO_4$力学性能有一定增加，但仍然无法承受较大压力，这对阳极键合有一定程度的影响。如表5-6所示，在加入CeO_2颗粒后体系屈服强度有了明显提升，随着CeO_2颗粒含量的增加，所制备聚合物电解质的屈服强度也随之提高。当CeO_2颗粒含量为5 wt.%时，屈服强度提高到46.69 MPa；当CeO_2含量增加到12 wt.%时，屈服强度增大到

53.44 MPa；当CeO_2颗粒含量增加到15 wt.%时，屈服强度增大到54.18 MPa，对比于没有引入CeO_2颗粒的$(PEG)_{10}LiClO_4$提高了12.04 MPa。

表5-6 $(PEG)_{10}LiClO_4$-x%CeO_2在室温下的屈服强度

实验材料	面积（S/mm^2）	载荷（F/N）	屈服强度（ReL/MPa）
$(PEG)_{10}LiClO_4$	100	4214	42.14
$(PEG)_{10}LiClO_4$– 5 wt.%CeO_2	100	4669	46.69
$(PEG)_{10}LiClO_4$– 8 wt.%CeO_2	100	4813	48.13
$(PEG)_{10}LiClO_4$– 12 wt.%CeO_2	100	5344	53.44
$(PEG)_{10}LiClO_4$– 15 wt.%CeO_2	100	5418	54.18

通过分析，CeO_2颗粒的引入可以有效提高$(PEG)_{10}LiClO_4$体系的力学性能，这是因为CeO_2在通过长时间的球磨过程弥散至PEG内部，镶嵌到原本柔弱的分子链之间使其强化，当体系受到外力时，CeO_2在承受部分外力的同时也可以对外力进行很好的分散和转移，这样就一定程度上弱化了分子链受到外力时的应力集中，使整个络合体系的力学性能、尺寸稳定性能得到提高。当CeO_2颗粒含量超过8 wt.%时，其与PEG交联作用虽然减弱，但以CeO_2为中心开始的结晶行为越发明显，其力学性能的提高可能是因为体系结晶度的提高所导致。

5.4 阳极键合试验及分析

5.4.1 $(PEG)_{10}LiClO_4$-CeO_2与铝箔阳极键合工艺试验

将含有不同CeO_2含量的固体聚合物电解质$(PEG)_{10}LiClO_4$-CeO_2与铝箔进行阳极键合，在键合前先对铝箔裁剪至20 mm × 20 mm的正方形，然后对其进行表面处理（具体处理方法参见第2章）。将处理好的铝箔与$(PEG)_{10}LiClO_4$–CeO_2相互重合，并裁剪掉铝箔多余部分，随后放置在键合炉中与电极相连，其中铝箔连接至阳极，$(PEG)_{10}LiClO_4$–CeO_2连接至阴极，在设置好键合参数后开始键合，并记录键合过程中键合电流随时间、电压变化规律，具体键合参数及方案见表5–7。

表5–7 $(PEG)_{10}LiClO_4$–x%CeO_2与铝箔阳极键合参数表

试样编号	CeO_2含量（wt.%）	键合温度（℃）	键合电压（V）	键合时间（min）	键合压力（MPa）
5–1	5	室温	800	12	20
5–2	8	室温	800	12	20
5–3	12	室温	800	12	20
5–4	5	50	800	12	20
5–5	8	50	800	12	20
5–6	12	50	800	12	20
5–7	0	80	800	12	20
5–8	5	80	800	12	20
5–9	8	80	800	12	20
5–10	12	80	800	12	20
5–11	15	80	800	12	20
5–12	5	80	600	12	20
5–13	5	80	700	12	20
5–14	8	80	600	12	20
5–15	8	80	700	12	20
5–16	12	80	600	12	20
5–17	12	80	700	12	20

5.4.2 阳极键合过程中时间–电流特性

图5–9为所制备$(PEG)_{10}LiClO_4$–CeO_2与铝箔的阳极键合（试样5–7、5–8、

5-9、5-10）过程中时间-电流曲线，从图中可以看到在键合刚开始的阶段，键合电流达到峰值，在之后的键合时间内，键合电流缓慢下降并逐渐稳定在一个极小值。而CeO_2颗粒的引入提高了键合过程中的峰值电流，并且随着CeO_2含量的增加峰值电流也随之提高，当CeO_2含量为5 wt.%时，键合峰值电流为10.02 mA，当CeO_2含量为8 wt.%时，键合峰值电流为14.05 mA，但当CeO_2含量增加至12 wt.%时，峰值电流降低至12.78 mA，电流减弱的速度也较快，最终也逐渐趋于稳定。

在强静电场作用下，键合过程在开始时键合材料内部自由移动的离子进行迁移，同时产生了很强的电流，并在键合界面处发生反应形成键合层，当CeO_2颗粒弥撒到PEG基体后，降低了复合材料的结晶性，同时释放出更多可自由移动的锂离子，提高了离子导电率，所以相比未含有CeO_2颗粒的样品其与铝箔键合的峰值电流得到了提高，但是过多的CeO_2会造成基体内部团聚，减少无定型区域，阻碍离子迁移，所以此时峰值电流并未继续提高。随着键合过程的进行，材料内部离子迁移完结，键合电流随即逐步趋于零并保持稳定，此时键合完成。

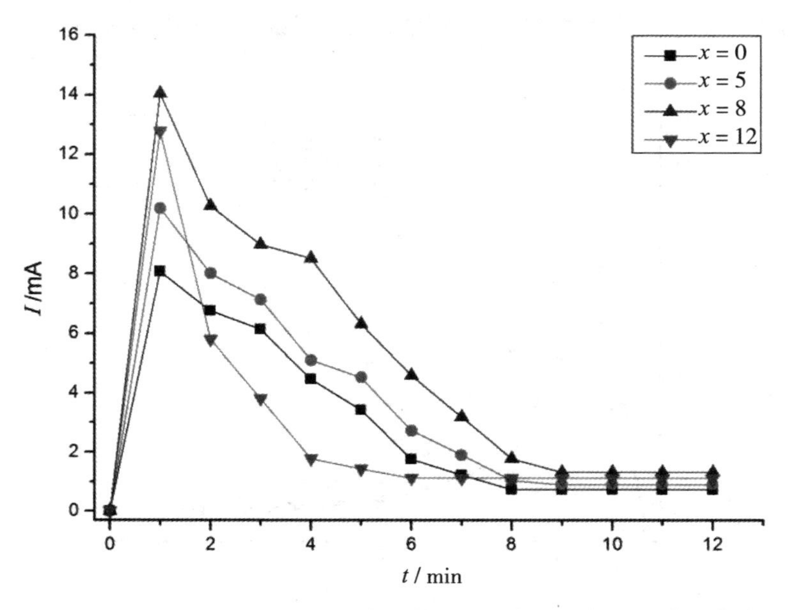

图5-9　$(PEG)_{10}LiClO_4$-x%CeO_2与铝箔阳极键合过程中时间-电流曲线

5.4.3 键合温度对键合电流的影响

阳极键合实验证明温度对键合的影响很大，其主要表现在温度对键合过程中键合电流的影响。图5-10、图5-11、图5-12分别为$(PEG)_{10}LiClO_4$-x%CeO_2与铝箔分别在室温、50 ℃及80 ℃下的键合过程中时间-电流曲线，键合过程设置键合电压为800 V、键合施压约为20 MPa，键合时间12 min，键合过程通入氮气保护。

从表5-8中对比可知，$(PEG)_{10}LiClO_4$-8 wt.%CeO_2与铝箔在室温下的键合过程峰值电流为9.95 mA，而在50 ℃及80 ℃下的键合过程峰值电流分别为11.55 mA、14.05 mA，其峰值电流随键合温度的提高而提高，当CeO_2含量为5 wt.%及12 wt.%时，也表现为相同趋势；对比图5-10、图5-11、图5-12及表5-8，说明当CeO_2含量相同时，所制备复合聚合物电解质与铝箔的键合过程中，随着键合温度的提高，键合电流在初始时增长速率及其峰值电流也相应提高。经分析，键合温度的提高可以有效促进聚合物电解质中离子的解离，并释放出更多的可自由移动的离子，在强静电场作用下，离子定向迁移形成电流，当离子迁移数较多时表现为键合电流快速增长，同时键合峰值电流提高。

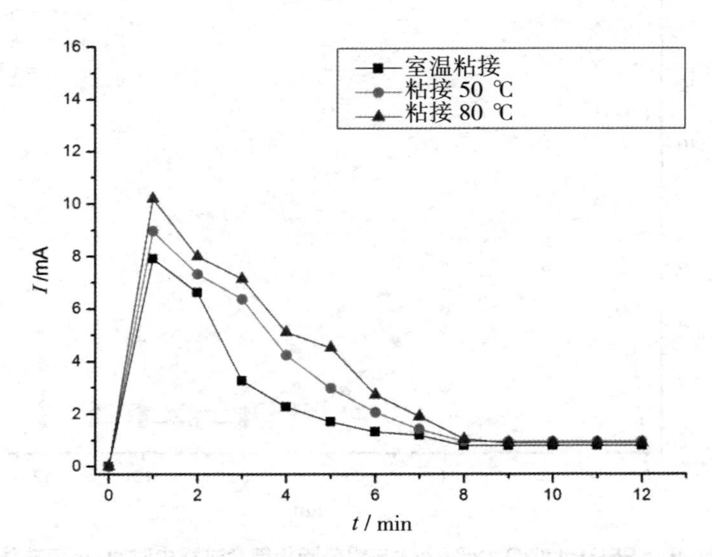

图5-10 $(PEG)_{10}LiClO_4$-5 wt.%CeO_2与铝箔在不同温度下阳极键合时间-电流曲线

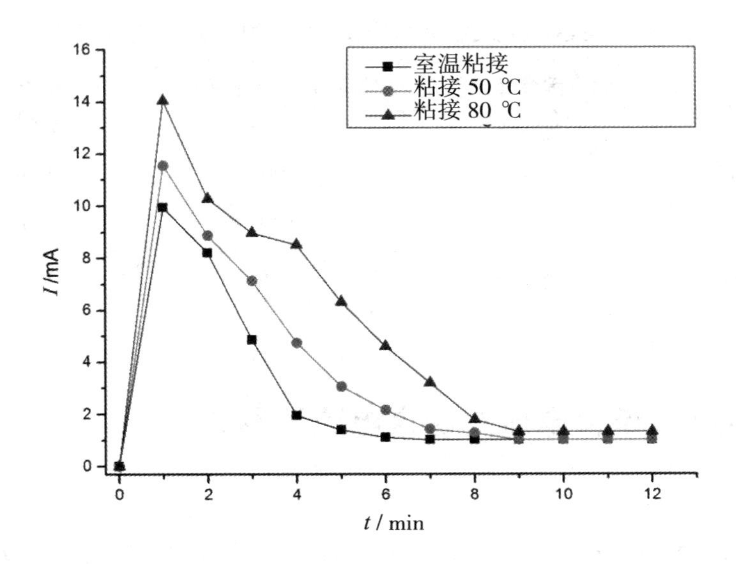

图5-11　(PEG)$_{10}$LiClO$_4$-8 wt.%CeO$_2$与铝箔在不同温度下阳极键合时间-电流曲线

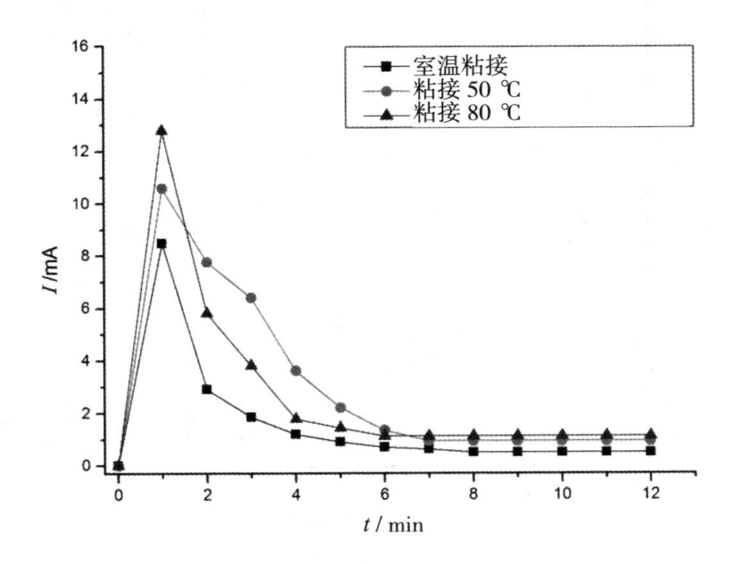

图5-12　(PEG)$_{10}$LiClO$_4$-12 wt.%CeO$_2$与铝箔在不同温度下阳极键合时间-电流曲线

表5-8　$(PEG)_{10}LiClO_4$-x%CeO_2与铝箔阳极键合过程中峰值电流

CeO_2含量	室温下键合峰值电流（mA）	50 ℃下键合峰值电流（mA）	80 ℃下键合峰值电流（mA）
5 wt.%	7.91	8.96	10.02
8 wt.%	9.95	11.55	14.05
12 wt.%	8.48	10.59	12.78

5.4.4　键合电压对键合电流的影响

图5-13为$(PEG)_{10}LiClO_4$-8 wt.%CeO_2与铝箔分别在键合电压为600 V、700 V及800 V下的键合过程（试样5-9、5-14、5-15）中时间-电流曲线。

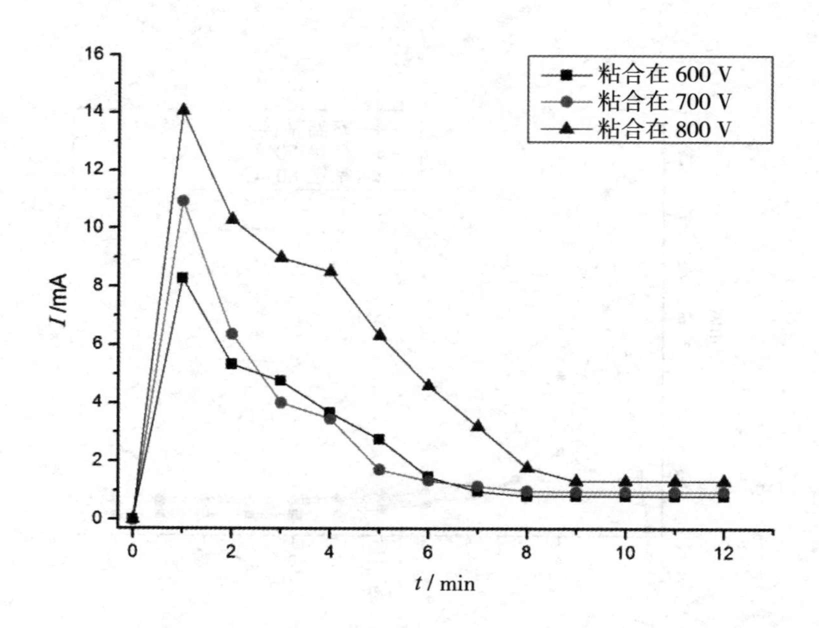

图5-13　$(PEG)_{10}LiClO_4$-8 wt.%CeO_2与铝箔在不同电压下键合的时间-电流曲线

从图中可以看到，$(PEG)_{10}LiClO_4$-8 wt.%CeO_2与铝箔分别在600 V、700 V及800 V电压下键合的峰值电流分别为8.28 mA、10.91 mA、14.05 mA，这说明当其他键合参数不变时，提高键合电压可以有效提高键合过程中的峰值电流。通过之前的分析，键合过程中键合电压使键合材料处于一个强静电场中，键合材料之间因此产生了强大的静电吸引，由于电压增加、电场强度提高，同时材料间的静电吸引力也随之增加，从而使得键合材料之间贴合更加紧密，有利于在接触面形成键合层，促进键合过程中离子迁移，提高键合峰值电流值。

5.4.5 键合界面微观表征

利用扫描电子显微镜（SEM）对键合界面键合层进行观测。

图5-14为所制备$(PEG)_{10}LiClO_4$-x%CeO_2与铝箔键合后界面微观表征图（试样5-8、5-9、5-10、5-11）。可以看到，四组样品键合界面较为清晰，没有明显的孔隙及缺陷，在聚合物与铝箔之间存在明显有别于两边的键合层生成，说明键合过程顺利进行。当CeO_2含量为8 wt.%、12 wt.%时，键合层厚度较大。

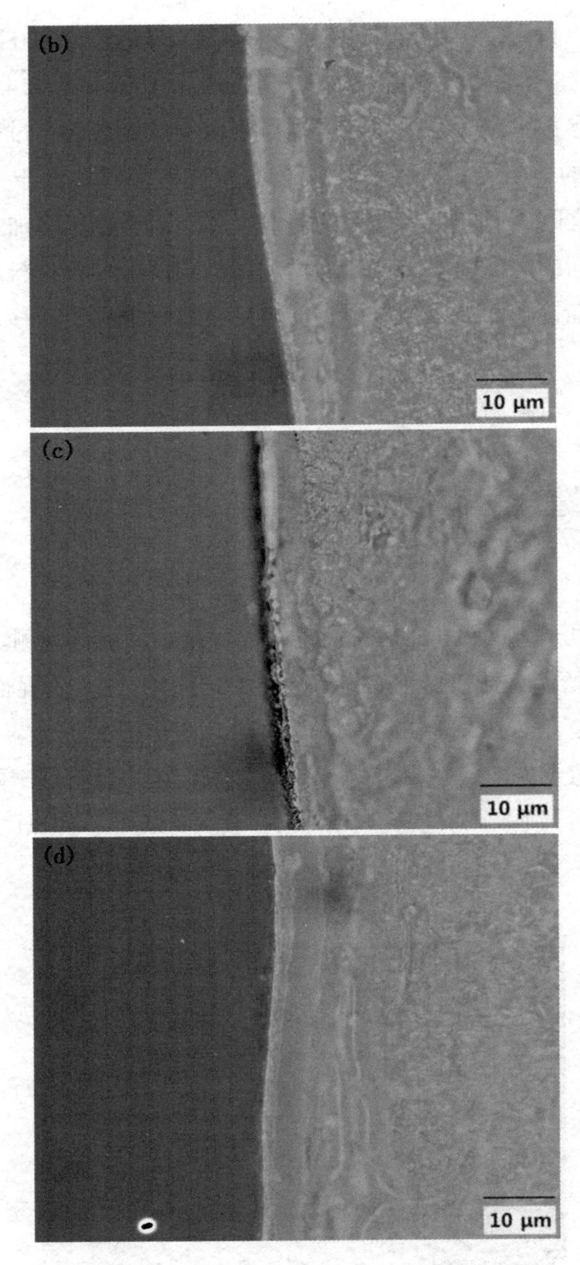

图5-14　$(PEG)_{10}LiClO_4$–x%CeO_2与铝箔阳极键合界面SEM图

（a）x=5；（b）x=8；（c）x=12；（d）x=15

5.4.6　力学性能分析

$(PEG)_{10}LiClO_4$-CeO_2与铝箔键合界面在室温下的拉伸强度如表5-9所示，当CeO_2含量为5 wt.%时，材料与铝箔键合界面拉伸强度为7.03 MPa；当CeO_2含量为8 wt.%时，键合界面拉伸强度为8.32 MPa，当CeO_2含量继续提高至12 wt.%时，材料与铝箔键合界面拉伸强度有所下降，但是对比不含有CeO_2颗粒的试样，键合界面拉伸强度均有所提高，说明CeO_2颗粒的引入可以有效提高键合界面拉伸强度，即提高键合质量。

表5-9　$(PEG)_{10}LiClO_4$-x%CeO_2与铝箔在室温下键合界面拉伸强度

试样编号	CeO_2含量（wt.%）	面积（S/mm_2）	载荷（F/N）	拉伸强度（R_m/MPa）
5-8	5	100	703	7.03
5-9	8	100	832	8.32
5-10	12	100	768	7.68
5-11	15	100	716	7.16

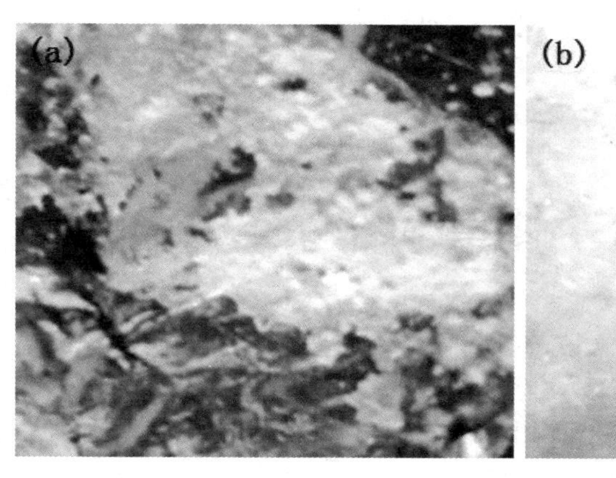

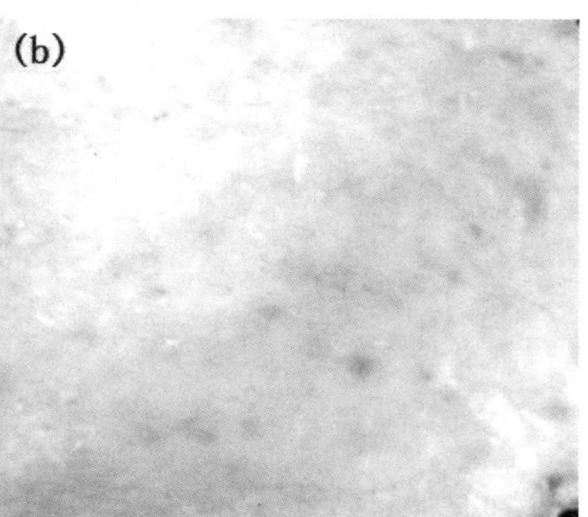

图5-15　试样5-8的拉伸断口形貌

（a）铝箔；（b）DSPE

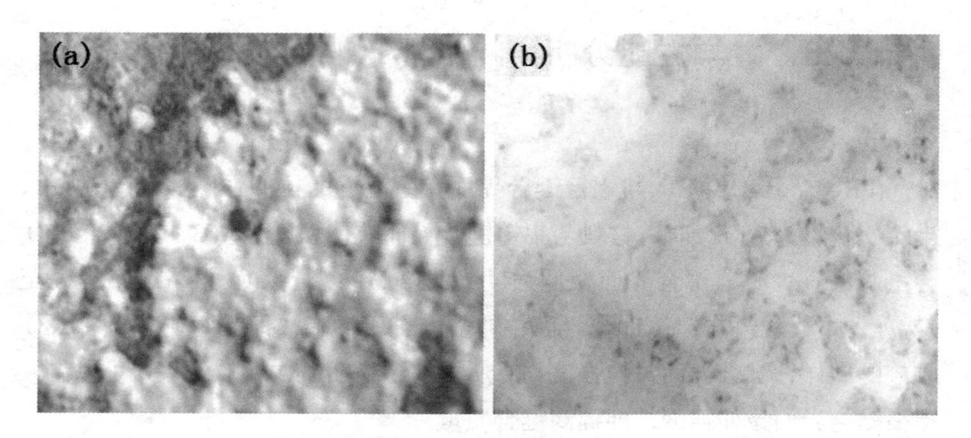

图5-16 试样5-9的拉伸断口形貌

（a）铝箔；（b）DSPE

图5-15、图5-16分别为试样5-8、试样5-9中 $(PEG)_{10}LiClO_4$-5 wt.%CeO_2和$(PEG)_{10}LiClO_4$-8 wt.%CeO_2分别与铝箔阳极键合后，键合界面在室温下的拉伸断口形貌图，可以看到当CeO_2含量为5 wt.%时，断口铝箔一侧有部分位置未参与键合，参与键合的部分有白色薄膜状物质残留，分析为键合层，说明其断裂发生在键合层；当CeO_2含量为8 wt.%时，铝箔一侧表面残留有部分大尺寸白色物质，而相应的聚合物表面有大小不一的凹陷坑，说明此时拉伸断裂有部分发生在键合母材，键合强度高，键合质量较好。

5.5 本章小结

本章通过制备PEG基固体聚合物电解质材料$(PEG)_{10}LiClO_4$-CeO_2，并采用多种表征手段分析研究CeO_2含量对其阳极键合性能的影响机理，得到具体结论如下：

（1）CeO_2颗粒的引入可以有效抑制聚合物电解质的结晶行为，材料结晶性随着CeO_2含量的增加（≤8 wt.%）而降低，通过微观组织观测，当CeO_2含量为8 wt.%时，所制备固体聚合物电解质表面形貌最为整齐，没有出现明显结晶现象，表面呈现为无定型状态，利于离子传输，但过高的CeO_2含量会在材料中产生堆积，并以此形核，使结晶性上升。

（2）CeO_2颗粒的引入可以有效提高聚合物电解质的离子导电性，当CeO_2含量为8 wt.%时，$(PEG)_{10}LiClO_4$-8 wt.%CeO_2在室温下的离子导电率达到4.48×10^{-5} S·cm^{-1}，比不含有CeO_2的样品提高1个数量级，并且离子导电率随着温度的升高而增加。经过分析，Ce^{4+}能够与PEG中的醚氧基团发生配位，生成（—CH_2—CH_2—O—Ce—）$_n$，扰乱PEG原有的规则结构，使体系结晶性降低，增加无定型区域，同时Ce^{4+}还可以减少Li^+与PEG的配位，从而释放出更多自由移动的Li^+，提高材料导电性。

（3）CeO_2颗粒的引入可以提高所制备聚合物电解质材料的热稳定性，当CeO_2含量为8 wt.%时，$(PEG)_{10}LiClO_4$-8 wt.%CeO_2的热分解温度提高至310 ℃左右。通过DSC测试进一步证明了CeO_2颗粒抑制体系结晶的作用，当CeO_2含量为8 wt.%时，体系结晶度为34.72%，比不含CeO_2的样品结晶度大幅降低。

（4）通过力学性能测试得出，CeO_2颗粒可以有效提高固体聚合物电解质的屈服强度，并且随着CeO_2含量的增加而增加，当CeO_2含量为15 wt.%时，复合材料的屈服强度达到54.18 MPa，相比于不含CeO_2的材料屈服强度提高了12.04 MPa。通过分析，CeO_2在通过长时间的球磨过程弥散至PEG内部，使原本柔弱的分子链得到强化，当材料受到外力时，CeO_2在承受部分外力的同时也可以对外力进行很好的分散和转移，当CeO_2颗粒含量超过8 wt.%时，其与PEG交联作用虽然减弱，但以CeO_2为中心开始的结晶行为越发明显，其力学性能的提高可能是因为体系结晶度的提高所导致。

（5）通过$(PEG)_{10}LiClO_4$-CeO_2与铝箔的阳极键合实验得到了键合过程中“时间-电流”变化规律：键合电流在键合开始时的短时间内达到峰值，随着键合过程的进行，电流强度逐渐减弱，当离子迁移达到饱和，键合电流逐渐趋于零并保持稳定，键合结束。同时还分析了键合温度及键合电压对键合过程中峰值电流的影响，即在给定键合条件下，随着键合温度及电压的升高，峰值电流随之升高，当CeO_2含量为8 wt.%时，键合过程中峰值电流最大。

（6）通过对键合界面的表征中发现，所制备聚合物电解质与铝箔之前有明显的键合层存在，这是二者能够成功连接的关键。在对键合界面强度测试中，当CeO_2含量为8 wt.%时，键合强度最高，其室温下拉伸强度为8.32 MPa，键合效果较好，通过拉伸断口形貌发现，断裂有部分发生在母材。

第6章

聚氨酯弹性体与柔性封装

6.1 柔性电子器件

区别于传统的以刚性硅晶基板为代表的电子器件，应用柔性电子技术的柔性器件可曲折、可延展的特性克服了传统器件固有的硬而脆的缺点，可应用于各种需要承受弯曲、扭转等复杂变形环境下的产品设备，在运动、显示、医疗、能源、国防等领域具有广泛的应用前景，柔性器件是半导体电子器件的最新研究和发展方向，已成为世界各地学术界和电子产业界的关注热点[144–149]。

柔性电子的理念最早起源于20世纪20年代，Seymour[150]利用印刷石墨糊制作了一台柔性无线电调谐器。20世纪90年代，Gamier和Bao团队[151]制备出第一代柔性电子器件，奠定了柔性电子器件的发展。科学家Alan J. Heeger、Alan G. MacDiarmid和Hideki Shirakawa[152]在导电聚合物柔性电子材料方面做出了卓越的贡献，使得柔性电子得到广泛关注，其研究成果获得2000年诺贝尔化学奖。Rogers教授和黄永刚教授[153]合作，在2006年率先提出了可延展柔性电子器件的概念，通过转印技术将传统电子器件材料与柔性基板结合，使得制备的器件可任意变形。随着柔性电子关注度的提高，柔性器件的应用越来越广泛，相比于传统的点接触电极测量方式，大面积柔性表皮电子系统具有的可曲折、可延展的特性使其可以完全贴合在身体上进行精准测量和移动测量。柔性器件推动的新一代电子皮肤的发展（图6-1），质轻、超薄、具有环境适应性的电子皮肤不仅像真的皮肤一样柔顺，而且有类似于皮肤的感知调控能力，柔性生物电子将在智能医疗监控、人工智能、软体机器人等应用方面发挥着巨大的作用。近年来有机发光二极管（Organic Light-emitting Device，OLED）在照明和显示领域发展迅速，柔性OLED显示技术已经应用于电视、手机等设备中，2015年韩国LG公司推出高清OLED电视，它集4K高清、OLED和曲面显示于一体[154]。2019年2月，深圳市柔宇科技有限公司、华为技术有限公司等厂商相继发布了可折叠手机[155]。2019年合肥工业大学研究团队通过一体化器件构型设计成功研发新型超级可伸缩电容器，可作为新型可穿戴电子器件和柔性仿生器件的储能器件[156]。柔性应用正成为人们生活的依赖和主流，IDTechEx预测到2028年，柔性电子器件产业规模将达到3010亿美元，柔性电子将是最具爆发力的产业之一[157]。短短十几年，柔性电子器件的发展经历了从“外（体外应用）”到“内（体内植入）”、从娱乐类电子到生命健康产品的飞跃，足可以看出人们对柔性器件的青睐，随着柔性器件结构和材料的不断优化，相信柔性电子的应用越来越广泛，许多现在不可能实现的应用将会成为可能，柔性器件在人类未来生活中将发挥更大的作用。

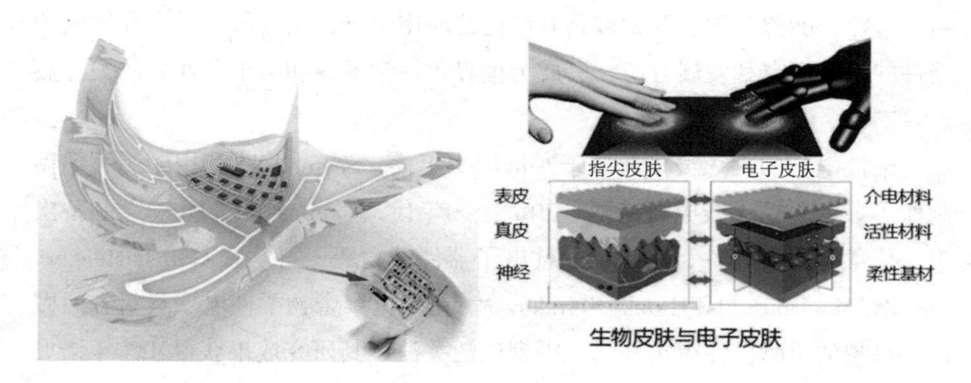

图6-1 电子皮肤

柔性器件的典型结构一般是以柔性基底附加功能化金属或电子薄膜材料组成，关键是能体现柔韧性，在形变发生仍能保持完整的结构和功能，这主要依赖于新材料的发展，同时封装也起着重要的作用。柔性器件主要包括柔性基底、电子元件材料层、交联导电体、粘合层以及封装层（覆盖层），如图6–2所示。柔性基底是柔性器件重要的组成部分，起着支撑器件，提供器件必要的柔性、弹性、硬度、强度等力学性能的作用，同时柔性基底也是柔性器件区别于传统器件最突出的标志，除了特有的力学性能外，柔性基底一般还要具备良好的绝缘性、轻薄性及热稳定性等，如果是光电子类器件，还要具备一定的透光性[158]。电子元件材料层是实现器件功能的最核心部分，它是由功能材料实现的具有等效电阻、等效电感和能量储存等功能化的柔性薄膜材料以及电极等元件组成。交联导电体层是负责将分布在柔性基底不同方位的各部分电子元件材料层相互联系起来，确保器件在不同工作环境中各元件信号传输的稳定。粘合层的作用是将器件的各组成部分连接和固定，在器件受到弯曲、挤压作用时各组成部分位置不会发生移位，然而目前的很多器件不需要有单独的粘合层，因为在器件制备工艺中各功能材料层已经实现很好的界面连接。封装是器件走向应用的关键环节，封装层（覆盖层）可以有效保护器件在各种力学行为中不会受到破坏，封装材料要具备与器件相匹配的力学性能，并且要有良好的阻隔性、绝缘性、抗疲劳性和热稳定性[159]。功能化的聚合物材料在柔性器件的发展中功不可没，特别是在器件的基底和封装层中发挥着重要的作用，也是器件实现柔性的重要基础。

图6–2　柔性器件结构示意图

6.2 柔性电子器件的应用

6.2.1 柔性太阳能电池

可再生能源的研究与开发是世界各国关注的焦点，太阳能具有可持续性和清洁性，太阳能电池技术的发展对于解决当前能源危机和能源带来的环境污染等问题具有重要的意义[160–163]。单晶硅、多晶硅等无机太阳能电池经过前期大量研究已经得到商业应用，随着市场多元化的需求，轻薄、柔性的电池器件受到人们的欢迎和重视。柔性太阳电池主要有柔性非晶硅/微晶硅太阳电池、柔性染料敏化太阳电池（Dye Sensitized Solar Cells，DSSC）、有机聚合物太阳电池（Organic Photovoltaic，OPV），以及柔性钙钛矿太阳电池（Perovskite Solar Cell，PSC）等[164]。太阳能电池一般呈类似“三明治”器件结构，由不同功能层组成[165]。比如OPV器件典型的体异质结反置机构（如图6–3所示）由柔性基底、阳极界面层、阳极、活性层、阴极界面层、阴极和封装层组成，基底和封装层可以是薄金属板或者聚合物材料，阳极可以选择Ag电极，阴极一般选用氧化铟锡（Indium Tin Oxide，ITO）导电薄膜，活性层是由给体材料和受体材料以共混的方式同时存在一层薄膜中。与无机晶硅电池相比，有机太阳电池稳定性差、寿命短，除了自身的因素外，外环境中的水、氧、热等因素会对器件造成直接影响，空气中水、氧进入器件与低功率电极反应，穿透到活性层增加缺陷密度，光和热破坏活性层，严重影响器件稳定性，所以封装环节是整个器件制备工艺中的重中之重，不同器件可靠性强的封装研究是器件能否商业化应用的核心科学问题[166–168]。

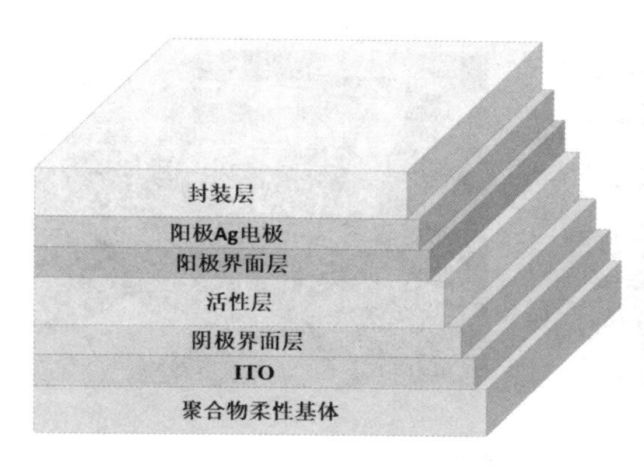

图6-3 有机太阳电池结构示意图

6.2.2 柔性OLED

OLED无需背光源就可实现自发光，其质量轻薄、功耗低、视角宽、色彩柔和、可柔性显示，已成为当前最具有应用发展前景的“绿色”显示技术之一[169-173]。OLED最突出的优点之一就是可用于柔性面板显示，如生活中的曲面电视、折叠电子书、曲面可穿戴设备、自带显示的服饰等。OLED器件结构多样，效率和作用也不同，其基本结构模型如图6-4所示。OLED器件是类似于“三明治”的结构，功能材料层被夹在电极之间，组成器件的基本结构有柔性基底、阳极层、空穴注入层、空穴传输层、发光层、电子传送层、电子注入层和阴极层。由于水汽和氧气等成分对OLED器件正常工作影响很大，据研究受水氧影响的OLED，其发光强度在2 h内会大幅下降[174]。为了延长OLED的使用寿命和提高质量可靠性，必须对器件进行良好封装，所以OLED器件基本模型结构还需要有封装层。基底和封装层材料不仅要具备柔性，而且在弯曲变形时也要保证材料具有稳定的保护性能。由于目前先进的柔性封装技术发展缓慢以及OLED良品率低，特别是对于OLED显示屏的大面积化稳定性差，所以目前柔性OLED成本高，大面积应用推广受到一定的限制[175]。

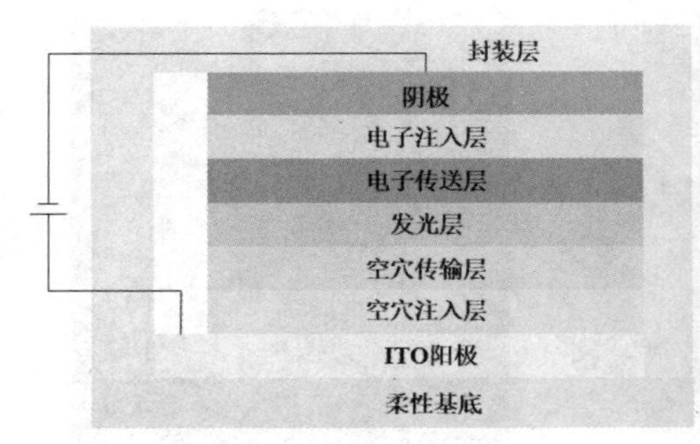

图6-4 柔性OLED器件结构模型

6.2.3 柔性传感器

传感器在生活中处处可见，比如经常用到的手机、手提电脑、汽车等就有数不清的传感元件。传感器的响应过程是敏感元件受到外界刺激，通过转换元件将一定规律的刺激信号转化成其他输出信号。随着近些年新材料的发展以及器件制备技术的提升，为了满足于健康医疗行业对柔性设备的巨大需求，可弯曲、可延展，甚至可拉伸的柔性器件发展迅速，从医疗康复、仿生机器人，到个人消费电子，柔性器件已经逐步进入到我们的生活[176-179]。柔性传感器的主要技术指标与传统传感器基本相同，主要有灵敏度、响应时间、温度系数等。由于柔性传感器工作的空间环境更复杂，传感器的形状结构随时可能发生变化，所以制备材料以及微纳结构设计更加精细，特殊的结构设计开始出现，转印、压印等新的加工工艺被提出。对于柔性器件来说，柔性封装是延长其使用寿命和提高灵敏度的关键，柔性衬底的选择也要兼顾可封装性、工艺兼容性以及生物相容性等，实现高灵敏度和高响应速度是一切工作的共同目标。图6-5是压电式柔性传感器示意图，聚偏氟乙烯（Polyvinylidene Fluoride，PVDF）薄膜压电材料具有柔韧性好、机械强度高、频响范围宽以及易于加工等特点，利用PVDF的压电效应可以把力学量和电学信号进行相互转化，聚二甲基硅氧烷（Polydimethylsiloxane，PDMS）优异的物理和化学性能是柔性传感器制备中常用的衬底材料，利用转印技术将在硅基片上制备好的传感器剥离转移到柔性基底上，最后将器件完成柔性封装，封装层材料也要具备衬底材料等同的性能，这样才能充分发挥器件最佳性能[180-183]。

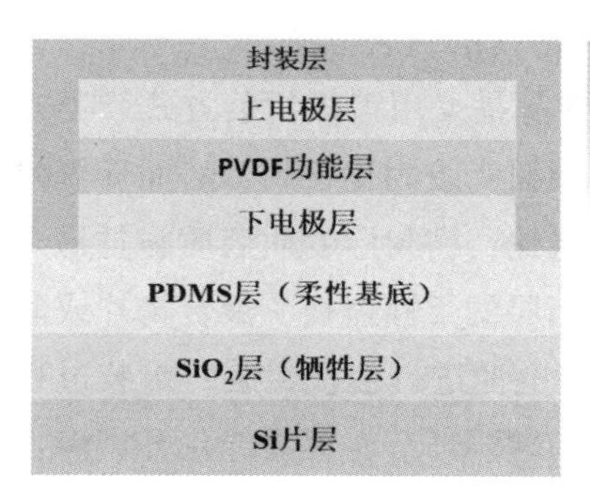

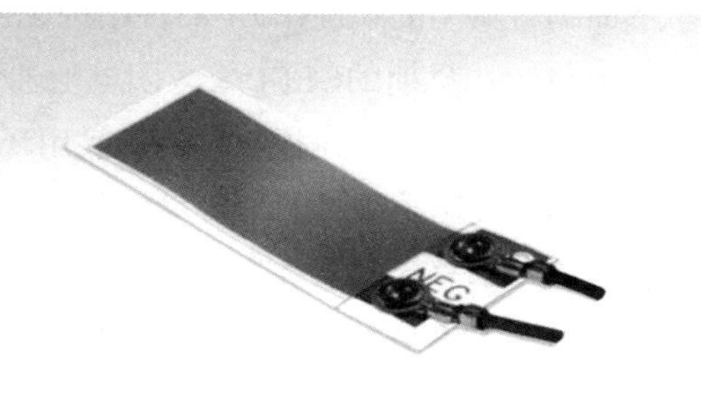

图6-5 PVDF的压电传感器示意图

6.3 常用柔性封装方法及失效分析

6.3.1 常用柔性封装方法

封装作为器件制备的后道工序，封装的质量直接影响着器件的电学性能、可靠性以及耐久性[184]。结合不同器件工作原理的不同要求，柔性器件使用柔性基板代替传统的刚性衬底，根据器件的不同结构采用相应的如倒装芯片技术、CIF（Chip In Flex）封装技术等封装方法。对于柔性传感器件，可以视情况采用全气密封装、非气密性塑料封装、晶圆级封装、BGA（Ball Grid Array）封装、薄膜封装、器件级封装等，封装的核心在于封装层和各电气结构的连接固定，由于衬底材料和结构的改变，封装连接工艺也需要同步改进。对于光电子转化器件，比如柔性OLED、柔性太阳电池等，通常的封装工艺有盖板封装和薄膜封装等[185]。器件的多样性决定了封装的不同要求，没有一种最好的封装材料和封装方式，只有最合适的封装材料和封装方式。下面结合典型的柔性OLED器件结构说明通常的封装方法。

盖板封装：早期的OLED或太阳电池器件都是采用盖板封装方式，透光率高且高阻隔性的玻璃盖板与玻璃基底用环氧树脂胶固化密封，然而环氧树脂密封区域存在微孔隙，热氧环境中易发生老化，密封层变质后质脆且易开裂，容易渗入水氧导致器件失效。用具有阻挡层的柔性盖板（聚合物片或薄金属片）与柔性基底可以对柔性OLED或太阳电池进行盖板封装，封装过程放置干燥剂，同样二者胶粘的连接处是封装的薄弱环节，容易老化开裂渗入水氧。然而对于柔性器件，盖板封装的优势是盖板对器件的防护性强，特别是在复杂力学环境下可以防止器件受到力学损伤，而且盖板封装结构简单，不会对器件性能造成太大影响。

薄膜封装：薄膜封装指利用化学气相沉积（Chemical Vapor Deposition，CVD）或原子层沉积（Atomic Layer Deposition，ALD）等制膜方法在柔性器件上直接沉积薄膜，形成致密的保护薄膜实现对器件进行有效封装[186]。薄膜封装可以实现OLED柔性器件的可弯曲性、可卷绕性，为柔性显示技术的应用带来突破性的进展。薄膜封装按照封装材料的不同可以分为无机薄膜封装、无机/无机和有机/无机复合薄膜封装等[187]。柔性OLED器件的薄膜封装方式通常有单层和多层两种，其中Barix多层薄膜封装技术最为著名（美国Vitex System公司开发）[188]，Barix阻挡层通常采用 7 层有机/无机交替沉积薄膜（图6-6），总体厚度可达3 ~ 5 μm，阻挡层的性能可由有机和无机物膜层的层数和成分加以调控，大大延长了柔性器件的使用寿命。尽管薄膜封装可以对柔性器件形成良好的阻隔屏障，实现了封装层与器件的集成，但是薄膜封装材料机械强度差，对器件的防护作用有限，特别是当柔性器件在经受弯折或热循环等复杂环境下容易分层或破损。另外，薄膜材料的无机阻隔层由于材料的本征内聚应力使得薄膜的晶界处易出现孔洞，造成封装缺陷，薄膜封装还具有过程复杂，成本高以及封装周期长等缺点[189]。

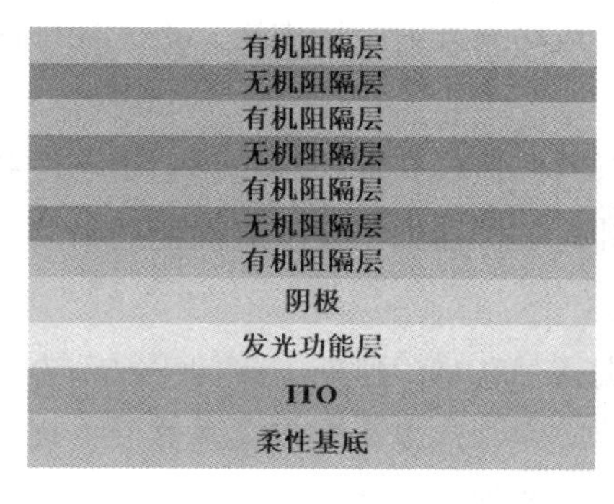

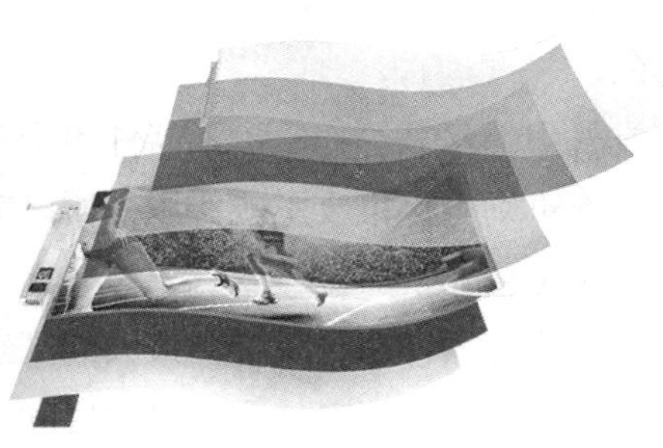

图6-6　Barix多层薄膜封装结构示意图[188]

6.3.2　柔性器件失效分析

尽管柔性器件具有许多优点，但是柔性器件的产业化还面临着诸多问题，其中使用寿命、稳定性和成本高是制约其发展的主要因素。一般柔性器件的失效主要包括环境因素的影响和力学行为的影响两个方面，分别如下：

（1）柔性器件一般是在无水无氧、惰性氛围下制备的，实际应用中空气中水汽、氧气以及光热等渗入器件内部，特别是水氧与功能层敏感材料发生反应，容易造成器件失效。水氧进入器件内部一般可能经历如下几个过程。

①碰撞。器件外部的水氧分子通过布朗运动频繁碰撞器件的封装保护层，在微观角度会产生力的相互作用。

②吸附。水氧分子与器件封装层发生碰撞后改变运动方向，其中部分水氧分子由于受到吸附作用而停留在封装层表面。

③解离。随着吸附浓度的增大，部分吸附物不稳定会发生解离，以原子态形式存在于封装层表面。

④扩散。水氧物质在器件内外会形成强大的浓度差，已经解离的气体原

子由外向内缓慢扩散，逐步达到平衡态。

⑤重组。部分进入器件内层的气体原子重新形成更加稳定的分子态。

⑥脱附。部分活跃的水氧分子通过热运动离开封装层内层，进入器件内部空间。

空气中的水氧等物质渗入器件内部对器件造成损坏，轻则影响稳定性和灵敏度，重则直接报废不能使用，所以针对柔性器件稳定、高性能的封装材料和封装工艺非常关键。

（2）柔性器件和传统器件最大的区别就是在承受弯曲、拉伸等复杂力学行为状态下仍然需要保持高的灵敏度和响应度，这也是影响柔性器件大规模应用产业化的难点之一。在复杂变形机制下器件由于疲劳效应可能会发生功能材料分层、电气失效，甚至封装层的断裂、脱落，进而造成器件失效。封装的作用就是保护器件，针对不同的器件行为提供相应的防护，因此器件的封装不应是“同质化”，而是“个性化”的。

不同的器件对封装的要求不同，比如柔性湿度传感器就是非气密性封装，封装层不需阻隔空气中的水汽，只需要阻隔空气中的灰尘等杂质防止进入器件并污染器件，以及保护器件不受到外部力量损伤。下面以OLED器件为例来说明通常的失效机理：OLED有机功能层对水氧非常敏感，OLED低功函金属阴极材料反应活性高，当水氧分子进入后会对其产生氧化绝缘作用，导致电子注入势垒升高，载流子复合效率降低，严重影响发光效率；发生氧化的金属发生体积变化，容易与有机层剥离。另外，有机层在水氧的作用下会产生晶粒物质，同样会促进与金属层分离；OLED在工作时产生的热量会使进入器件内部的水氧物质体积膨胀，热运动加剧，如果发生鼓泡，就会加速功能层的分离和失效。为了达到10 000 h的工作寿命以及60 000 h的存储寿命，OLED器件要求封装层的水汽透过率（Water Vapor Transmission Rate，WVTR）必须小于1×10^{-6}g/m^2/day，同时氧气渗透速率（Oxygen Transmission Rate，OTR）则必须小于1×10^{-5}cm^3/m^2/day。

6.4　阳极键合柔性封装技术与聚氨酯弹性体

6.4.1　阳极键合柔性封装要求

封装材料最基本的作用就是给器件提供可靠的防护，封装材料不仅不能对器件的功能造成影响，而且需要对器件辅助使其发挥最佳性能，可用于阳极键合的柔性封装材料需要具备优良的综合性能。

（1）力学性能。根据柔性器件的特点，封装材料要求具备与柔性器件相匹配、相适应的力学性能，特别是柔性、强度、韧性等。封装材料的力学性能要具备可调控、可设计，这也是在众多聚合物固体电解质基体选择中首先要考虑的。

（2）阻隔性能。为了保护器件内部的功能元件不受外界灰尘、水汽、有机物、溶剂以及氧气等污染与侵害，封装材料需要具有结构致密性，并且要有良好的阻隔性能。

（3）离子导电率。离子导电性是封装材料可以作为阳极键合阴极材料的必需条件，在键合温度下，封装材料要具有合适的导电率，根据经验导电率一般不应低于10^{-5}S/cm，这样才能有较理想的键合质量。这就要求封装材料具有较低的玻璃化转变温度低和结晶度，有充足的给电子能力强的极性基团，同时分子链段可以溶解锂盐并且与锂离子络合。总之，封装材料要求具有较高的离子导电率。

（4）热稳定性和化学稳定性。封装材料要求耐热，在阳极键合温度下要保持性能稳定，这也是聚合物固体电解质封装材料能用于阳极键合的关键条件。聚合物材料的耐热性远远不及传统阳极键合用的无机刚性材料，因此聚合物材料的阳极键合温度一定要低于传统阳极键合温度（传统键合温度为300~600 ℃），要求封装材料在键合温度下性能稳定。封装材料要求有良好的化学稳定性和耐溶剂性，在器件的应用环境中保持结构完整和性能稳定。

（5）其他性能。根据柔性器件的特殊要求，封装材料还需具备其他特殊性能，比如光电类器件需要封装材料具有良好的透光度等。

6.4.2 聚氨酯弹性体

聚氨酯材料的发展经历了80多年，其结构特征是大分子主链上含有重复的氨基甲酸酯基团（—NHCOO—），聚氨酯合成的原料品种繁多、配方灵活，产品形式和应用领域广泛，全世界对聚氨酯材料的需求量持续增加。根据不同市场需求，聚氨酯的产品形式有硬质和软质泡沫、弹性体、胶黏剂、涂料、合成革等，广泛应用于交通运输、国防科技、建筑、机电设备、石油化工、医疗等领域[190]。

聚氨酯材料的三大类原料有多元醇、多异氰酸酯以及扩链交联剂，由于聚氨酯的软、硬段热力学不相容，聚氨酯独特的微相分离形态赋予了其灵活可控的特性，分子结构的多样性使其易于改性。随着聚氨酯化学研究的不断深入，以及产品制造和应用工艺的持续进步，聚氨酯型功能材料和聚氨酯复合新材料逐渐被开发和应用。聚氨酯的特征结构氨基甲酸酯重复链段含有大量的羰基、醚基等极性基团，通过原料配比、分子结构设计可以灵活调控材料的结晶度、分子量、软硬段微区分布等特征，这些都可以给锂离子迁移提供适合的环境，使得聚氨酯基电解质具有一定的开发前景。根据不同的应用场景，研究人员开发过不同的聚氨酯基电解质材料。上海交通大学朱卫华等人用溶液聚合法合成了聚氨酯树脂，然后把聚氨酯溶解后再与锂盐络合，将溶剂干燥后制备出聚氨酯基电解质薄膜材料。安徽大学陶灿[192]等人将合成的聚氨酯溶解，其溶液与锂盐体系溶液混合，将溶剂干燥后制备聚氨酯基电解质胶膜材料，该胶膜材料在固态锂离子电池中具有潜在的应用价值。中国科学技术大学鲍俊杰[191]等人在水性聚氨酯乳液中加入锂盐形成均一共混乳液，干燥后得到聚氨酯膜材料。

目前文献资料中所制备的聚氨酯基电解质材料基本上都是通过溶液浇注法，首先将合成的固态或半固态的聚氨酯树脂在有机溶剂中溶解，利用共混技术与锂盐络合，最后充分干燥成型胶膜状材料。但该工艺在溶解过程中破坏了聚氨酯基体的化学交联结构及基体的连续性，使得这种聚氨酯树脂材料在力学性能、密封性以及工艺可控性方面都很难满足阳极键合封装的要求。所以，适合于阳极键合封装的聚氨酯类型电解质材料还有待进一步开发。

弹性体是指玻璃化转变温度低于室温、扯断伸长率大于50%、外力撤除后复原性良好的高分子材料[193]。聚氨酯弹性体（Polyurethane Elastomer，PUE）是弹性体中较为特殊的一类，其原料品种繁多、配方多样、分子结构多元化、可调范围大，软硬段独特的微相分离形态赋予了其优异的机械性能、热稳定性、耐溶剂性以及耐老化性。聚氨酯弹性体集聚氨酯和弹性体的特性于一身，由于PUE力学性能范围宽、致密度高、阻隔性好、透光性可调，所以聚氨酯弹性体电解质材料在阳极键合柔性封装领域具有很大的开发和应用前景。PUE的软段通常由聚醚、聚酯或其他低聚物多元醇组成，在由聚醚多元醇构成软段的聚氨酯弹性体中，大量的醚基、羰基等极性基团均可以使锂盐解离并与锂离子发生配位作用，PUE的玻璃化转变温度低于室温，由聚醚构成软段的PUE分子链柔顺性好，这些都可以促进阳极键合过程中锂离子迁移和元素扩散[194-196]。选择聚醚作为软段的PUE，可以获得良好的耐溶剂性、回弹性以及电学性能，通过一定的工艺配方和分子结构设计，可以期望得到综合性能良好的聚合物固体电解质材料，聚醚型聚氨酯弹性体电解质材料可以满足阳极键合柔性封装对聚合物材料的要求。

第7章 PUEE的柔性阳极键合

7.1 引言

聚氨酯弹性体（Polyurethane Elastomer，PUE）的玻璃化转变温度低于室温，软、硬段独特的微相分离形态以及分子链强大的氢键化作用赋予了其优异的综合性能[197]。由多元醇构成的软段连续相提供了PUE的弹性，由异氰酸酯和小分子扩链剂构成的硬段分散相提供了材料的硬度和强度，PUE具有良好的密封性、耐磨性、耐溶剂性、耐热性以及良好的介电性能，特别是PUE可调控的力学性能非常有潜力作为阳极键合阴极材料的基体。阳极键合能够实现永久连接的关键在于多场耦合作用下离子的迁移、元素的扩散和形成的中间键合层，这些物理化学过程主要依赖于阴极材料，阴极材料较高的离子导电率是能够键合的重要指标。聚氨酯基电解质的研究也曾见过少许报道，其研究领域主要在新型电池方面，聚氨酯分子链段富集的羰基、醚基等极性基团可以溶解锂盐并和锂离子产生配位作用，特别是由聚醚多元醇构成软段的聚氨酯具有良好的柔顺性，软段的热运动可以促进锂离子的迁移。聚氨酯合成原料种类繁多，分子结构可设计性强，根据实际需要可以进行各种改性，所以从理论上来说聚氨酯是聚合物电解质基体的良好选择。目前所报道的聚氨酯基电解质大多采用的是溶液浇注法，制备的样品大多是薄膜类或者凝胶类，其力学性能差、热氧稳定性差以及导电率较低，制备具有弹性体属性的聚合物电解质材料目前还鲜有报道。由于阳极键合主要应用于电子器件的制备与封装，其使用的键合材料是作为器件结构的组成部分，所以键合材料既要具备能够键合的特点，也要具有良好的力学性能和水氧阻隔性，那么弹性体类的阴极材料是良好选择。传统的阳极键合工艺都是用于导体（或半导体）与无机快离子导体材料（如美国康宁Ryrex玻璃）的连接，无机材料的刚性大、耐热度高，而聚合物材料呈柔性特点，热稳定性远不及无机材料，使用传统的阳极键合方法（包括键合温度、电场、压力等参数及工艺）是不适合的，不仅会对聚合物封装材料造成破坏，而且不能够良好键合。

在本章节中，根据阳极键合阴极材料的特点，采用预聚体法制备聚氨酯离子导电弹性体（PUEE）并在室温下浇注成型。通过添加不同比例的锂盐LiTFSI，研究了LiTFSI对PUEE分子结构、表面形貌、热性能、离子导电性以及力学性能的影响。通过设计的适合于聚合物弹性体的热引导动态场阳极键合工艺，将所制备的PUEE与Al片进行阳极键合连接，并研究分析PUEE/Al的键合性能，为选择最佳LiTFSI配比的阴极材料PUEE提供有价值的参考。

7.2 固体聚合物电解质PUEE的制备

7.2.1 实验主要原料及仪器

实验过程中用到的主要原料和生产厂商见表7-1。

表7-1 实验主要原料

名称	英文简称/分子式	规格	厂商
2，4-甲苯二异氰酸酯	TDI-100	分析纯	国药试剂
聚丙二醇	PPG	分子量M_n=2 000，分析纯	安耐吉化学
双三氟甲基磺酰亚胺锂	LiTFSI	分析纯	安耐吉化学
1，4-丁二醇	BDO	分析纯	安耐吉化学
碳酸二甲酯	DMC	分析纯	安耐吉化学
二月桂酸二丁基锡	DBTL	分析纯	安耐吉化学
铝片	Al	纯度>99%，厚度0.2 mm	国药试剂
丙酮	CH_3COCH_3	分析纯	国药试剂
无水乙醇	C_2H_6O	分析纯	国药试剂
氨水	NH_4OH	分析纯	国药试剂
双氧水	H_2O_2	分析纯	国药试剂

实验过程中用到的主要仪器名称、型号和生产厂商见表7-2。

表7-2 实验主要仪器

名称	规格型号	厂商
傅立叶变换红外光谱仪	Tensor 27	德国布鲁克公司
X射线衍射仪	D8 Advance	德国布鲁克公司
扫描电子显微镜	LYRA 3 XMH	捷克TESCAN公司
差示扫描量热仪	DSC Q2000	美国TA公司
热重分析仪	STA449F3	德国耐驰仪器制造有限公司
电化学工作站	Autolab/PG STAT302	荷兰瑞士万通公司
微机控制电子万能试验机	GMT6503	深圳新三思材料检测有限公司

续表

名称	规格型号	厂商
橡胶硬度计	XS-1	营口市塑料仪器厂
阳极键合机	JYL-HPVV1000DZK	北京杰雅利电子科技有限公司
真空干燥箱	DZF-6090AB	上海力辰邦西仪器科技有限公司
磁力搅拌一体机	DF-101S	上海力辰邦西仪器科技有限公司
三口烧瓶、烧杯、真空泵、移液管等	实验室常用器材	北京欣维尔玻璃仪器有限公司

7.2.2 PUEE的制备

设定预聚体NCO%为6.5，扩链系数取0.9，采用预聚体法制备浇注型聚氨酯离子导电弹性体（PUEE），并在室温下固化成型，合成路线示意如图7-1所示。

预聚体电解质的合成：将计量的聚醚二醇PPG加入配有搅拌器、温度计、真空系统和电加热套的三口烧瓶中，在100～110 ℃下真空脱水1小时。然后降温到30～50 ℃，加入二异氰酸酯TDI-100，待自然升温停止后，缓慢加热至70～80 ℃，保温反应2 h后得到预聚体，取样分析NCO基含量，当NCO%含量达到设定值时，室温下在该预聚体中加入计量溶解于极性溶剂DMC的锂盐LiTFSI，搅拌90 min后密封静置3～6 h备用。

弹性体的制备：将计量的扩链剂BDO在100～110 ℃下真空脱水1 h，加入适量催化剂DBTL均匀混合，然后加入到以上制备好的预聚体电解质中，快速搅拌2～4 min，注意观察温度变化并记录，快速放入抽真空装置中进行脱泡30～90 s，把制备好的混合物快速浇注于涂有脱膜剂的聚四氟乙烯模具中，室温固化7～10 d。

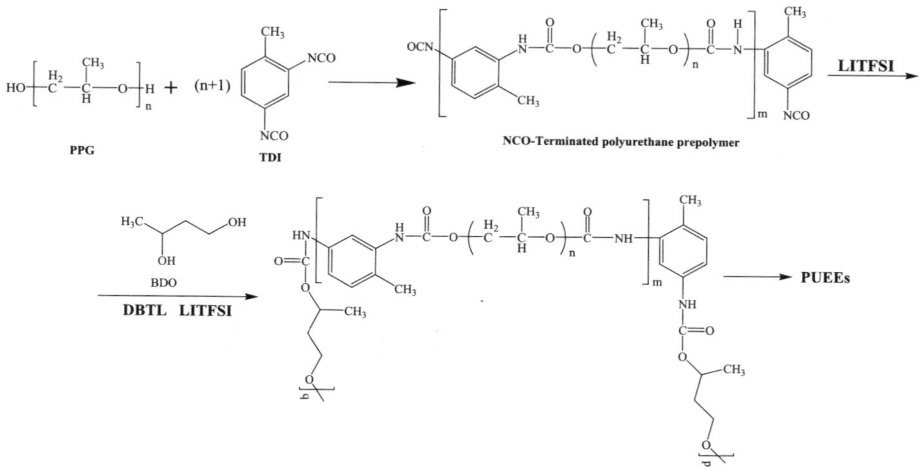

HO—[—$\overset{H_2}{C}$—$\overset{CH_3}{\underset{H}{C}}$—O—]$_n$—H + (n+1) TDI → NCO-Terminated polyurethane prepolymer —LITFSI→

PPG　TDI　NCO　CH_3　OCN　NCO-Terminated polyurethane prepolymer　LITFSI

BDO　H_3C　OH　DBTL　LITFSI　PUEEs

图7-1　PUEE合成路线示意图

根据预聚体氨基甲酸酯基团与锂离子摩尔数的比值确定锂盐LiTFSI加入量（溶剂DMC用量按照1 mL溶剂DMC溶解1 g锂盐LiTFSI计算），按照锂盐LiTFSI不同加入量制备系列PUEEs，组成如表7-3所示。氨基甲酸酯基团与锂离子摩尔数比值按照式（7-1）计算。

$$n_{[\mathrm{NHCOO}]/\mathrm{Li}^+}=\frac{\dfrac{m_{PPG}}{M_{n(PPG)}}\times 2}{\dfrac{m_{LiTFSI}}{M_{n(LiTFSI)}}} \qquad (7\text{-}1)$$

式中，m为质量；M_n为分子量。

表7-3　PUEEs的组成

样品	PUEE1	PUEE2	PUEE3	PUEE4	PUEE5	PUEE6	PUEE7
$n_{[\mathrm{NHCOO}]/\mathrm{Li}^+}$	32	16	8	4	2	1	0.5
NCO%	6.5	6.5	6.5	6.5	6.5	6.5	6.5

值得注意的是，样品PUEE7由于锂盐加入量多，溶解锂盐的极性溶剂DMC量相应的也多，大量的极性溶剂导致聚氨酯弹性体固化缓慢，并且固化后弹性体软且表面有粘性，无法进行阳极键合实验，所以本组有效的样品为PUEE1、PUEE2、PUEE3、PUEE4、PUEE5和PUEE6。

7.3 材料表征结果及讨论

7.3.1 红外光谱分析

聚氨酯分子中含有各种不同的特征结构单元，这些单元大多不是由单一的结构所组成，比如氨基甲酸酯基含有C—O—C、N—H和C═O三种结构，在谱图上会有多处吸收峰，也会存在相互干扰和重叠现象，聚氨酯中某些特征结构的吸收峰干扰较小，较易辨别[198]。聚氨酯弹性体含有大量氢键，氢键不仅存在于硬段与硬段之间，也存在于硬段与软段之间。聚氨酯弹性体结构与性能的关系和氢键化的作用密不可分，比如氢键化对其热行为、力学性行为等都有显著影响，氢键效应对红外吸收光谱峰位变化会产生一定影响，所以通过红外光谱分析可以研究其氢键化作用。聚氨酯离子导电弹性体本质上是聚氨酯与锂盐的一种复合材料，锂盐含量的高低直接影响到聚氨酯离子导电弹性体的电学等性能，通过红外光谱分析可以得到聚氨酯中极性基团与锂离子发生络合反应的相关信息[199]。

不同锂盐LiTFSI含量PUEEs的红外谱图如图7-2所示。在2 270 cm^{-1}附近可以观察到吸收峰，表明存在未反应的NCO基，反应体系二异氰酸酯略微过量，过量NCO基与线性分子中氨基甲酸酯基可以生成脲基甲酸酯交联，可以提升PUEE力学性能[200]。在3 250 ~ 3 500 cm^{-1}处吸收峰是未成氢键和成氢键亚氨基—NH伸缩振动峰，并且随着锂盐LiTFSI含量的增加，—NH伸缩振动峰向高波数移动，这是因为有更多的锂离子与羰基C═O和醚基C—O—C中的氧原子产生配位作用，释放出与C═O和C—O—C形成氢键化的—NH基团，形成氢键的原化学键力常数增大。在2 900～3 000cm^{-1}处吸收峰是烃基（CH_2、CH_3）对称和反对称伸缩峰。聚氨酯中的氨基甲酸酯基、脲基、缩二脲基以及酰胺基等都含有羰基C═O，由图7-2所示吸收峰在1 600～1 700 cm^{-1}区域，聚醚型聚氨酯的C═O主要存在于氨基甲酸酯基团中，所以此处可认为是聚氨酯弹性体的特征吸收峰[201]，并且随着LiTFSI含量的增加，C═O伸缩振动峰有向低波数偏移趋势，这是因为C═O中氧原子与锂离子络合，使得自由C═O占比减少，并且电子云密度减弱。在1 520～1 560 cm^{-1}处吸收峰属于—NH基团弯曲振动峰。此外，在1 100 cm^{-1}附近可以看到明显的醚基C—O—C伸缩振动吸收峰，说明合成的聚氨酯属于聚醚型聚氨酯，随着锂盐LiTFSI含量的增加，C—O—C伸缩振动峰向低波数偏移，因为锂离子与C—O—C中氧原子发生配位作用，使其电子云密度降低，自由C—O—C含量减少。在623 cm^{-1}处附近出现了O—Li特征吸收峰。由红外光谱分析可知，通过预聚体法成功制备了聚氨酯型电解质PUEE，预聚体中加入的锂盐被体系中的极性基团所解离，并且锂离子与C═O、C—O—C等基团中氧原子产生络合作用，不同锂盐LiTFSI含量的聚氨酯离子导电弹性体红外谱图特征吸收峰略有区别，这主要是锂盐的作用。

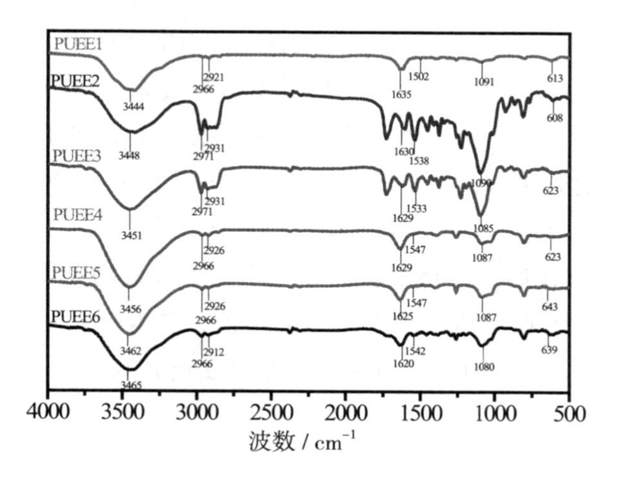

图7-2　不同锂盐LiTFSI含量PUEEs的红外光谱

7.3.2 X–射线衍射分析

聚氨酯弹性体软段含有的C—O单键内旋转频率高，在常温下会形成持续变化的不同构象，时而卷曲收缩，时而扩张伸展，表现得非常柔顺。由二异氰酸酯和扩链剂组成的硬段含有极性的氨基甲酸酯基，以及少量的脲基、苯基，分子链段短，作用力大，靠静电力缔结在一起，不易改变其构象，表现得非常僵硬。软段和硬段在各自的相中可能是无规或者有序排列，也可能是无规和有序共存，软段相和硬段相各自又可能存在非晶态和晶态，聚氨酯弹性体的结晶直接影响着微相的混合与分离，进而影响着材料的性能，了解PUEE结晶行为对研究其结构与性能的关系非常重要[202–204]。

X射线衍射（XRD）可以直接反映聚合物的结晶性，根据衍射图谱特征衍射峰的相对强弱能够对PUEEs结晶度定性分析[205]。图7–3是不同锂盐LiTFSI含量PUEEs的XRD曲线，图中没有明显的锂盐LiTFSI衍射峰，说明溶解在溶剂DMC中的LiTFSI被聚氨酯基体完全解离并与之络合。所有PUEEs样品均在$2\theta \approx 20°$出现一个较强的宽衍射峰，这是聚氨酯基体中软硬段的无规相由于氢键作用部分有序排列所致的衍射峰[206]，并且随着LiTFSI含量的增多，该衍射峰强度逐渐降低，峰型逐渐变宽，说明制备的PUEE存在无定型相，且无定形随着LiTFSI增多而增大。聚氨酯弹性体中的氢键主要是由硬段中的供氢基团（如亚氨基—NH）和供电基团（如羰基C═O）形成的，硬段中的氢键可以促使硬链段的有序排列，随着锂盐LiTFSI含量的递增，锂离子与羰基C═O、醚基C—O—C等极性基团发生配位作用，降低了硬段中亚氨基—NH与羰基C═O以及与软段醚基C—O—C的氢键化作用，使得链段无序化增强。聚合物固体电解质中金属离子的传输主要依赖于体系中的无定形结构，随着锂盐的增多，不仅载荷离子数量增多，而且可以促进聚合物基体使更有利于离子传输。

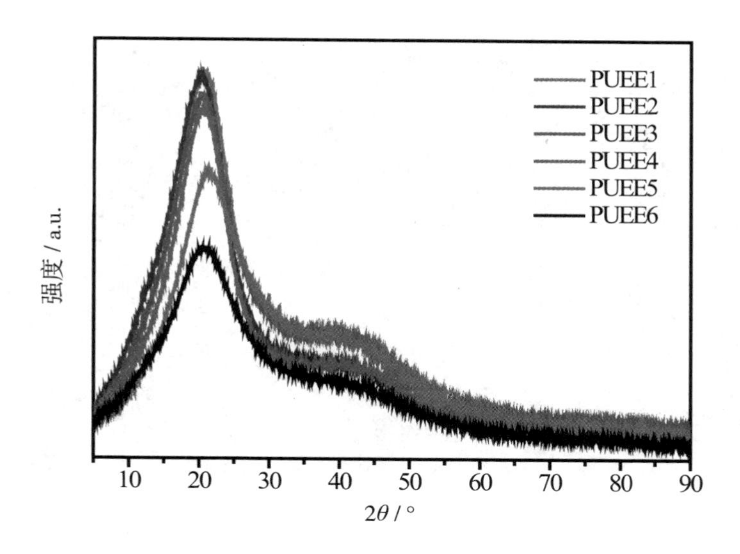

图7-3　不同锂盐LiTFSI含量PUEEs的XRD图谱

7.3.3　PUEE的表面形貌分析

PUE存在软段相和硬段相，软段相多为玻璃态，硬段相可能是玻璃态或者结晶态，也可能两者兼有。当硬段含量小于10%时，硬段溶于软段成为单相；当硬段含量在10%～40%时，硬段分散在软段基质上，软段是连续相，硬段是分散相；当硬段含量在40%～60%时，两相都可能是连续相，两相相互连通或者咬合；当硬段含量大于60%时，软段分散在硬段基质上，硬段是连续相，软段是分散相。PUE的形态决定了其性能，而各种性能差异又反映了形态的不同，PUE硬链段极性强，硬链段和软链段热力学互不相容，硬链段容易聚集在一起分布于软段中，这一现象称为微相分离，微相分离是PUE的物理结构特征，PUE的性能不仅与化学结构有关，还与微相分离程度有关[207]。

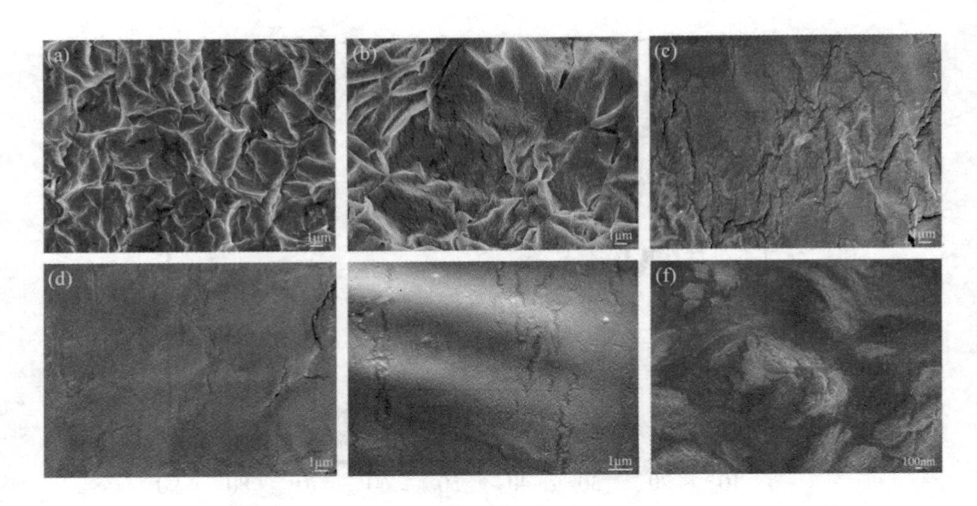

（a）PUEE1 （b）PUEE2 （c）PUEE3 （d）PUEE4 （e）PUEE5 （f）PUEE6

图7–4 不同锂盐LiTFSI含量PUEEs的SEM图

通过扫描电镜对PUEEs样品进行表面观察（图7–4），没有观察到明显的锂盐LiTFSI团聚现象，表明LiTFSI完全溶解在聚氨酯基体中。聚氨酯弹性体是由软段和硬段嵌段形成的高分子材料，其中软段的玻璃化转变温度低于室温，其微观形貌受到化学组成、分子结构以及软硬段混合与分离程度的影响，在图7–4（a）和（b）可以看到明显的微相分离形态，图中分散相和连续相的聚集状态不规整，浅色区域是硬段构成的分散相，深色区域是软段构成的连续相。由图7–4（a）~（e）所示，随着LiTFSI含量的增多，聚氨酯基体微相分离程度降低，这是由于锂离子与硬段羰基C═O等极性基团发生配位作用，致使能提供质子的亚氨基—NH与质子受体羰基C═O氢键化作用减弱，弱化的分子间作用力使得硬段有序化排列降低，因氢键作用形成的硬段聚集体弱化、分解，软硬段之间的相容性增强。另外，溶剂DMC用量同样随着LiTFSI含量的增多而增多，DMC具有增塑作用，可以有效降低分子间的静电力，使得聚合物的结晶性进一步降低，改善软硬段相容性，而且极性溶剂DMC会降低聚氨酯合成过程中NCO基和OH基的活性，在一定程度上也会影响PUEE的微相分离。（f）为放大倍数30 000倍的PUEE6样品表面SEM图，图中可以看到硬段分散在连续相软段相形成的海岛结构，在软段富集的无定形区（深色区域）以及无定形和微晶相的界面区域（深色与浅色交界处）存在离子传输通道，硬段聚集体尺寸越小，硬段微区在软段连续相中分散性越好，软硬段之间的界面区域所占的比例越大，那么界面区域存在的有效导电通道也就越多。聚氨酯基体锂盐LiTFSI含量越多，不仅电荷载体锂离子数量多，而且由于分子内部作用离子传输通道也增多。

7.3.4 热性能分析

聚氨酯弹性体在高温和氧气同时作用下耐热性会变差，一般情况下PUE在空气中长期使用的温度上限为90 ~ 110 ℃[208]，在阳极键合工艺中的热引导预连接步骤中温度较高（80 ~ 140 ℃真空干燥箱中预热处理5 ~ 10 min），所以聚氨酯基体的热稳定性是阳极键合的关键指标，通常习惯于用热分解温度衡量聚氨酯弹性体的热稳定性能[209, 210]。玻璃化转变温度常用来衡量聚合物的低温弹性，也就是所说的分子链段柔顺性。分子链段柔顺性以及分子链段的自由体积影响着金属离子的迁移和元素扩散，所以玻璃化转变温度是聚合物固体电解质性能的另一重要指标。

图7–5（a）是不同锂盐LiTFSI含量PUEEs的TGA曲线，PUEE的5%热分解温度见表7–4。聚氨酯弹性体的热分解温度与分子中各官能团热稳定性、微相分离程度、氢键化作用以及化学成分等有关，可以用5%热分解温度来衡量材料的热稳定性。由表7–4可以看到，随着体系中锂盐LiTFSI含量的增多，PUEE的5%热分解温度有降低的趋势，表明PUEE热稳定性降低。这是因为随着LiTFSI含量增多，锂离子与分子中羰基、醚基等极性基团的配位作用增强，聚氨酯基体分子氢键化作用减弱，特别是硬链段中亚氨基等供氢基团与羰基等供电基团形成的氢键破坏，在聚氨酯基体热分解之前，硬段氢键的保护作用降低。氢键作为一种强的静电力影响着弹性体的聚集态结构，氢键化减弱致使硬链段聚集体减小，硬链段与软链段相容性增强，聚氨酯基体的耐热性首先取决于热降解开始的硬段，硬段有序化的降低以及软硬段相容性的增强均会对耐热性造成影响。通过表7–4可以得到PUEEs的5%热分解

温度都在250 ℃以上，表明制备的样品耐热性全部满足要求，在键合过程的热引导预连接所受最高温度时间短，且不超过150 ℃，阳极键合温度不会对PUEE性能造成破坏。

图7-5（b）是不同锂盐LiTFSI含量聚氨酯离子导电弹性体的DSC曲线，实验中的玻璃化转变温度是指软段由玻璃态向高弹态转变的温度，PUEE的玻璃化转变温度T_g见表7-4所示。通过前面分析可知，随着锂盐LiTFSI用量的增加，硬段氢键化作用减弱，硬段结构的对称性和规整性降低，软硬段的相容性增强，软段溶入更多的硬段，硬段对软段活动性限制增强。另外，更多的锂离子与羰基、醚基等极性基团络合形成物理交联点，也会进一步限制软段的运动，所以PUEE的T_g会有所升高。此外，由表7-4可以看到，所有PUEE样品的T_g都在-30 ℃以下，表明制备PUEEs均有较好的低温柔顺性

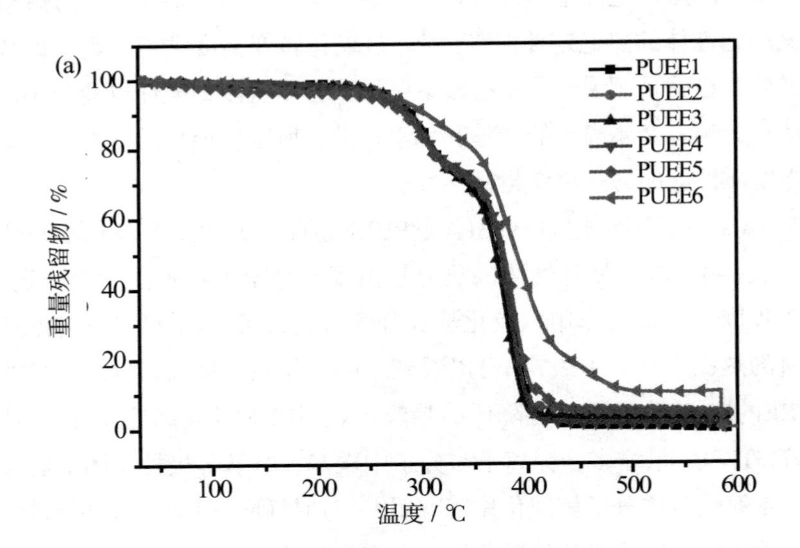

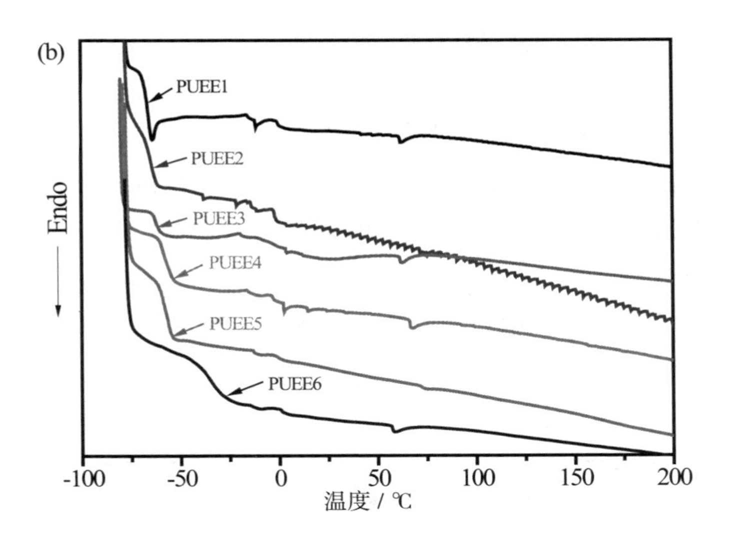

图7-5　不同锂盐LiTFSI含量PUEEs的TGA（a）和DSC（b）曲线

表7-4　聚氨酯离子导电弹性体的热性能

样品	$n_{[NHCOO]/Li^+}$	T_g（℃）	$T_{d,\ 5\%}$（℃）
PUEE1	32	–65.36	273
PUEE2	16	–64.51	270
PUEE3	8	–62.13	268
PUEE4	4	–59.17	264
PUEE5	2	–57.19	255
PUEE6	1	–34.35	261

7.3.5　PUEE的离子传导性能分析

聚合物弹性体阴极材料具备离子导电性是阳极键合反应的必需条件。在阳极键合电场作用下，阴极材料的金属离子不断向阴极迁移而在键合界面区域形成一定宽度的金属离子耗尽层，耗尽层负离子与金属界面发生化学作用而形成永久连接。阳极键合要求阴极材料在键合温度下具有足够多的可移动电荷，其中最简便的方法就是提高阴极材料的锂盐浓度，然而高的锂盐浓度往往会影响阴极材料的其他性能，比如实验所制备的PUEE7室温固化缓慢，且力学性能低不能用于阳极键合，所以制备阴极材料要根据实际情况综合考虑，尽量平衡导电率与其他性能的关系。随着温度的升高，阴极材料的离子导电率会提升，本实验阳极键合温度是55 ℃，实验考查了PUEEs的在室温和55 ℃的离子电导率。

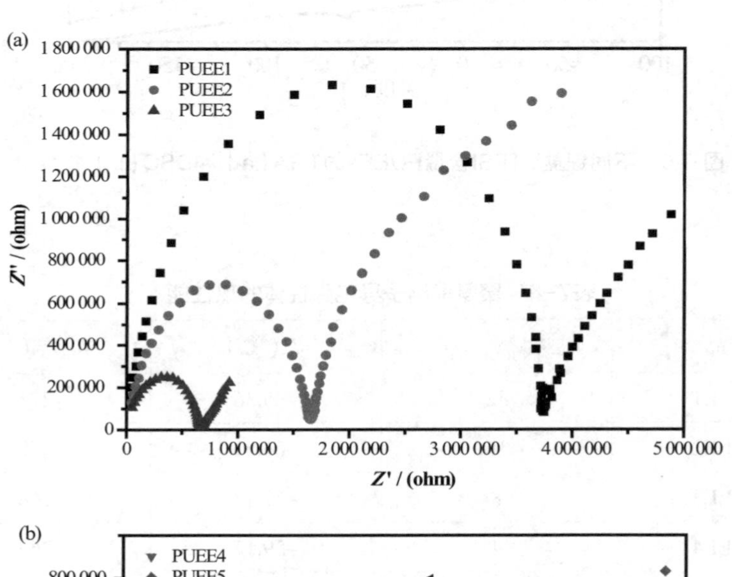

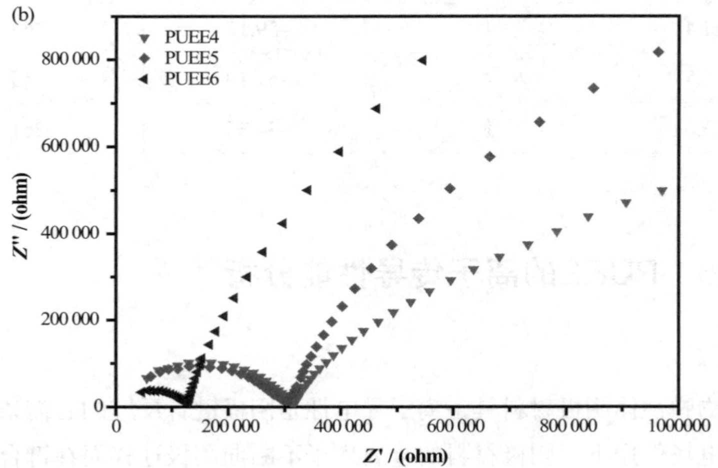

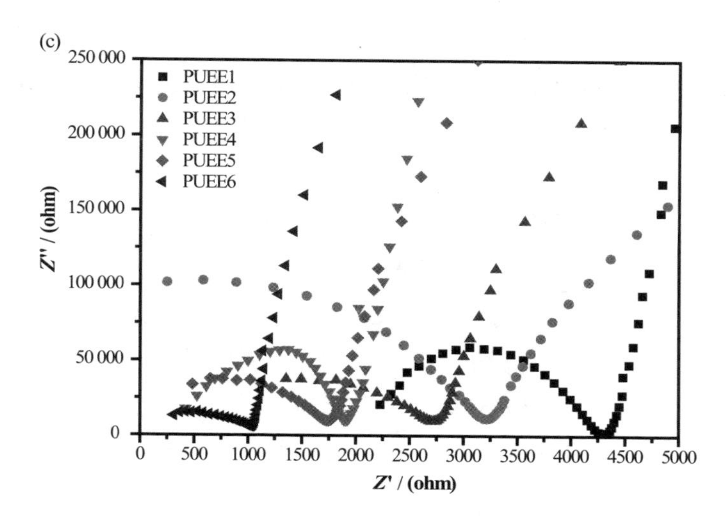

图7-6 在室温测试（a）、（b）和55 ℃测试（c）的不同锂盐LiTFSI含量PUEE的交流阻抗谱图

图7-6为不同锂盐LiTFSI含量聚氨酯离子导电弹性体在室温和55 ℃（阳极键合温度）的交流阻抗谱图，PUEEs离子导电率与LiTFSI含量的关系见表7-5。聚合物链段的极性基团与碱金属离子发生相互作用，碱金属离子的传输主要发生在无定形区和晶相与非晶相的界面区域，依靠分子柔性链段热运动过程中构象与位置的重新排列驱动载流子的迁移，从而实现电荷的传输。由表7-5可知，随着体系中锂盐LiTFSI含量的增多，PUEEs的离子导电率升高，55 ℃最高导电率为9.6×10^{-5} S·cm^{-1}（PUEE6）。不同锂盐的解离活化能不同，LiTFSI阴离子半径较大，较易解离，为了提高LiTFSI在聚氨酯基体的溶解性，使用DMC溶解LiTFSI，在DMC的作用下LiTFSI更易解离和传输，溶于DMC的LiTFSI与聚氨酯基体的相互作用表现在三方面：第一，电解质的导电主要依靠载流子的迁移，随着被聚氨酯基体解离的LiTFSI增多，锂离子数量增多，载电荷随之增加，有利于电导率的提升；第二，通过前面的分析，随着LiTFSI浓度的增多，聚氨酯基体氢键化作用减弱，硬段的有序性和规整性降低，软硬段相容性增强，更多的硬段混入软段连续相中，软硬段的相界面增加，另外氢键化的减弱导致体系无定形相增加，软硬段相界面以及无定形区域都是锂离子迁移的通路；第三，按照固定的比例，溶剂DMC随

着LiTFSI含量的增多也相应增多，DMC可以有效溶解LiTFSI，并且LiTFSI在DMC的作用下可以降低其电导活化能，另外DMC对聚氨酯链段有良好的增容作用，有利于分子链段的运动，有利于锂离子的迁移。

表7-5 PUEEs的离子导电率

样品	$n_{[NHCOO]/Li^+}$	室温		55 ℃	
		本体电阻（Ω）	离子导电率（$S \cdot cm^{-1}$）	本体电阻（Ω）	离子导电率（$S \cdot cm^{-1}$）
PUEE1	32	3 743 729	2.7×10^{-8}	4 308	2.3×10^{-5}
PUEE2	16	1 670 150	6.0×10^{-8}	3 222	3.1×10^{-5}
PUEE3	8	666 806	1.5×10^{-7}	2 725	3.7×10^{-5}
PUEE4	4	322 140	3.1×10^{-7}	1 906	5.2×10^{-5}
PUEE5	2	297 804	3.3×10^{-7}	1 738	5.8×10^{-5}
PUEE6	1	123 186	8.1×10^{-7}	1 044	9.6×10^{-5}

7.3.6 力学性能分析

阳极键合过程中需要阴极材料具备良好的力学性能，比如说要有一定的强度来承受键合过程中施加的载荷，作为柔性封装材料也需要聚合物材料具备稳定的力学性能。聚氨酯弹性体的力学性能在结构方面主要取决于分子链段的规整性、分子的主价力、氢键化作用以及分子链的柔顺性等因素，在制备过程中通常受预聚体NCO%含量、化学成分、扩链系数、支化与交联以及软硬段类型的影响[211]。PUEEs的力学性能如表7-6所示。随着锂盐LiTFSI含量的增加，PUEE硬度、拉伸强度和撕裂强度降低，扯断伸长率升高。这是由于锂离子与羰基、醚基等极性基团络合，导致聚氨酯基体软硬段的氢键化作用减弱，氢键化形成的物理交联网络效应降低，所以表现出硬度、拉伸强度和撕裂强度降低。另外，溶剂DMC的用量随着LiTFSI的浓度同步增加，

DMC属于极性有机溶剂，合成聚氨酯过程中DMC容易与OH基形成氢键缔合，从而会降低OH基与NCO基反应活性，同样会造成PUEE硬度、拉伸强度和撕裂强度降低。通过前面分析，锂盐LiTFSI含量的增加可使聚氨酯基体软硬段相容性增强，硬链段氢键化的减弱促使其无序性增强，更多硬段溶入软段连续相中，由于扯断伸长率和弹性是由软段提供的，所以扯断伸长率会升高。此外溶剂DMC会降低反应体系粘度，可以起到一定的增塑作用，也会改善PUEE的扯断伸长率。

表7-6　PUEEs的力学性能

样品	$n_{[NHCOO]/Li^+}$	邵A硬度	拉伸强度（MPa）	撕裂强度（MPa）	扯断伸长率（%）
PUEE1	32	38	7.4	28.3	386
PUEE2	16	32	6.1	24.6	401
PUEE3	8	29	5.7	20.5	393
PUEE4	4	22	5.3	18.4	425
PUEE5	2	20	4.8	13.5	431
PUEE6	1	19	4.3	11.8	443

7.4　PUEE/Al阳极键合试验及分析

根据聚合物材料PUEE的性能特点，实验采用设计的热引导动态场阳极键合工艺。为了延长键合时间以及保证键合质量，采用由高渐低动态变化的梯度电场，将表面处理后经过热引导预连接的样品，在较低温度和较低压力下进行阳极键合连接。具体实验步骤如下：

（1）待键合基片表面清洗。铝片分别在丙酮、无水乙醇、去离子水超声清洗20 ~ 30 min，然后置于真空干燥箱干燥30 ~ 60 min。将制备好的聚氨酯离子导电弹性体PUEEs首先用棉棒蘸取丙酮清洗表面，再分别置于无水乙醇和去离子水中超声清洗5 ~ 10 min。通过表面清洗有效去除基片表面粉尘、有机污染物，提高表面清洁度。

（2）待键合基片表面活化处理。对PUEEs待键合表面进行反应性气体低温等离子体表面处理，时间为5 ~ 10 min，以提高表面亲水性，引入含氧官能团，增强表面极性和反应活性，改善材料的表面粘合性能。将铝片浸在30 ~ 50 ℃的NH_4OH、H_2O_2、H_2O混合溶液（NH_4OH:H_2O_2:H_2O=4:1:6）10 ~ 20 min，使其表面存在一定数量的OH基团，进一步有利于键合。

（3）热引导预连接。将PUEEs置于80 ~ 140 ℃真空干燥箱中预热处理5 ~ 10 min，使得弹性体接近软化，整体足够柔顺，表面容易贴合且呈微粘性。将铝片在真空干燥箱150 ~ 200 ℃下预热15 min，使其温度略高于弹性体表面。

将预热后的PUEEs和铝片立即进行层叠贴合且施加恒定压力0.05 ~ 0.2 MPa，放置在40 ~ 60 ℃真空干燥箱中2 ~ 6 h，卸载压力后室温下静置24 h。

（4）梯度电场阳极键合：将预连接的PUEEs和铝片置于阳极键合设备中，设定温度55 ℃，设定载荷0.05 MPa，设定电压0.7 kV。待准备工作完毕后接通电流开始键合，10 ~ 50 s内电流逐渐达到最大值（10 ~ 20 mA），随后电流开始下降；当电流降速明显减慢或者电流下降出现停滞现象时，立即调低键合电压，调幅为初设值的1/2 ~ 1/4；当电流降速再次明显减慢或者电流下降再次出现停滞现象时，继续调低键合电压，调幅为上一次稳定值的1/2 ~ 1/4，重复此步骤，直到电流值稳定在较小数值，且保持5 ~ 10 s不返弹，此时阳极键合结束。卸载施加的压力，键合后的PUEEs和铝片随炉冷却至室温。

7.4.1 PUEE/Al阳极键合时间–电流特性

阳极键合是依靠含有碱金属离子的固态电解质极化的电化学过程。在电场、温度场和压力场的共同作用下，通过阴极材料中碱金属离子迁移形成强大的界面静电场吸引力，界面间紧密贴合，阳极材料和阴极材料元素相互扩散并生成新物质，产生永久连接。电场强度、键合温度、键合压力以及键合时间对其产生关键影响，实验采用设计的热引导动态场阳极键合工艺，根据所制备PUEEs的性能特点，设定键合温度55 ℃，电场强度0.7 kV，键合载荷0.05 MPa，PUEEs/Al阳极键合时间–电流特性曲线如图7–7所示，峰值电流与键合时间见表7–7。阳极键合开始后，在电场、热场、压力场共同作用下，PUEE通过溶解在基体中的锂离子借助高分子链段的柔性运动跨越能垒，通过锂离子与分子链极性基团间不断发生的络合、解络合行为发生离子迁移与扩散，锂离子在电场作用下定向运动产生电流。随着锂盐LiTFSI含量的增加，PUEEs/Al阳极键合的峰值电流逐步增大，键合时间相应增加。由图7–7可以看到，阳极键合开始后在很短时间内（15 ~ 25 s）键合电流达到最大，随后逐渐降低，直到稳定到最低值时键合结束。电流变化是阳极键合过程最直接的反应，键合起始阶段电场均匀分布在PUEE上，在强电场作用下锂离子快速向阴极迁移并在阴极区富集，在键合界面处快速形成阳离子耗尽层，该过程电流迅速增加。随着阳离子耗尽层宽度逐步增大，大部分电压作用在耗尽层中，多数锂离子完成迁移，电流开始下降，锂离子由瞬时高密度迁移转向低密度稳态迁移。随着耗尽层宽度达到最大，外加电场全部集中在耗尽层中，离子迁移趋于饱和，电流稳定在最低值，所以键合电流先快速增加，到达峰值后再缓慢下降。LiTFSI含量的增加使得被基体解离后获得的锂离子数量增多，并且载流子不受聚氨酯共价键的约束，在柔性链段热运动的驱动下向阴极迁移，体系载电荷能力增强，所以表现出峰值电流增大。通过前面分析，LiTFSI的增加对聚氨酯基体也会产生影响，聚氨酯基体氢键化减弱，硬段无序性增强，锂离子迁移的阻抗性降低，软硬段无定形比例增大，由于锂离子迁移的通道富集在无定形相中，表现为锂离子动力学通道增多，所以阳极键合的峰值电流随着锂盐LiTFSI含量的增加而增大。无论是载流子数量的增多，还是电解质基体离子迁移活化能的降低，都会促进锂离子运动，界面反应更加充分，阳极键合时间延长。由图中可以看到，电流下降过程较缓慢，并且下降曲线有出现水平甚至略微上升迹象，随后又急速下降，这是由于在阳极键合过程中采取的动态梯度电场，当下降电流出现停滞甚至有回弹趋势时，此时PUEE极有可能将被击穿，为了延长键合时间以提高键合质量，采取及时降低键合电压使键合反应继续进行，那么电流也会随着电压快速下降。

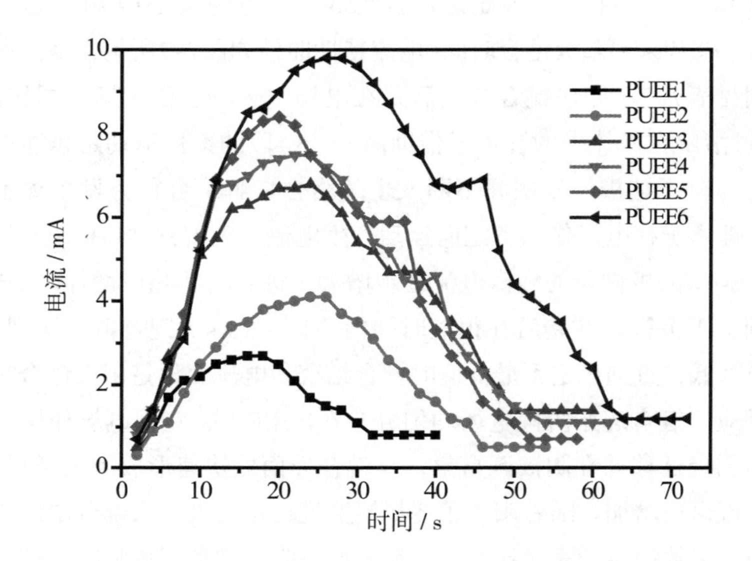

图7-7 PUEEs/Al阳极键合时间-电流特性

表7-7 PUEE/Al阳极键合峰值电流与键合时间

样品	$n_{[NHCOO]/Li^+}$	键合电压（kV）	键合温度（℃）	键合压强（MPa）	峰值电流（mA）	键合时间（s）
PUEE1/Al	32	0.7	55	0.05	2.7	32
PUEE2/Al	16	0.7	55	0.05	4.1	46
PUEE3/Al	8	0.7	55	0.05	6.7	52
PUEE4/Al	4	0.7	55	0.05	7.5	51
PUEE5/Al	2	0.7	55	0.05	8.4	54
PUEE6/Al	1	0.7	55	0.05	9.8	66

7.4.2 PUEE/Al阳极键合界面形貌

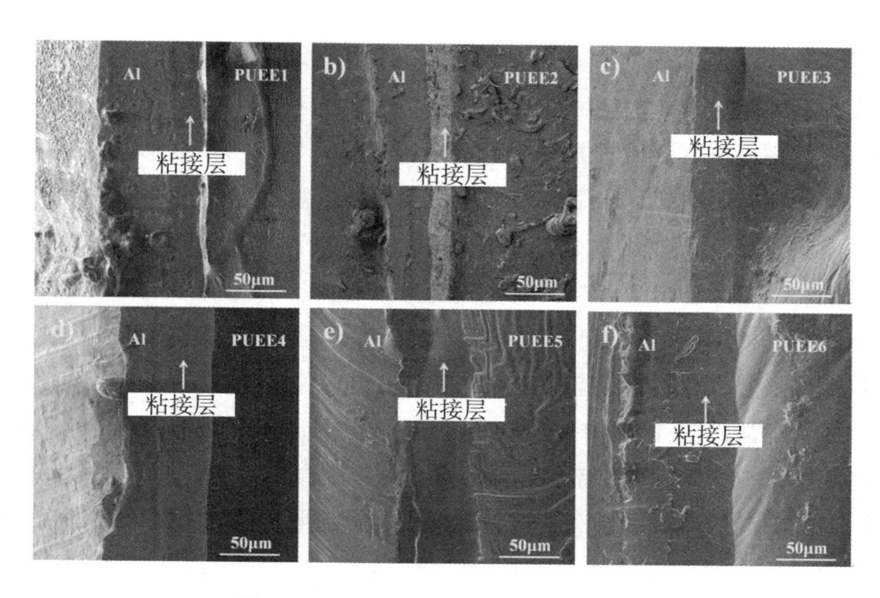

图7-8 PUEEs/Al阳极键合界面SEM图

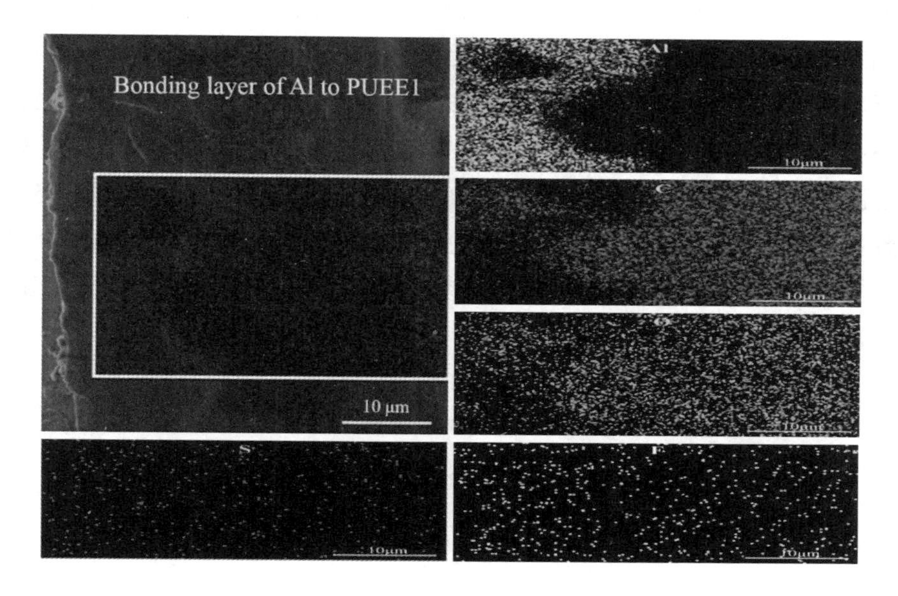

图7-9 PUEE1/Al阳极键合界面EDS图

阳极键合能够实现固态连接的关键在于界面处生成了新的氧化层物质，氧化层物质是中间键合层的重要组成，键合层的形貌以及分布状态可以作为阳极键合质量评判的重要依据。阳极键合对阴极材料要求较高，首要的是含有足够的碱金属离子，在键合条件下碱金属离子向阴极迁移且在键合界面处形成一定宽度的阳离子耗尽层，大部分电压作用于耗尽层上，强大的界面电场力促使阴极材料和阳极材料紧密接触且界面处发生塑性变形和微观蠕变，在多场耦合作用下耗尽层中阴离子与阳极材料元素相互扩散并发生反应形成氧化层物质，不同密度的化学氧化层共同构成了键合层形成永久连接。图7–8是放大1 000倍的PUEEs/Al阳极键合界面SEM图，PUEE1～PUEE6均可以清晰的看到PUEE和Al中间的连接键合层，键合层没有出现孔隙和裂纹，界面致密，呈竖直分布，形态良好。

随着锂盐LiTFSI含量的增加，键合层宽度相应增加（PUEE1～PUEE6）。通过阳极键合时间–电流特性分析得到，LiTFSI含量增加，体系中载流子数量增多，载电荷能力增强，另外聚氨酯基体无定形相比例增大，离子迁移能垒降低，所以峰值电流增加。峰值电流反映出阳极键合离子扩散的活跃程度，峰值电流增大，键合时间延长，键合反应越充分，有利于形成较宽的键合层，理论上阳极键合质量越好。以PUEE1与Al阳极键合界面的EDS图为例（图7–9），可以清晰观察到界面处各元素的变化，Al、S、O、C、F元素在界面处发生明显的相互扩散。S和F都是LiTFSI的组成元素，在界面处扩散较均匀；O和C是聚氨酯基体和LiTFSI的组成元素，可以观察到向阳极Al中扩散，且元素浓度呈梯度分布；Al元素向PUEE1中扩散，在PUEE1侧可以观察到少量的Al，界面处主要元素Al、O、C的分布呈现“啮合”状，各元素在电场能、热场能及化学能作用下克服自身势垒定向扩散，“啮合”状的元素分布也会起到增强连接的作用。

7.4.3 PUEE/Al阳极键合界面强度及键合机理

PUEEs/Al阳极键合界面的拉伸性能测试结果如表7–8所示，键合界面的拉伸强度随着LiTFSI含量增加而增大，最大拉伸强度达到0.45 MPa（PUEE6/Al）。键合界面强度是阳极键合质量评价的重要指标，随着PUEEs的LiTFSI含量增加，键合峰值电流增大，键合时间延长，通过扫描电镜观察到界面键合层宽度增大，键合界面强度升高。

表7-8 PUEEs/Al阳极键合界面力学性能

样品	$n_{[NHCOO]/Li^+}$	峰值电流（mA）	键合时间（s）	最大载荷（N）	横截面积（mm^2）	拉伸强度（MPa）
PUEE1/Al	32	2.7	32	15.75	50.24	0.31
PUEE2/Al	16	4.1	46	15.91	50.24	0.32
PUEE3/Al	8	6.7	52	17.77	50.24	0.35
PUEE4/Al	4	7.5	51	19.53	50.24	0.39
PUEE5/Al	2	8.4	54	20.01	50.24	0.40
PUEE6/Al	1	9.8	66	22.60	50.24	0.45

结合实验和分析，PUEEs/Al键合机理可作如下说明：在热能、电场能及化学能共同作用下，键合前经过活化处理的PUEEs内部的锂离子会克服势垒的束缚定向迁移和扩散，聚氨酯基体内部的无定形相、晶相和非晶相的界面区域给离子迁移提供了足够的通道，软段的热运动促进了离子的迁移和元素扩散。由于锂离子的迁移激活能取值不同，锂离子的迁移不会同时进行，所以键合电流发生变化，表现为先增大后降低。随着锂离子向阴极的不断迁移和富集，在界面处产生了阳离子耗尽层，耗尽层宽度逐渐增大，电场强度大部分落到耗尽层，强大的电场力使得PUEE键合界面处发生微观蠕动，键合界面接触更加紧密，PUEE耗尽层中的带负电粒子克服化学键的束缚向Al界面扩散，阳离子耗尽层提供的大量空位给Al原子向PUEE扩散和复合提供了机会，所以界面耗尽层的不同粒子按照一定的浓度梯度交互扩散，在条件满足时发生化学反应形成氧化层物质，由不同的氧化层物质最终构成了永久键合连接层。电流峰值越大，衰减速度越慢，Al、S、O、C、F等粒子的充分扩散，通过键合反应形成的键合层越宽，表现为键合强度越高。

7.5 本章小结

本章成功制备了浇注型PUEEs阴极材料，并在室温下固化成型，所制备的PUEEs材料力学性能良好。红外光谱可以识别到亚氨基、醚键、羰基等聚氨酯弹性体的特征官能团，不同的LiTFSI含量影响着聚氨酯分子链段的氢键化，锂离子与聚氨酯中羰基、醚基等极性基团产生络合作用。XRD和DSC测试结果表明，LiTFSI完全溶解在聚氨酯基体中，制备的PUEEs具有无定形结构和良好的低温柔顺性，其分子链运动能力随着LiTFSI的增多呈现降低趋势。SEM和TGA测试结果表明，PUEEs呈现明显的微相分离形态，LiTFSI在聚氨酯基体中溶解性好，没有团聚；PUEEs的5%热分解温度均在250 ℃以上，符合阳极键合对材料耐热性的要求。通过PUEEs交流阻抗谱分析，PUEEs的离子导电率随着LiTFSI含量的增加而提高，在55 ℃时最大导电率可达9.6×10^{-5} $S\cdot cm^{-1}$（PUEE6）。

采用设计的热引导动态场阳极键合工艺，将制备的PUEEs与Al片成功进行阳极键合连接（PUEEs/Al），并对其键合性能进行研究。随着PUEEs的LiTFSI含量增加，阳极键合的峰值电流增大，键合时间相应延长。通过SEM图在PUEEs/Al键合界面处可观察到平整致密的键合层，EDS检测到键合界面处Al、S、O、C、F元素相互扩散，表明发生了键合作用，键合层的强度最高可达0.45 MPa（PUEE6/Al）。在制备的系列阴极材料PUEEs中，PUEE6与Al片键合性能最佳。

第8章 HBPUEE的柔性阳极键合

8.1 引言

研究表明，聚合物电解质离子的传输通道主要存在于其无定形结构及晶相和非晶相的相界面内，聚合物的结晶度越低，分子链段柔顺性越强，越有利于离子传输[212]。超支化聚合物是20世纪80年代发展起来的，是具有三维立体结构的树状支化大分子，其精细的多支化结构使得聚合物分子链缠结聚集少、结晶度低和溶解性高，超支化结构含有众多的端基官能团可以更加适合进行分子修饰和改性，超支化独特的结构已经成为聚合物合成的热点研究领域[213]。将超支化结构引入到前一章制备的阴极材料PUEEs，可以有效降低结晶度、增大无定形比例，大量的端基功能化基团可以有效溶解锂盐并与金属离子发生作用，而且超支化结构存在的大量"间隙"可以给离子迁移和扩散提供一个特殊的通道，所以超支化结构的聚合物电解质可以有效促进离子的迁移和元素的扩散，超支化结构的聚合物电解质具有很大的开发应用潜能，在阳极键合应用中具有重要意义。

在前一章研究基础上确定锂盐最佳配比，本章通过引入不同官能度的扩链体系，采用预聚体法制备不同支化度的超支化聚氨酯离子导电弹性体HBPUEEs。同时，研究了不同支化度对HBPUEEs分子结构、表面形貌、热性能、离子导电性以及力学性能的影响。将所制备的HBPUEEs与Al片进行阳极键合连接，并研究分析HBPUEEs/Al的键合性能，通过阳极键合实验确定阴极材料HBPUEE最佳支化度。

8.2 固体聚合物电解质HBPUEE的制备

8.2.1 实验主要原料及仪器

实验过程中用到的主要原料和生产厂商见表8-1。

表8-1 实验主要原料

名称	英文简称/分子式	规格	厂商
2，4-甲苯二异氰酸酯	TDI-100	分析纯	国药试剂
聚丙二醇	PPG	分子量M_n=2 000，分析纯	安耐吉化学
双三氟甲基磺酰亚胺锂	LiTFSI	分析纯	安耐吉化学
1，4-丁二醇	BDO	分析纯	安耐吉化学
三羟甲基丙烷	TMP	分析纯	安耐吉化学
碳酸二甲酯	DMC	分析纯	安耐吉化学
二月桂酸二丁基锡	DBTL	分析纯	安耐吉化学

续表

名称	英文简称/分子式	规格	厂商
铝片	Al	纯度>99%，厚度0.2 mm	国药试剂
丙酮	CH_3COCH_3	分析纯	国药试剂
无水乙醇	C_2H_6O	分析纯	国药试剂
氨水	NH_4OH	分析纯	国药试剂
双氧水	H_2O_2	分析纯	国药试剂

实验过程中用到的主要仪器名称、型号和生产厂商见上一章节。

8.2.2　HBPUEE的制备

设定预聚体NCO%为6.5，扩链系数取0.9，根据 $n_{[NHCOO]/Li^+}=1$ [前章公式（7-1）] 计算锂盐加入量。采用预聚体法制备浇注型超支化聚氨酯离子导电弹性体（HBPUEEs），并在室温下固化成型，合成路线示意图如图8-1所示。

预聚体电解质的合成：将计量的聚醚二醇PPG加入配有搅拌器、温度计、真空系统和电加热套的三口烧瓶中，在100～110 ℃下真空脱水1 h。然后降温到30～50 ℃，加入二异氰酸酯TDI-100，待自然升温停止后，缓慢加热至70～80 ℃，保温反应2 h后得到预聚体，取样分析NCO基含量，当NCO%含量达到设定值时，室温下在该预聚体中加入计量溶解于极性溶剂DMC的锂盐LiTFSI，搅拌90 min后密封静置3～6 h备用。

弹性体的制备：将计量的扩链剂BDO和交联剂TMP在100～110 ℃下真空脱水1 h，加入适量催化剂DBTL均匀混合，然后加入到合成好的预聚体电解质中，快速搅拌2～4 min，注意观察温度变化并记录，快速放入抽真空装置中进行脱泡30～90 s，把制备好的混合物快速浇注于涂有脱膜剂的聚四氟乙烯模具中，室温固化7～10 d。

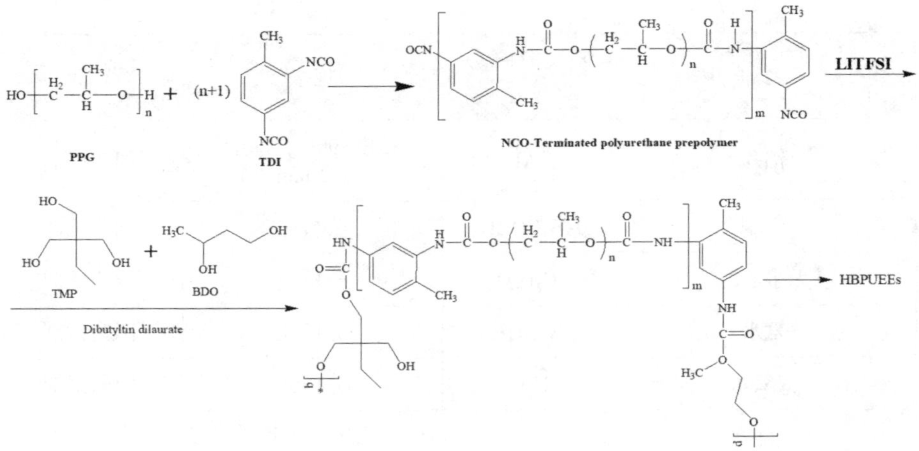

图8-1 HBPUEEs的合成路线示意图

根据TMP和BDO摩尔比的不同（n_{TMP} / n_{BDO}）制备系列HBPUEEs，其组成如表8-2所示。

表8-2 HBPUEEs的组成

样品	HBPUEE1	HBPUEE2	HBPUEE3	HBPUEE4	HBPUEE5	HBPUEE6
n_{TMP} / n_{BDO}	0.15/0.75	0.3/0.6	0.45/0.45	0.6/0.3	0.75/0.15	0.9/0
$n_{[NHCOO]/Li^+}$	1	1	1	1	1	1
NCO%	6.5	6.5	6.5	6.5	6.5	6.5

8.3　材料表征结果及讨论

8.3.1　HBPUEE的红外光谱分析

聚氨酯材料种类繁多，其分子结构除了含有氨基甲酸酯基、烃基等特征基团外，还可能会存在脲基、酰胺基、醚基等结构，化学结构的复杂性决定了其性能的多样性，红外光谱图具有“指纹识别”性，适合对化学结构进行定性分析[214]。不同支化度的HBPUEEs红外光谱如图8–2所示。亚氨基（—NH）在3 250 ~ 3 500 cm^{-1}处有吸收峰，羟基在3 400 ~ 3 500 cm^{-1}处也有吸收峰，聚氨酯中羟基含量少，此区域吸收峰是大量未成氢键和成氢键的—NH伸缩振动峰，并且随着扩链交联剂TMP和BDO摩尔比（n_{TMP} / n_{BDO}）的增加，—NH伸缩振动峰偏向高波数，这可能是因为三官能度TMP增加了体系的化学交联度，一定程度上使分子间距增加，进而减弱了亚氨基—NH与醚基C—O—C和羰基C═O的氢键化物理作用。在2 900 ~ 3 000cm^{-1}区域是烃基（CH_2、CH_3）的对称和反对称伸缩峰。在1 610 ~ 1 780 cm^{-1}区域有羰基C═O的伸缩振动峰，聚氨酯中C═O广泛存在于氨基甲酸酯基、酰胺基、脲基等基团，并且以氨基甲酸酯基为主，可视为聚氨酯弹性体的特征吸收峰。位于1 100 cm^{-1}附近是醚基C—O—C的伸缩振动峰，说明聚醚构成了HBPUEEs的软段部分，C—O—C和C═O等极性基团的O原子可以和锂离子产生配位作用，柔顺的聚醚软段的热运动可以促进锂离子的迁移。在615 cm^{-1}处附近有O—Li特征吸收峰，说明聚氨酯中极性基团中的O原子与锂离子发生络合，而不是简单的物理混合。主链结构和分子链的支化度在很大程度上影响着聚氨酯弹性体的性能，在锂盐含量保持不变的条件下，进一步提高化学支化度，聚氨酯基体对锂盐产生解离和络合的能力和方式会不同，进而会影响HBPUEEs的性能。

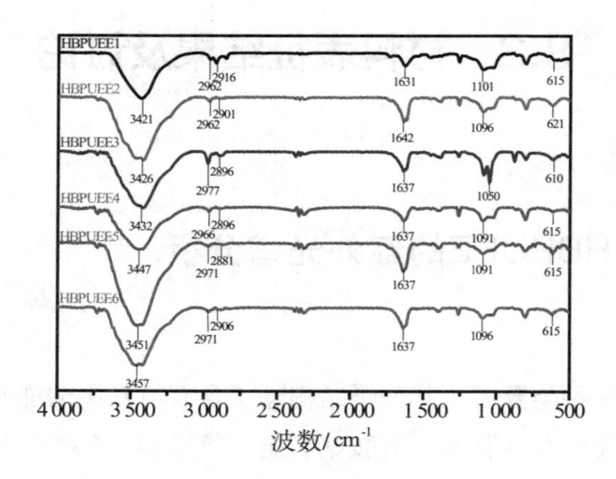

图8-2　不同支化度的HBPUEEs的红外光谱

8.3.2　X-射线衍射分析

聚氨酯分子主链上含有多种基团，分为软段和硬段，软硬段不相容，彼此分离构成软段相和硬段相，软段相和硬段相各自又可能是晶态或者非晶态，或者两者共存，这种两相结构以及聚集态是影响材料物理化学性能的直接因素。

不同支化度HBPUEEs的XRD如图8-3所示。所有HBPUEEs均在$2\theta\approx20°$附近出现一个明显的衍射宽峰，单一漫射峰表明为非晶嵌段，这是聚氨酯基体软硬段的非晶玻璃态中由于氢键化作用而有序排列的硬段区域。随着扩链交联剂TMP和BDO摩尔比（n_{TMP} / n_{BDO}）的增加，体系支化度增加，图8-3中衍射峰强度减弱，宽度增加。随着化学交联度的增加，HBPUEEs大分子呈现出三维立体结构，分子间距相对增加，从而减弱了亚氨基—NH与羰基C═O等的氢键化作用，硬段排列的无序性增强，无定形区域增大。另外，支化点的增加会破坏分子链的有序规整排列，链段取向发生错乱，结晶行为进一步受到限制，因此分子的支化程度是表征超支化聚合物结构的重要参数。图8-3中没有看到明显的锂盐LiTFSI衍射峰，表明LiTFSI完全溶解在聚氨酯基体中并与之发生作用。聚氨酯离子导电弹性体中锂离子迁移的路径主要存在于无定形区域，聚氨酯基体的超支化结构使聚合物难以结晶，是离子传输和扩散的理想基体。

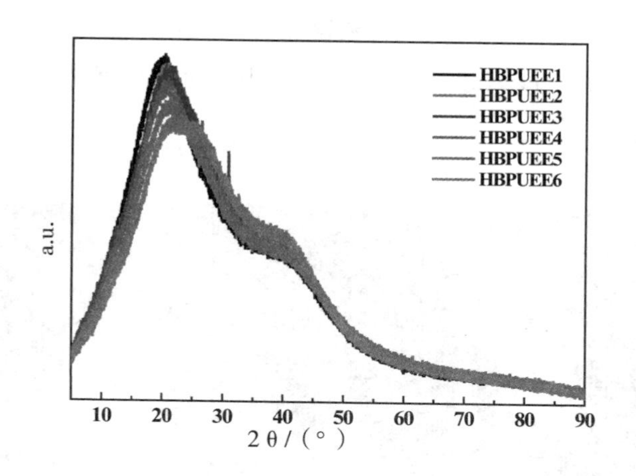

图8–3 不同支化度的HBPUEEs 的XRD图谱

8.3.3 表面形貌分析

聚氨酯分子结构中亚甲基、醚基等基团构成柔性链段，氨基甲酸酯基、脲基等基团构成刚性链段，两种嵌段热力学不相容，软硬段在聚合物中分别聚集在一起形成软段相、硬段相的微相分离形态。结晶性、氢键化作用以及侧链和交联等都会对微相分离造成影响，在聚氨酯弹性体的研究中通常以形态的变化、两相的分离与混合来说明形态与性能的关系。

图8–4是放大1 000倍的不同支化度的HBPUEEs表面SEM图，可以观察到聚氨酯的微相分离结构，图中暗色区域是软段富集的连续相，亮白色区域是硬段聚集的分散相。图8–4（a）和（b）可以看到明显的锂盐LiTFSI团聚体，随着聚氨酯支化程度的增加，LiTFSI团聚体减少，LiTFSI溶解性提高，图（f）基本上观察不到LiTFSI团聚体，这是因为超支化聚合物由于分子支化程度高，大分子具有球状外形，分子表面积增大，超支化聚合物存在大量的功能

性端基官能团，可以有效对LiTFSI解离和络合，所以超支化结构可以提高聚合物对锂盐的溶解性。另外，高度支化的结构内部含有很多“空腔”，为锂离子的传输提供良好的空间[215]。聚氨酯高度支化的结构可以降低体系结晶性，大量活性端基可以充分与锂盐发生作用，所以超支化结构是聚合物电解质的良好基体。

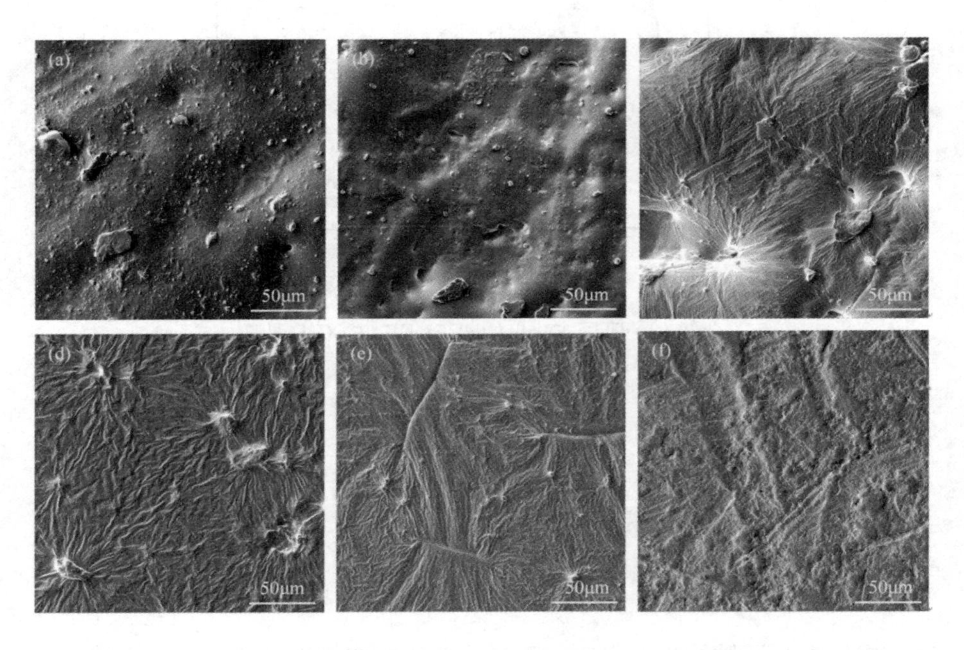

图8-4 不同支化度HBPUEEs的SEM图

（a）HBPUEE1；（b）HBPUEE2；（c）HBPUEE3；（d）HBPUEE4；（e）HBPUEE5；（f）HBPUEE6

8.3.4 热性能分析

HBPUEEs的热稳定性受化学成分、分子量以及交联等因素的影响，聚氨酯弹性体的热分解首先发生在硬段，软段在高温下短时间内不会很快被氧化和降解，硬段的耐热性直接影响着聚氨酯的热稳定性[216]。实验用5%热分解温度来评价材料的耐热性，图8-5（a）是不同支化度HBPUEEs的TGA曲线，5%热分解温度见表8-3所示。

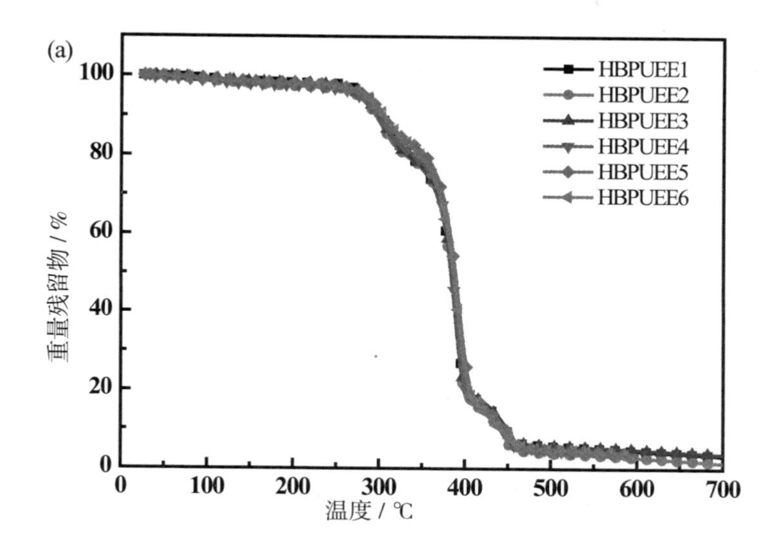

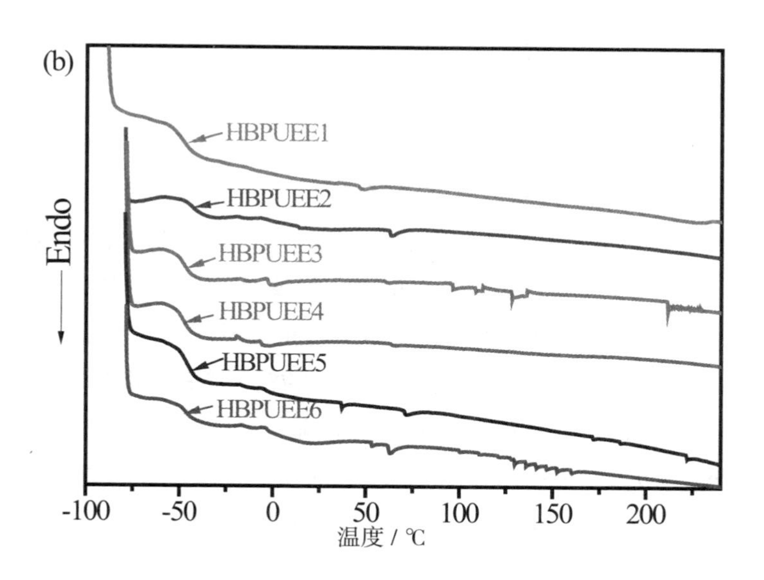

图8-5　不同支化度HBPUEEs的TGA（a）和DSC（b）曲线

表8-3 HBPUEEs的热性能

样品	$n_{[NHCOO]/Li^+}$	n_{TMP} / n_{BDO}	T_g（℃）	$T_{d,\ 5\%}$（℃）
HBPUEE1	1	0.15/0.75	−39.07	278
HBPUEE2	1	0.3/0.6	−43.80	275
HBPUEE3	1	0.45/0.45	−47.95	276
HBPUEE4	1	0.6/0.3	−47.43	279
HBPUEE5	1	0.75/0.15	−46.11	281
HBPUEE6	1	0.9/0	−47.21	284

随着体系扩链交联剂TMP和BDO摩尔比（n_{TMP} / n_{BDO}）的增加，HBPUEEs支化度增加，5%热分解温度$T_{d,\ 5\%}$有增大的趋势。通过前面的分析，化学交联度的增加促使硬段氢键化作用减弱，硬段有序化的降低会促使其耐热性下降。但是超支化结构的分子体积和位阻很大，高的交联密度会对分子链的热运动造成限制，要想破坏化学交联结构会需要更多的能量，所以支化度增加又有利于HBPUEEs热稳定性的提升，对于聚合物的热稳定性而言，化学交联度的影响效应要大于氢键化对其热稳定性的影响，所以HBPUEEs的$T_{d,\ 5\%}$有增大趋势。由表8-3得到，所制备HBPUEEs的$T_{d,\ 5\%}$均大于270 ℃，表明HBPUEEs热稳定性良好，适用于阳极键合应用。

高聚物的非晶部分，在玻璃化转变温度T_g以下，分子运动基本冻结，在聚合物电解质中锂离子迁移就没有了原动力；在玻璃化转变温度以上，分子热运动活跃，热容量变大，所以玻璃化转变温度T_g是衡量聚合物电解质的重要指标[217]。影响聚合物T_g的因素有很多，如聚合物化学机构、相对分子质量、结晶度、交联度、热历史效应、应力历史以及形态历史等。图8-5（b）是不同支化度HBPUEEs的DSC曲线，实验中的T_g特指软段由玻璃态向高弹态转变的温度，HBPUEEs的T_g见表8-3所示。随着体系扩链交联剂TMP和BDO摩尔比（n_{TMP} / n_{BDO}）的增加，HBPUEEs的支化度增加，T_g先降低后增加，当TMP和BDO摩尔比为0.45/0.45（HBPUEE3）时，T_g值最低。这是由于支化度的递增使得分子体积逐渐增大，分子间距离有所增加，聚氨酯分子氢键化作用降低，特别是硬段和软段之间氢键的破坏使得硬段对软段的限制降低，所以T_g降低。另外，分子链逐步呈现近似球形的三维结构，不容易像线性聚合物那样形成大量的分子缠结，分子的自由体积增加，这也会促使T_g降低。但是随着体系支化度的进一步增大，软段相纯度变差，更多的硬段分散到连续的软段相中，限制了软段的热运动。此外，化学交联点的存在也会也会明显制约分子链的活动，所以HBPUEEs的T_g又会随之上升。

8.3.5 HBPUEE的离子传导性能分析

理论上具有电解质属性的阴极材料载流子数量越多，离子导电率越高，越有利于阳极键合，在锂盐LiTFSI最佳配比的情况下，只有进一步提高聚氨酯基体的溶盐效应和锂离子传导能力，才能进一步提高离子导电率[218]。超支化聚合物大分子具有三维立体结构，分子链无缠结，对锂盐具有独特的溶解能力，这些特性都会影响体系的离子导电性。图8-6为不同支化度HBPUEEs的交流阻抗谱图，HBPUEEs的离子导电率与分子支化度的关系见表8-4。从图中可以看出，随着体系扩链交联剂TMP和BDO摩尔比（n_{TMP}/n_{BDO}）的增加，HBPUEEs支化度增加，离子导电率先增大后降低，在阳极键合温度下（60 ℃）样品的最高离子导电率达到2.4×10^{-4} S·cm^{-1}（HBPUEE3）。聚合物电解质能够导电的根本原因是载电荷锂离子的定向迁移，离子导电与电子导电最大的不同是电荷载体锂离子的体积比电子大得多，载流子体积会对导电率造成影响。随着支化度的逐渐增加，HBPUEEs分子量逐渐增大，且呈三维立体“球状”结构，分子链缠结少，分子间存在众多的“空隙”，超支化分子特有的“三维网络”结构有利于体积“较大”的锂离子运动；超支化聚合物中众多化学交联支化点的存在抑制分子链之间的有序规整排列，致使体系结晶困难，无定形相增多，同样有利于锂离子的迁移；超支化聚合物有大量含有极性基团的端基，可以高效溶解锂盐，所以随着支化度的提高，导电率先增加。通过前面的热性能DSC分析，随着TMP和BDO摩尔比（n_{TMP}/n_{BDO}）的不断增大，HBPUEEs的T_g先降低后缓慢上升，T_g的变化会对导电率产生影响。在T_g温度以下分子链段僵硬，锂离子难以扩散，在T_g温度以上分子链解冻，高分子链段松弛运动可促进锂离子的迁移，分子自由体积的增大，锂离子的运动加快，所以T_g温度升高，分子链段的运动能力减弱，锂离子迁移能力降低。另外，增加的许多支化点同样会限制分子链运动的自由度，所以HBPUEEs的离子电导率有下降的趋势（HBPUEE3~HBPUEE6）。

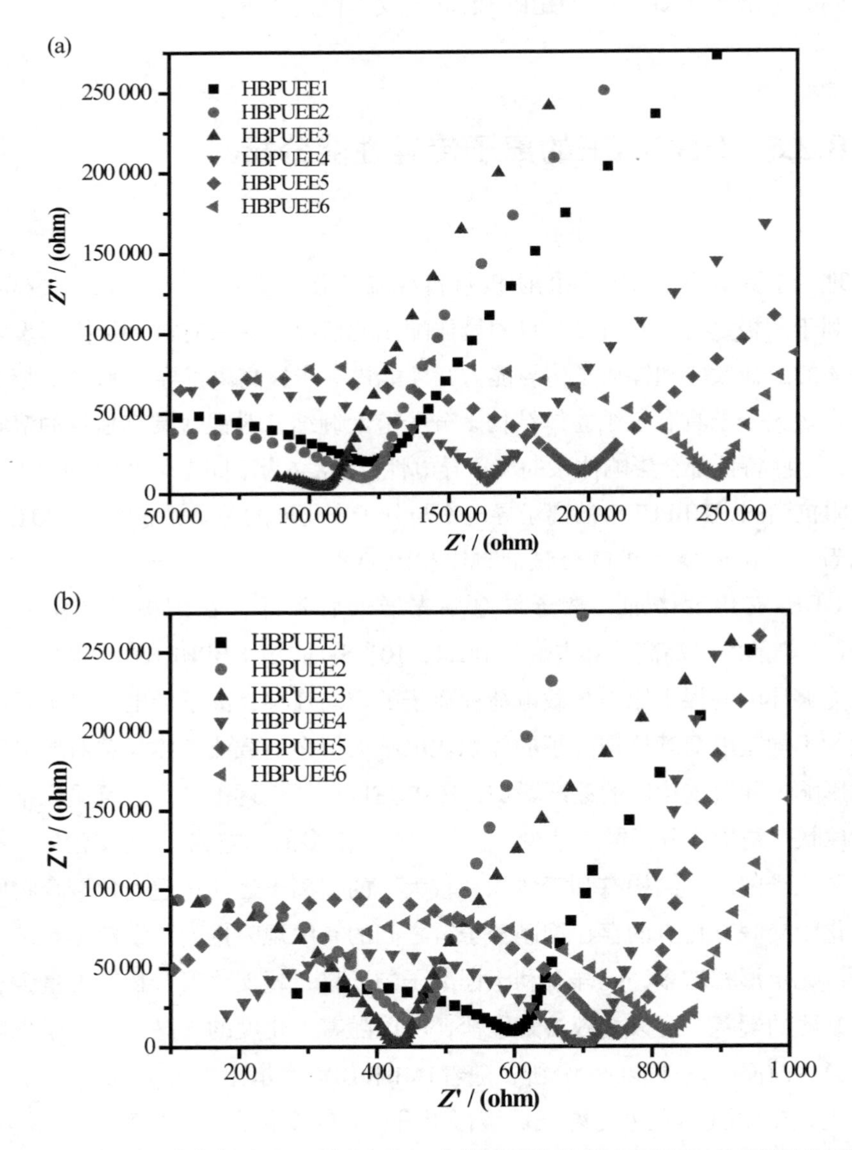

图8-6 在室温测试（a）和60 ℃测试（b）的不同支化度HBPUEEs的交流阻抗谱图

表8-4　HBPUEEs的离子导电率

样品	n_{TMP}/n_{BDO}	室温		60 ℃	
		本体电阻（Ω）	离子导电率（$S\cdot cm^{-1}$）	本体电阻（Ω）	离子导电率（$S\cdot cm^{-1}$）
HBPUEE1	0.15/0.75	122 304	8.2×10^{-7}	597	1.7×10^{-4}
HBPUEE2	0.3/0.6	120 001	8.3×10^{-7}	459	2.2×10^{-4}
HBPUEE3	0.45/0.45	107 602	9.3×10^{-7}	420	2.4×10^{-4}
HBPUEE4	0.6/0.3	163 111	6.1×10^{-7}	696	1.4×10^{-4}
HBPUEE5	0.75/0.15	196 907	5.1×10^{-7}	754	1.3×10^{-4}
HBPUEE6	0.9/0	246 933	4.1×10^{-7}	831	1.2×10^{-4}

8.3.6　力学性能分析

聚氨酯弹性体的两相形态决定着它的性能，软段相提供低温性能、弹性及扯断伸长率，硬段相提供硬度、模量、强度及耐热性能，两相混合与分离程度会对力学性能产生不同的影响[219]。体系中锂盐LiTFSI含量不变（$n_{[NHCOO]/Li^+}=1$），改变扩链交联剂TMP和BDO摩尔比（n_{TMP}/n_{BDO}），所制备HBPUEEs力学性能见表8-5。随着TMP和BDO摩尔比（n_{TMP}/n_{BDO}）的增加，HBPUEEs的硬度升高，扯断伸长率降低，拉伸强度和撕裂强度都是先降低后增加。随着聚氨酯基体支化度的增加，分子体积增大，软硬段的氢键化作用减弱，当TMP和BDO摩尔比（n_{TMP}/n_{BDO}）在一定范围时，氢键化对力学性能的影响能力大于化学交联度的影响，所以表现为HBPUEEs的拉伸强度和撕裂强度降低；随着支化度的进一步增加，化学交联对力学性能的影响起决定性作用，共价键逐步代替氢键，模量增加，分子链刚性增加，所以拉伸强度和撕裂强度又会升高。随着化学交联度的增加，支化点对分子运动的限制增强，分子柔顺性降低，所以扯断伸长率降低，硬度升高。

表8-5 HBPUEEs的力学性能

样品	n_{TMP} / n_{BDO}	邵A硬度	拉伸强度（MPa）	撕裂强度（MPa）	扯断伸长率（%）
HBPUEE1	0.15/0.75	26	4.1	11.5	450
HBPUEE2	0.3/0.6	30	3.9	10.2	452
HBPUEE3	0.45/0.45	38	5.6	9.8	421
HBPUEE4	0.6/0.3	44	6.1	15.4	405
HBPUEE5	0.75/0.15	49	6.8	24.6	374
HBPUEE6	0.9/0	58	7.2	30.2	329

8.4 HBPUEE/Al阳极键合试验及分析

8.4.1 HBPUEE/Al阳极键合时间–电流特性

锂离子在固态聚合物基体中移动要比在液态介质中难得多，所需要的能量也更大，在阳极键合中的高电场又有击穿阴极材料的风险。所以要对聚合物基体进行改性，以降低聚合物基体的锂盐解离活化能和锂离子电导活化能，从而有利于阳极键合反应。锂盐LiTFSI加入量（$n_{[NHCOO]/Li^+}=1$）保持不变，通过改变扩链交联剂TMP和BDO摩尔比（n_{TMP} / n_{BDO}），制备不同支化度的HBPUEEs，根据HBPUEEs性能特点，设定键合温度60 ℃，电场强度0.75 kV，施加载荷0.1 MPa，HBPUEEs/Al阳极键合时间–电流特性曲线如图8–7所示，HBPUEEs/Al阳极键合峰值电流与键合时间见表8–6。阳极键合过程的离子迁移可以通过键合电流来反映，键合电流是阳极键合微观进程的宏观表现，对键合质量产生直接的影响。通过图8–7和表8–6可以得到，阳极键合的起始阶段电流上升较快（20～30 s），电流到达峰值后即开始以较慢的速度下降，最后稳定在一个较小的数值，并且随着支化度的增加，峰值电流先增大后降低，键合时间同样先延长后降低。阳极键合起始阶段，在强电场作用下，离子快速迁移，在键合界面的HBPUEEs侧会形成一定宽度的阳离子耗尽层。随着电流的持续增大并且达到峰值，阳离子耗尽层逐步变宽，阳离子耗尽层承受着大多数键合电压，元素发生扩散，键合层开始形成。随后键合电流缓慢降低，随着锂离子迁移的饱和以及键合界面元素扩散的完成，电流最后稳定到一个较小的稳定值。

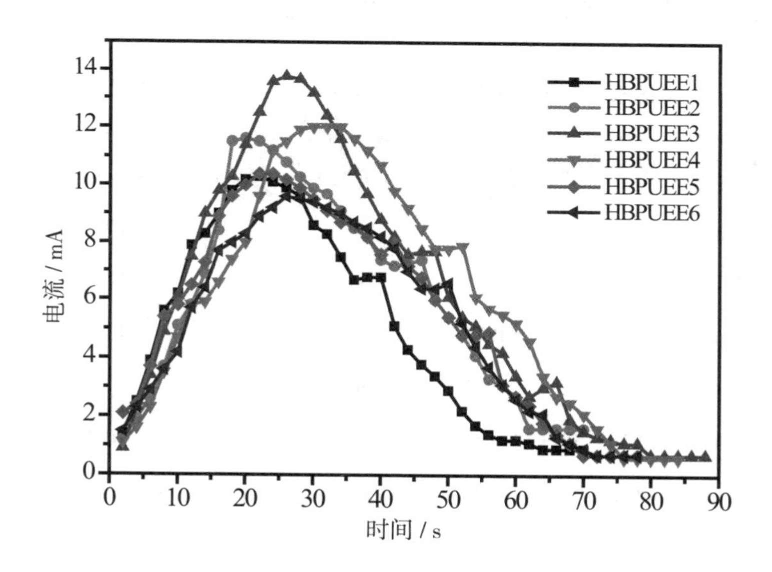

图8-7　HBPUEEs/Al阳极键合时间-电流特性

随着聚氨酯基体支化度的增加，聚氨酯由线性的物理交联型结构转变为超支化的化学交联型。超支化聚合物大分子具有三维“球状”外形结构以及较高的分子表面积，且分子间存在一定间距。氢键化静电力的减弱导致聚氨酯基体软硬段的相容性增强，体系非晶相比例增大，载流子导电通道增加，由于超支化分子表面有很多“间隙”，同样有利于锂离子传输[124]。超支化大分子含有大量端基功能性官能团，可以与LiTFSI相互作用，有利于锂盐的解离和锂离子的传输，所以阳极键合峰值电流随着聚合物支化度的增加而上升，键合时间反映了离子扩散和键合界面生成的进程，与峰值电流趋势相同。但是随着支化度的持续增加，高密度的化学交联限制了分子链段的自由运动，聚合物柔顺性降低，离子扩散的动能下降，所以峰值电流随之下降，键合时间也缩短。可以看出，聚氨酯基体中离子扩散能力与阳极键合的峰值电流、键合时间基本上保持同步的趋势。由图8-7看到，键合电流曲线在下降过程中出现短暂的回弹现象，这是因为采取的是由高渐低的梯度电场，当电流下降迟缓甚至有上升迹象时，此时HBPUEEs极有可能被高压所击穿，为了延长键合时间，及时按比例调低键合电压，键合电流会随着电压的调低而快速下降到某一个值，键合过程则可以继续进行。

表8-6 HBPUEEs/Al阳极键合峰值电流与键合时间

样品	n_{TMP} / n_{BDO}	键合电压（kV）	键合温度（℃）	键合压强（MPa）	峰值电流（mA）	键合时间（S）
HBPUEE1/Al	0.15/0.75	0.75	60	0.1	10.3	63
HBPUEE2/Al	0.3/0.6	0.75	60	0.1	11.6	61
HBPUEE3/Al	0.45/0.45	0.75	60	0.1	13.7	80
HBPUEE4/Al	0.6/0.3	0.75	60	0.1	11.9	77
HBPUEE5/Al	0.75/0.15	0.75	60	0.1	10.3	71
HBPUEE6/Al	0.9/0	0.75	60	0.1	9.6	72

8.4.2 HBPUEE/Al阳极键合界面形貌

图8-8是HBPUEEs/Al阳极键合界面SEM图，可以观察到在HBPUEEs与金属Al之间形成了呈带状的键合层，键合层的产生是HBPUEEs和Al片阳极键合实现连接的主要原因。在键合过程中，当温度达到键合温度（60 ℃）时，在电场、温度场、压力场共同作用下，HBPUEEs和Al的键合界面发生微量塑性变形和微观蠕变，伴随着锂离子迁移、元素的扩散以及化学键的开断与

结合，在键合界面形成了新的氧化层物质，从而构成了一定宽度的键合层。从图8-8中可以清晰看到分布均匀的呈深灰色的中间键合层，键合层界面光滑平整，没有裂缝等缺陷。随着TMP和BDO摩尔比（n_{TMP}/n_{BDO}）的不断增大，HBPUEEs的支化度增大，键合层宽度发生变化，呈先增大后减小的趋势，如图8-8（b）~（e）。键合层最大宽度可达约65 μm（HBPUEE3/Al）。结合上述分析，通过HBPUEEs/Al阳极键合时间-电流特性可以得知，提高HBPUEEs的支化度，体系结晶度降低，非晶相比例增大，超支化的结构含有许多“孔隙”，这些都有利于锂离子的传输和元素的扩散，阳极键合的峰值电流增大，键合时间延长，键合层宽度也随之增大。然而随着HBPUEEs的支化度的进一步增大，高密度的化学交联限制了分子链的热运动，玻璃化转变温度升高，由聚醚构成的软段运动能力下降，锂离子迁移活化能增大，峰值电流降低，键合层宽度相应减小。总而言之，峰值电流的变化与阳极键合界面键合层的形成有密切关系。

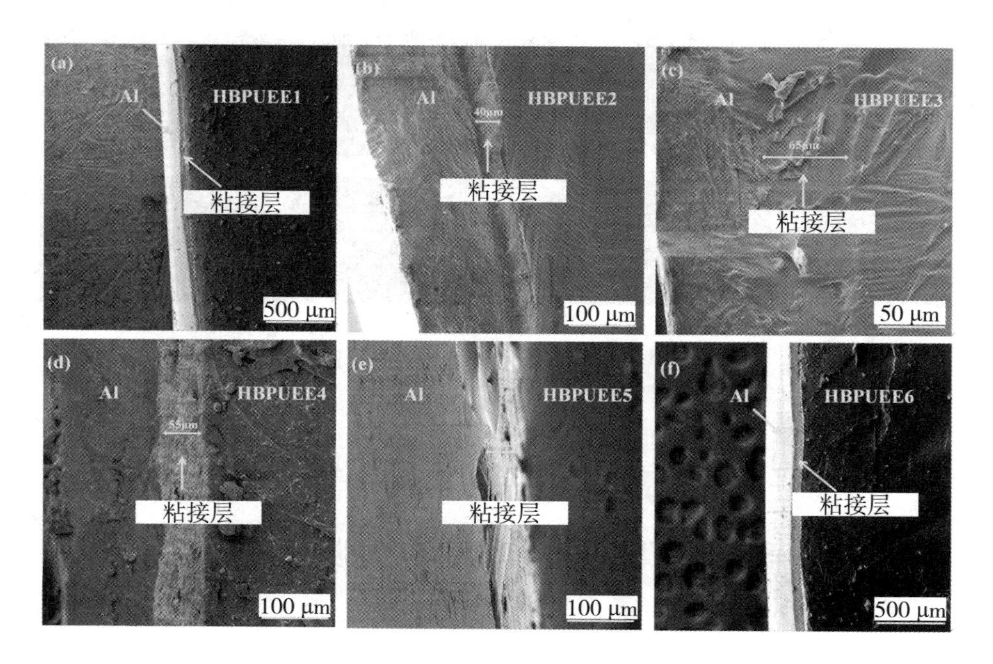

图8-8　HBPUEEs/Al阳极键合界面SEM图

图8–9是HBPUEE2/Al阳极键合界面EDS图，Al、S、O、C、F元素在界面处发生明显的相互扩散并且浓度呈梯度分布。S、F是锂盐的元素，O、C是锂盐和聚氨酯基体含有的元素，在强大的静电场作用下阳离子耗尽层S、O、C、F元素向Al界面扩散，Al元素向HBPUEE2界面扩散，键合界面均匀分布着Al、S、O、C、F元素，最终发生化学反应生成氧化层物质，元素扩散是阳极键合形成连接的必要条件。

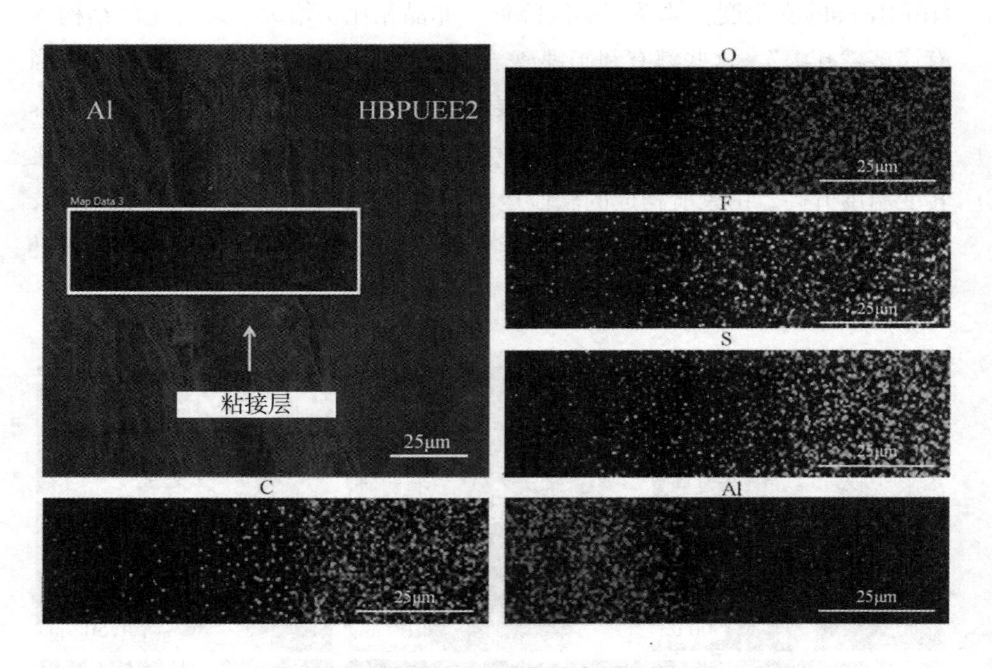

图8–9 HBPUEE2/Al阳极键合界面EDS图

8.4.3 HBPUEE/Al阳极键合界面强度及键合机理

HBPUEEs/Al阳极键合的界面拉伸性能测试结果如表8–7所示，键合界面拉伸强度随着TMP和BDO摩尔比（n_{TMP}/n_{BDO}）的增加先增大后降低，其中最大拉伸强度达到1.15 MPa（HBPUEE3/Al）。界面强度规律和峰值电流、键合层宽度的变化基本一致。HBPUEEs/Al的峰值电流增大，意味着锂离子迁移能力增强，阳离子耗尽层中负离子浓度大，元素充分扩散，键合反应彻底，键合层宽度增大，界面强度提高。当HBPUEEs/Al的峰值电流减小，阳离子耗尽层的宽度也小，键合界面的静电吸引力减小，元素扩散程度较低，键合反应不充分，界面连接质量较差。同时，界面强度也受到峰值电流的衰减速度、键合时间的影响。一般情况下，峰值电流大，键合时间长，电流衰减速度慢，界面连接强度相应提高。

表8-7　HBPUEEs/Al阳极键合界面力学性能

样品	n_{TMP}/n_{BDO}	峰值电流（mA）	键合时间（s）	最大载荷（N）	横截面积（mm^2）	拉伸强度（MPa）
HBPUEE1/Al	0.15/0.75	10.3	63	29.54	50.24	0.58
HBPUEE2/Al	0.3/0.6	11.6	61	38.13	50.24	0.76
HBPUEE3/Al	0.45/0.45	13.7	80	57.92	50.24	1.15
HBPUEE4/Al	0.6/0.3	11.9	77	56.73	50.24	1.13
HBPUEE5/Al	0.75/0.15	10.3	71	48.61	50.24	0.97
HBPUEE6/Al	0.9/0	9.6	72	42.04	50.24	0.84

结合实验和分析，HBPUEEs/Al键合机理可作如下说明：由于超支化结构的聚氨酯基体玻璃化转变温度低，非晶相比例大，聚合物大分子含有大量的端基极性基团有利于锂盐的解离，所以锂离子迁移活化能相对较低，锂离子可以快速向阴极移动并富集，在键合界面处形成了阳离子耗尽层，随着键合电流逐步达到峰值，耗尽层宽度扩大，强大的静电力驱使耗尽层、Al片中的带电粒子和元素交互扩散，最终反应生成氧化层物质，阳极键合过程模拟图如图8-10所示。随着TMP和BDO摩尔比（n_{TMP}/n_{BDO}）进一步增大，众多的化学交联点限制了分子软段的运动，锂离子迁移活化能增大，迁移能力下降，阳极键合连接性能降低。

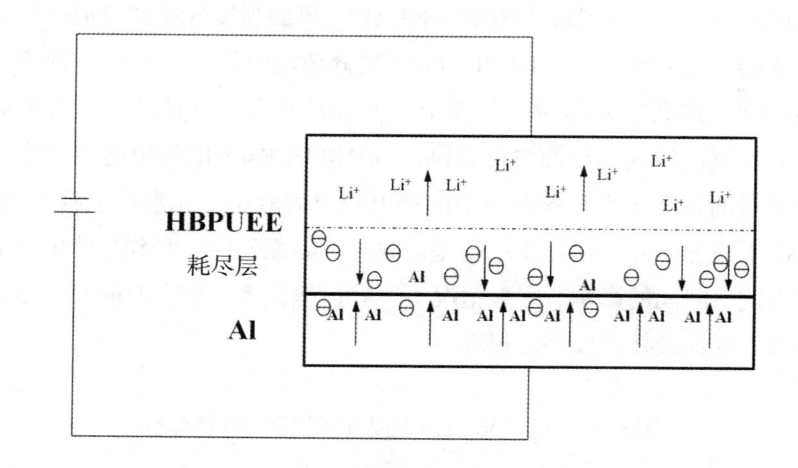

图8-10 阳极键合过程模拟图

8.5 本章小结

本章结合上一章的研究成果，保持LiTFSI最佳比例（$n_{[NHCOO]/Li^+}=1$），成功制备了不同支化度的阴极材料HBPUEEs。对不同支化度的HBPUEEs进行了一系列结构与形貌表征、热性能分析、力学性能测试以及电性能等表征。研究表明，LiTFSI完全溶解在聚氨酯基体中并与基体发生作用，制备的HBPUEEs具有无定形结构。HBPUEEs的软段具有良好的低温柔顺性，随着支化度的增加，HBPUEEs的玻璃化转变温度T_g先降低后增加，当TMP和BDO摩尔比为0.45/0.45（HBPUEE3）时，其T_g最低。可明显观察到HBPUEEs的微相分离形态，并且随着支化度的增加，软、硬段的相容性得到一定改善，LiTFSI在聚氨酯基体中溶解性也得到改善。制备HBPUEEs的5%热分解温度均在270 ℃以上，材料热稳定性良好。在阳极键合温度下（60 ℃），

HBPUEEs的最高离子导电率达到2.4×10^{-4} S·cm^{-1}（HBPUEE3）。制备的HBPUEEs均有良好的力学性能，通过改变分子的支化度，可以灵活调控HBPUEEs的硬度、强度以及弹性等。

采用设计的热引导动态场阳极键合工艺，将制备的HBPUEEs与Al片成功进行阳极键合连接。HBPUEEs/Al阳极键合的峰值电流和键合时间随支化度的增加呈现出先提升后下降的趋势，表明阴极材料HBPUEEs的支化度影响着阳极键合的微观进程。通过SEM图在HBPUEEs/Al键合界面处可观察到一定宽度、均匀的呈带状的键合层，EDS检测到Al、S、O、C、F元素在界面处发生明显的相互扩散，且浓度呈梯度分布。键合层拉伸强度最高可达1.15 MPa（HBPUEE3/Al）。在制备的系列阴极材料HBPUEEs中，TMP和BDO摩尔配比（n_{TMP} / n_{BDO}）为0.45/0.45（HBPUEE3）时，其与Al片的键合性能最佳。

第9章

PEO-HBPUEE复合弹性体的柔性键合

9.1 引言

自1973年Wrigh等发现聚氧化乙烯和碱金属盐可以形成稳定络合物并具有导电性以来，PEO聚合物电解质经历了广泛的系列研究。PEO电解质也是目前研究最早、研究最多的固态聚合物电解质。PEO具有相对较高的介电常数，分子链氧原子具有2对孤对电子，有很强的配位能力，能溶解很多类型锂盐。线性PEO大分子链的醚氧键使得聚合物具有较低的键旋转能垒和较好的柔顺性，有利于锂离子的迁移。但是室温下PEO有很强的结晶性，锂离子的传输通道大部分存在于无定形相，所以室温下PEO固态电解质的导电率低，纯PEO电解质的应用受到限制[221]。另外，PEO电解质的强度、硬度、弹性等力学性能以及耐热性均较差，使用PEO电解质作为阳极键合封装材料会存在系列问题。许多学者通过对PEO进行适当改性，以提高其导电性和力学性能。一般常采取共聚、共混、交联、互穿网络等方法，PEO复合电解质是目前研究较多的热点领域[220]。借助于PEO与锂盐较强的络合能力，本章工作把PEO电解质引入到超支化聚氨酯离子导电弹性体中，制备得到共混型复合弹性体电解质。通过共混改性，发挥PUE和PEO的共同优势，取长补短，进一步提高材料的导电性、力学性能以及改善其阳极键合性能。

本章将聚氨酯预聚体电解质与一定量制备的PEO电解液共混，加入适量增塑剂以提高二者的相容性，室温固化制备PEO和HBPUEE的复合型弹性体（PEO–HBPUEEs）。通过改变PEO电解液添加量，研究PEO电解液对PEO–HBPUEEs分子结构、表面形貌、热性能、离子导电性，以及力学性能的影响。将制备的PEO–HBPUEE与Al片进行阳极键合连接，并研究分析PEO–HBPUEEs/Al的键合性能，确定PEO–HBPUEEs体系PEO电解液的最佳添加量。

9.2 PEO–HBPUEE复合弹性体的制备

9.2.1 实验主要原料及仪器

实验过程中用到的主要原料和生产厂商见表9–1。

表9–1 实验主要原料

名称	英文简称/分子式	规格	厂商
2，4–甲苯二异氰酸酯	TDI–100	分析纯	国药试剂
聚丙二醇	PPG	分子量M_n=2 000，分析纯	安耐吉化学
双三氟甲基磺酰亚胺锂	LiTFSI	分析纯	安耐吉化学
1，4–丁二醇	BDO	分析纯	安耐吉化学

续表

名称	英文简称/分子式	规格	厂商
三羟甲基丙烷	TMP	分析纯	安耐吉化学
碳酸二甲酯	DMC	分析纯	安耐吉化学
二月桂酸二丁基锡	DBTL	分析纯	安耐吉化学
铝片	Al	纯度>99%，厚度0.2 mm	国药试剂
二氯甲烷	CH_2Cl_2	分析纯	国药试剂
聚氧化乙烯	PEO	分子量$M_n \approx 300\ 000$，分析纯	国药试剂
邻苯二甲酸二辛酯	DOP	分析纯	国药试剂
丙酮	CH_3COCH_3	分析纯	国药试剂
无水乙醇	C_2H_6O	分析纯	国药试剂
氨水	NH_4OH	分析纯	国药试剂
双氧水	H_2O_2	分析纯	国药试剂

实验过程中用到的主要仪器名称、型号和生产厂商见前章。

9.2.2　PEO-HBPUEE复合弹性体的制备

设定预聚体NCO%为6.5，扩链系数取0.9，根据$n_{[NHCOO]/Li^+}=1$计算锂盐加入量，扩链交联剂取TMP和BDO，且摩尔比$n_{TMP}/n_{BDO}=0.45/0.45$。采用预聚体法制备超支化结构复合型聚氨酯离子导电弹性体（PEO-HBPUEEs），并在室温下固化成型，制备流程如图9-1所示。

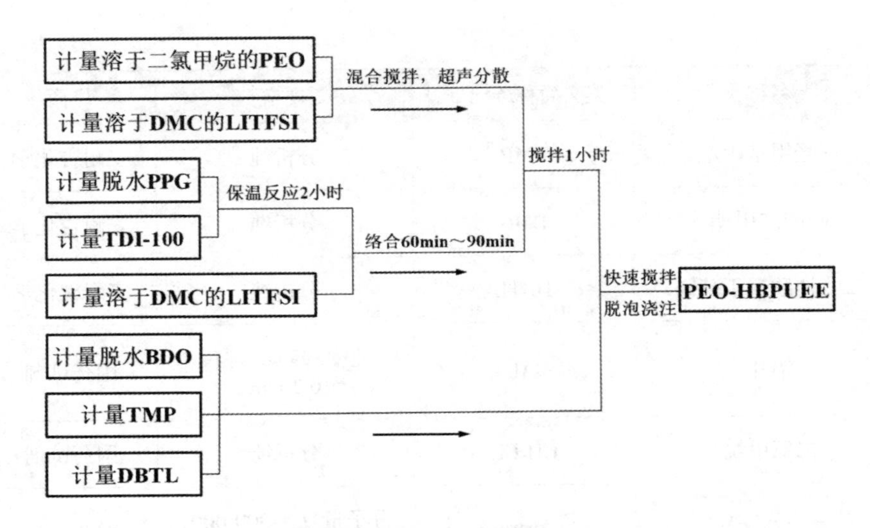

图9-1 PEO-HBPUEE复合弹性体制备流程图

制备PEO电解质溶液：把计量的溶于二氯甲烷的PEO（二氯甲烷用量按照12 mL二氯甲烷溶解1 g PEO的比例计算）和溶于DMC的LITFSI（溶剂DMC用量按照1 mL溶剂DMC溶解1 g锂盐LiTFSI的比例计算）混合，在40～70 ℃充分搅拌和超声分散备用。

设定锂盐LITFSI和PEO比例为$[\mathrm{EO}]:[\mathrm{Li}^{+}]=12:1$，计算公式如下：

$$\frac{\dfrac{M_{n(PEO)}}{M_{n(EO)}}\times\dfrac{m_{PEO}}{M_{n(PEO)}}}{\dfrac{m_{\mathrm{LITFSI}}}{M_{n(\mathrm{LITFSI})}}}=12 \tag{9-1}$$

式中，M_n为分子量；m为质量。

预聚体电解质的合成：将计量的聚醚二醇PPG加入配有搅拌器、温度计、真空系统和电加热套的三口烧瓶中，在100～110 ℃下真空脱水1 h。然后降温到30～50 ℃，加入二异氰酸酯TDI-100，待自然升温停止后，缓慢加热至70～80 ℃，保温反应2 h后得到预聚体，取样分析NCO基含量，当NCO%含量达到设定值时，室温下在该预聚体中加入计量溶解于极性溶剂

DMC的锂盐LiTFSI（溶剂DMC用量按照1 mL溶剂DMC溶解1 g锂盐LiTFSI的比例计算），搅拌90 min后密封静置3～6 h备用。

复合预聚体电解质的制备：在上述制备好的预聚体电解质中按照一定比例加入上述制备好的PEO电解质溶液，在40 ℃下搅拌1 h。

弹性体的制备：将计量的扩链剂BDO、交联剂TMP和增塑剂DOP在100～110 ℃下真空脱水1 h，加入适量催化剂DBTL均匀混合，然后加入到合成好的复合预聚体电解质中，快速搅拌2～4 min，注意观察温度变化并记录，快速放入抽真空装置中进行脱泡30～90 s，把制备好的混合物快速浇注于涂有脱膜剂的聚四氟乙烯模具中，室温固化7～10 d。

增塑剂DOP用量为BDO、TMP质量的40%。

根据PEO电解质溶液加入量的不同制备PEO-HBPUEE复合材料系列，PEO电解质溶液加入量为预聚体电解质质量的百分比，其组成如表9-2所示。

表9-2　PEO-HBPUEE复合弹性体的组成

样品	PEO-HBPUEE1	PEO-HBPUEE2	PEO-HBPUEE3	PEO-HBPUEE4	PEO-HBPUEE5
NCO%	6.5	6.5	6.5	6.5	6.5
$n_{[NHCOO]/Li^+}$	1	1	1	1	1
n_{TMP} / n_{BDO}	0.45/0.45	0.45/0.45	0.45/0.45	0.45/0.45	0.45/0.45
PEO电解质溶液	3%	6%	9%	12%	15%

9.3 材料表征结果及讨论

9.3.1 PEO-HBPUEE复合弹性体的红外光谱分析

傅里叶变换红外光谱法对于聚合物材料的聚合反应、结构及变化过程、分子组成以及材质鉴别中有广泛的应用，通过谱图识别可以推测出聚合物分子的大体结构及官能团情况，利用红外光谱研究PEO-HBPUEEs复合弹性体中的PEO、PU及锂盐LiTFSI的作用关系。

图9-2为不同PEO含量PEO-HBPUEEs复合弹性体红外光谱图，图中3 400 ~ 3 500 cm^{-1}处吸收峰是未成氢键和成氢键亚氨基（—NH）伸缩振动峰，—NH是复合材料中PU的特征官能团，—NH是供氢基团，可以与PU中供电基团羰基（C═O）形成氢键。随着复合弹性体中PEO电解液的增多，—NH伸缩振动峰向高波数移动，这是由于PEO电解液与PU相互作用，破坏了PU硬段间的氢键化，致使更多自由的—NH基团释放出来。在2900 ~ 3000cm^{-1}处吸收峰是烃基（CH_2、CH_3）的对称和反对称伸缩峰，复合弹性体材料中PU和PEO都含有烃基（CH_2、CH_3）。在1 723 cm^{-1}附近的吸收峰是羰基（C═O）的特征峰，PU中氨基甲酸酯基、缩二脲基、脲基甲酸酯基、脲基等均含有羰基。在1520 ~ 1560 cm^{-1}处吸收峰属于—NH基团弯曲振动峰。在1 100 cm^{-1}附近可以看到醚基C—O—C的伸缩振动吸收峰，复合材料中PEO和PU软段均含有C—O—C，C—O—C可以与锂离子发生配位作用。随着PEO电解液含量的增多，并没有看到醚基C—O—C峰强成规律性的提高，这是由于随PEO增加的C—O—C基与锂离子发生配位作用，配位作用对C—O—C的震动产生影响，可以说明锂盐LiTFSI与复合基体发生了相互作用。1 260 cm^{-1}、1 034 cm^{-1}附近处分别是LiTFSI中C—SO_2—N和S—N—S的吸收峰，799 cm^{-1}附近处振动峰是LiTFSI中S—N、C—S、C—F伸缩振动峰。另外，在670 cm^{-1}处附近出现了O—Li特征吸收峰。在图9-2红外图谱中，均可以看到复合材料中PEO、PU、LiTFSI的特征峰，LiTFSI可以很好的溶解在复

合材料基体中，并且锂离子与复合材料的极性基团羰基C═O、醚基C—O—C发生配位作用。

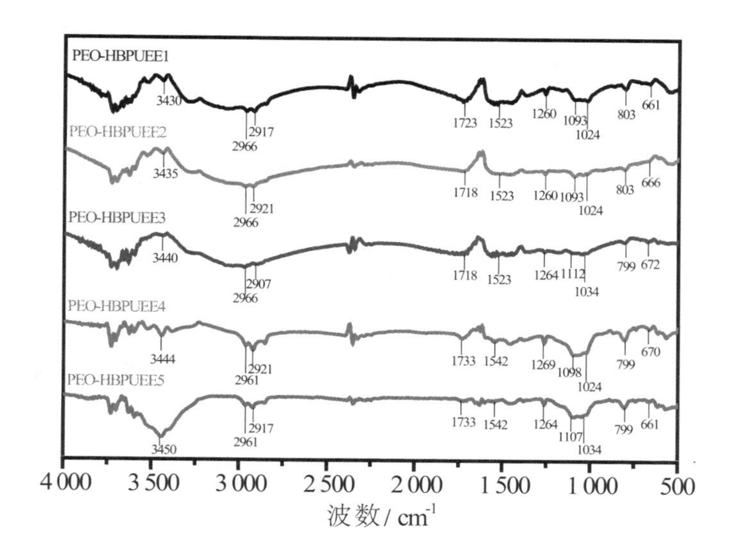

图9-2　不同PEO含量PEO-HBPUEEs的红外光谱

9.3.2　X-射线衍射分析

PEO柔性链段含有大量的醚氧基团和高的给电子云密度，可有效溶解许多类型的锂盐并与锂离子发生络合，所以PEO是目前研究最多和研究最早的聚合物固体电解质基体材料。但是常温下单纯的PEO/Li体系结晶度高，锂离子的传输主要集中在聚合物的无定形相中，所以PEO电解质室温离子导电率低，对PEO基体进行物理、化学改性是提高其离子导电率等性能的途径[222]。

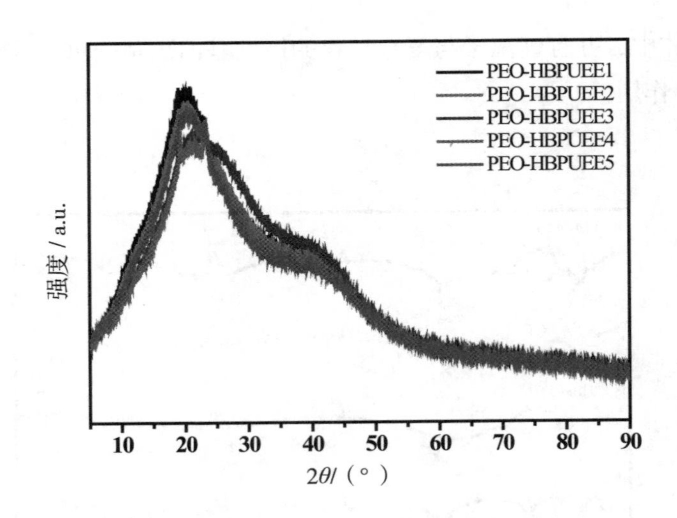

图9-3　不同PEO含量的PEO-HBPUEEs复合弹性体XRD图谱

图9-3是不同PEO含量的PEO-HBPUEEs复合弹性体XRD图谱，所有样品均在位于$2\theta \approx 21.2°$附近处显示一个宽的衍射峰，表明复合材料体系结晶能力弱，存在微晶等近程有序结构，PEO-HBPUEEs具有无定形结构。XRD图谱没有显示出结晶态PEO的强特征衍射峰，这是由于复合材料中PEO分子链段规整性被聚氨酯的软硬段及添加的锂盐所影响，链段排列发生紊乱，PEO结晶性降低，另外复合材料体系中高结晶度PEO的含量相对于聚氨酯较低，所以XRD图谱显示出明显的无定形结构。在图中没有观察到LiTFSI的特征衍射峰，表明LiTFSI完全溶解在复合材料基体中，锂离子与复合材料分子链段的C═O、C—O—C等极性基团发生络合、解络合作用，随着分子链段的热运动，锂离子在无定形相发生迁移。

9.3.3　PEO-HBPUEE复合弹性体的表面形貌分析

图9-4是放大1 000倍的不同PEO含量的PEO-HBPUEEs复合弹性体材料表面SEM图。其中深色部分为PEO和聚氨酯复合材料基质，浅亮色部分为样

品表面的锂盐LiTFSI聚集体。

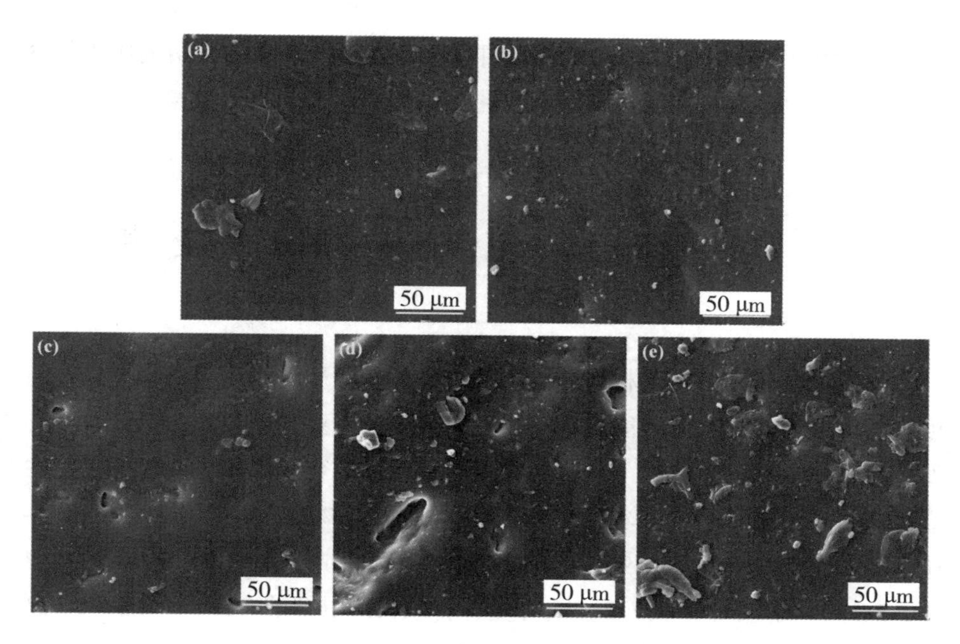

（a）PEO-HBPUEE1（b）PEO-HBPUEE2（c）PEO-HBPUEE3
（d）PEO-HBPUEE4（e）PEO-HBPUEE5

图9-4　不同PEO含量的PEO-HBPUEEs复合弹性体SEM图

LiTFSI均匀分散在复合材料基质中，并且随着PEO电解液含量的增加，可以看到LiTFSI聚集体尺寸增大，团聚现象明显。这是由于PEO电解液含有一定比例的LiTFSI，随着PEO电解液的增加，复合材料体系中的LiTFSI总量在增大，复合材料基体对LiTFSI的溶解能力有限，所以出现LiTFSI团聚现象。软硬段的热力学不相容所产生的微相分离形态是聚氨酯的典型特征，图9-4中复合弹性体材料微相分离形态不明显，这是由于大量LiTFSI中锂离子与基体材料C═O、C—O—C等极性基团产生配位作用，促使硬段中的—NH与C═O等基团的氢键化作用减弱，硬段聚集程度与有序排列降低，软硬段相容性增强。在图9-4中没有看到PEO和聚氨酯明显的相分离现象，说明复合材料中PEO和聚氨酯之间具有良好的相容性，PEO均匀分散在聚氨酯中，这是由于构成聚氨酯软段的聚醚PPG与PEO具有相似的分子结构，另外聚氨酯硬段的—NH会与PEO的醚氧基C—O—C产生氢键化作用，这样均可以促进PEO-HBPUEEs中聚氨酯和PEO的相容性，此外体系中的增塑剂DOP和溶剂二氯甲烷也会提高共混材料的相容性。

9.3.4 PEO-HBPUEE复合弹性体的热性能分析

材料的耐热性关系着材料的应用范围，制备的聚合物阴极材料在较宽温度范围内能保持材料的性能稳定对柔性封装至关重要。聚氨酯的热分解首先发生在硬段，软段在高温下短时间内不会很快被氧化和降解，硬段的耐热性直接影响着聚合物复合材料的热稳定性。实验用5%热分解温度来评价PEO-HBPUEEs的热稳定性，图9-5（a）是不同PEO含量的PEO-HBPUEE的TGA曲线，5%热分解温度见表9-3。随着复合材料PEO电解液含量的增加，5%热分解温度（$T_{d,\ 5\%}$）呈现降低的趋势，所有样品的$T_{d,\ 5\%}$均大于160 ℃，表明所制备PEO-HBPUEEs复合弹性体材料热稳定性均可以满足阳极键合的要求（实验中阳极键合温度低于80 ℃）。随着体系中PEO电解液含量的增加，PEO分散在聚氨酯基体中，PEO链段的醚氧极性基团和LiTFSI、聚氨酯硬段发生相互作用，导致硬段的有序排列和聚集状态不断减弱，更多的硬段溶于软段相中，硬段的耐热性降低，所以复合材料的热稳定性下降。另外体系中的溶剂DOP、DMC和DCM会降低预聚体的黏度以及影响材料合成中的聚合反应，同样会对复合材料的热稳定性造成影响。

图9-5（b）是不同PEO含量的PEO-HBPUEEs复合弹性体的DSC曲线，样品的玻璃化转变温度见表9-3所示。可以看到PEO-HBPUEEs玻璃化转变温度均低于-40 ℃，表明复合材料分子链段具有良好的低温柔顺性。随着复合材料中PEO电解液含量逐步增加，T_g的整体变化趋势是降低，PEO-HBPUEEs的T_g最低达到-49.65 ℃（PEO-HBPUEE4）。随着PEO电解液的加入，电解液的LiTFSI与聚氨酯中极性基团络合，致使聚氨酯硬段的氢键化减弱，PEO分子也会与聚氨酯硬段相互作用，同样会降低硬段间的氢键化作用，

硬段无序性增强，硬段对软段运动的限制性降低，复合材料分子的自由体积增大，所以PEO–HBPUEEs的T_g有降低的趋势。另外，PEO分子链段与组成聚氨酯软段的聚丙二醇分子结构相似，这对于提高复合材料分子链段的运动能力也有一些积极作用。

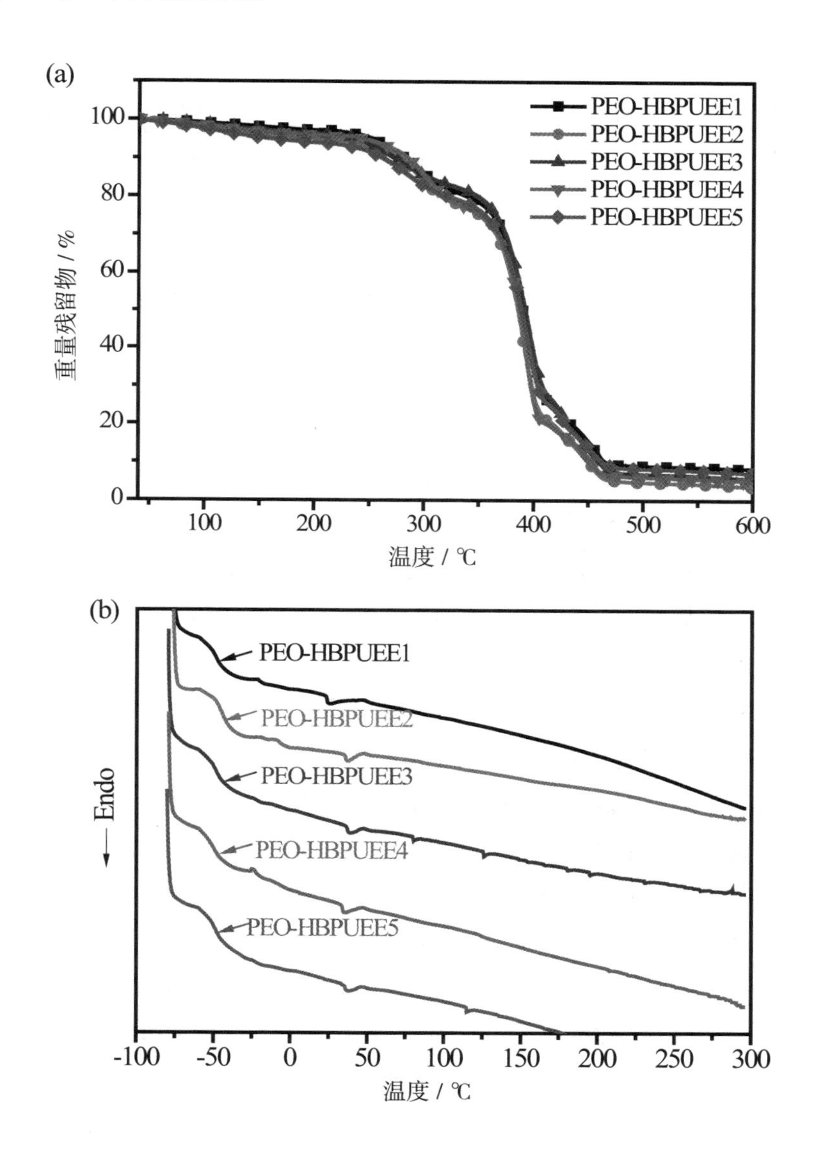

图9–5　不同PEO含量的PEO–HBPUEEs复合弹性体TGA（a）和DSC（b）曲线

表9-3 PEO-HBPUEEs复合弹性体材料的热性能

样品	$n_{[NHCOO]/Li^+}$	n_{TMP} / n_{BDO}	PEO电解质溶液	T_g(℃)	$T_{d,\ 5\%}$(℃)
PEO-HBPUEE1	1	0.45/0.45	3%	-48.07	254
PEO-HBPUEE2	1	0.45/0.45	6%	-44.40	204
PEO-HBPUEE3	1	0.45/0.45	9%	-48.31	235
PEO-HBPUEE4	1	0.45/0.45	12%	-49.65	227
PEO-HBPUEE5	1	0.45/0.45	15%	-49.13	163

9.3.5 PEO-HBPUEE复合弹性体的离子传导性能分析

PEO具有的柔性链段和高的给电子云密度，可以与许多锂盐产生络合作用，通过PEO链段的运动使锂离子迁移，当EO重复单元超过一定程度后，就会形成长程有序结构，产生结晶，室温下PEO结晶度高，导电率低，另外PEO聚合物材料力学性能较差，难以满足实际应用要求[223]。将PEO与聚氨酯共混得到复合电解质材料PEO-HBPUEEs，在提高离子导电率的同时确保材料具有稳定的力学性能。

图9-6为在室温下和70 ℃（阳极键合温度）的不同PEO电解液含量的PEO-HBPUEEs交流阻抗谱图，PEO-HBPUEEs离子导电率与PEO电解液加入量的关系见表9-4。添加PEO电解液组分的PEO-HBPUEEs的导电率明显高于第三章所制备HBPUEEs的导电率，原因有三：①随着PEO电解液的加入，整个复合材料体系的LiTFSI浓度增加，PEO分子的醚氧基团与LiTFSI有很强的络合能力，体系的载流子浓度升高，所以电导率升高。②锂离子传输的通道主要存在于聚合物的无定形区域及能垒较低的相界面，PEO混入聚氨酯基体中形成许多微相区和微界面，这在一定程度上强化了锂离子传输的通道；另外PEO电解液中含有一定量的DMC和二氯甲烷溶剂，可以促进LiTFSI的解离和锂离子的传输，DMC和二氯甲烷溶剂还可以对基体材料起到增容作用，可以增强分子链段运动能力，所以有利于导电率的提高。③复合材料的PEO含

量相对较少，PEO与聚氨酯相互作用，打乱了PEO链段长程有序结构，链段无法堆积，同时PEO的加入也会使聚氨酯的无序性进一步加强，复合材料的结晶性进一步降低，无定形相比例增大，所以导电率会增加。由图 9-6和表9-4可以得到，随着PEO电解液的增加，PEO-HBPUEEs的导电率也在增加。但是PEO-HBPUEE5的导电率却低于PEO-HBPUEE4，这是由于随着复合材料中PEO含量的增大，PEO和聚氨酯相互作用增强，形成氢键化的物理交联密度增大，分子链运动能力降低，这对离子导电率产生了负面影响。

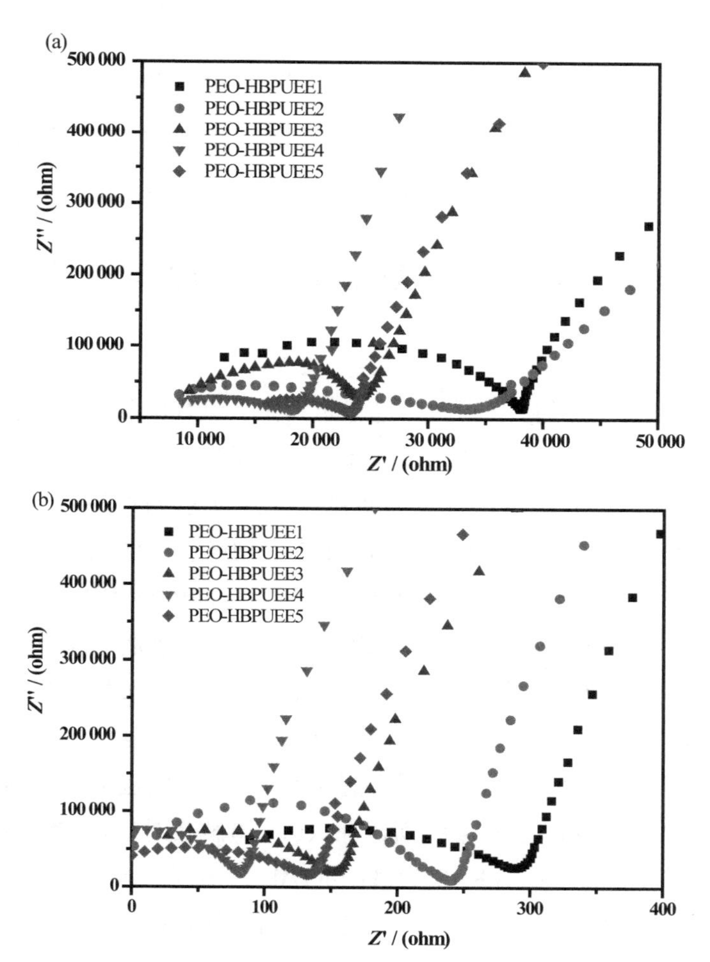

图9-6　在室温测试（a）和70 ℃测试（b）的不同PEO含量的PEO-HBPUEEs复合弹性体的交流阻抗谱图

表9-4 PEO-HBPUEEs复合弹性体的离子导电率

样品	PEO电解质溶液	室温		70 ℃	
		本体电阻（Ω）	离子导电率（$S \cdot cm^{-1}$）	本体电阻（Ω）	离子导电率（$S \cdot cm^{-1}$）
PEO-HBPUEE1	3%	38048	2.6×10^{-6}	292	3.4×10^{-4}
PEO-HBPUEE2	6%	34255	2.9×10^{-6}	240	4.2×10^{-4}
PEO-HBPUEE3	9%	24131	4.1×10^{-6}	154	6.5×10^{-4}
PEO-HBPUEE4	12%	18190	5.5×10^{-6}	81	1.2×10^{-3}
PEO-HBPUEE5	15%	22943	4.4×10^{-6}	135	7.4×10^{-4}

9.3.6 PEO-HBPUEE复合弹性体的力学性能测试

复合材料具备一定的力学强度，这是进行阳极键合以及柔性封装应用的前提。聚氨酯独特的微相分离形态是具备良好力学性能的基础，并且可通过原料配方、异氰酸酯指数等参数灵活调整，材料的适应性较强[130]。随着复合材料中PEO电解液的增加，PEO-HBPUEEs的硬度、拉伸强度、撕裂强度及扯断伸长率均呈下降趋势，但变化不大，所制备的PEO-HBPUEEs力学性能如表9-5所示。PEO电解液含有LiTFSI、溶剂DMC、溶剂二氯甲烷，DMC和二氯甲烷是极性溶剂，会降低预聚体的粘度，会使聚氨酯的合成速率减慢，这在一定程度上会降低复合材料的力学性能。PEO溶解在聚氨酯基体中，PEO分子链的大量C—O—C与聚氨酯硬段—NH形成氢键，与其他氢键共同作用，形成许多物理交联点，所以加入PEO电解液对复合材料力学性能提升又有帮助。综上所述，PEO电解液中的DMC、溶剂二氯甲烷会降低力学性能，适量的PEO本身又会提升力学性能，二者协同作用，最终使得复合材料PEO-HBPUEEs力学性能稍有下降，但变化不大。

表9-5　PEO-HBPUEE复合弹性体的力学性能

样品	PEO电解质溶液	邵氏A硬度	拉伸强度（MPa）	撕裂强度（MPa）	扯断伸长率（%）
PEO-HBPUE1	3%	39	6.2	9.6	459
PEO-HBPUE2	6%	43	5.8	9.4	416
PEO-HBPUE3	9%	37	5.4	9.7	435
PEO-HBPUE4	12%	31	5.6	8.5	407
PEO-HBPUE5	15%	33	5.2	8.3	378

9.4　PEO-HBPUEE/Al阳极键合试验及分析

9.4.1　PEO-HBPUEE/Al阳极键合时间-电流特性

阳极键合过程伴随着锂离子的定向迁移和元素扩散，通过精密电流表可以在电路中检测到电流的变化，电流变化是阳极键合微观进程的宏观体现。键合电压影响着电流变化，键合电压设定越高，理论上键合过程中的电流值越大，载流子运动剧烈，键合质量稳定。但是在实际阳极键合中，特别是对于聚合物材料，在高的键合电压下键合材料容易被击穿；如果键合电压较低，又不足以产生足够大的静电力，影响键合质量。实验中采用动态梯度电场，适当调高键合电压初始值，根据后续的电流变化情况及时对键合电压作出调整，既要保证足够的电场力驱动阳极键合反应，又要尽量延长键合时间。设定键合温度70 ℃，电场强度0.75 kV，施加载荷0.15 MPa，PEO-HBPUEEs/Al阳极键合时间-电流特性曲线如图9-7所示，PEO-HBPUEEs/Al阳极键合的峰值电流与键合时间见表9-6。

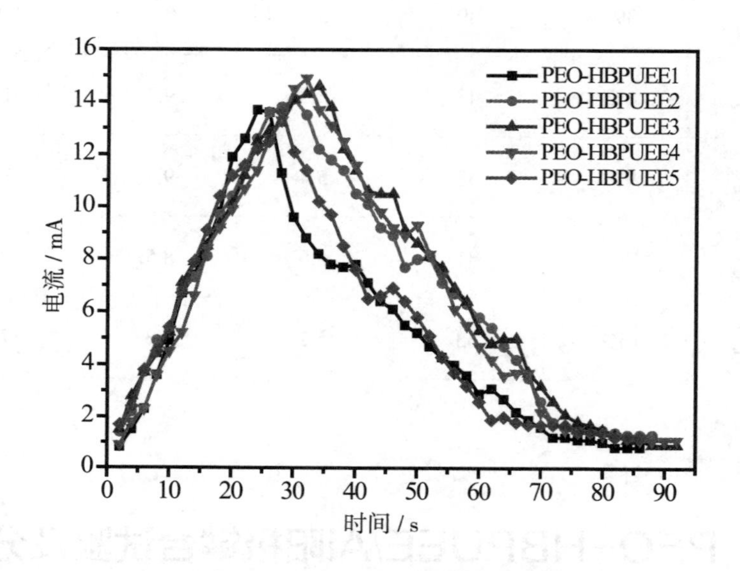

图9-7　PEO-HBPUEEs/Al阳极键合时间-电流特性

表9-6　PEO-HBPUEE/Al阳极键合峰值电流与键合时间

样品	PEO电解质溶液	键合电压（kV）	键合温度（℃）	键合压强（MPa）	峰值电流（mA）	键合时间（s）
PEO-HBPUEE1/Al	3%	0.75	70	0.15	13.6	81
PEO-HBPUEE2/Al	6%	0.75	70	0.15	14.1	84
PEO-HBPUEE3/Al	9%	0.75	70	0.15	14.6	87
PEO-HBPUEE4/Al	12%	0.75	70	0.15	14.9	85
PEO-HBPUEE5/Al	15%	0.75	70	0.15	13.6	83

峰值电流和键合时间是判断阳极键合质量的重要指标，PEO-HBPUEEs/Al阳极键合的峰值电流、键合时间与HBPUEEs/Al相比有明显提高。在聚氨酯预聚体电解质中加入PEO电解液，PEO与聚氨酯基体相互作用，复合材料的结晶性降低，PEO在复合材料中相当于软段，复合材料的柔性链段起到溶剂化作用，促进低晶格能LiTFSI解离和锂离子迁移。另外，PEO电解液含有一定量的溶剂二氯甲烷和DMC，极性溶剂在复合体系起到增塑作用，有效提高复合材料分子链运动能力，降低玻璃化转变温度，有效提高复合体系的介电常数，并且可以形成连续的导电相，所以复合材料PEO-HBPUEEs体系具有较高的离子导电率。在阳极键合的电场力作用下，阴极材料PEO-HBPUEEs的锂离子获得足够能量，在链段的热运动驱动下向连接阴极的复合材料表面快速迁移，在PEO-HBPUEEs与Al界面处形成阳离子耗尽层，随着锂离子迁移数的不断增多，耗尽层宽度增大，当电流达到峰值后，锂离子迁移密度逐渐减少，在强大的静电场作用力下，耗尽层中负离子与Al元素相互扩散并发生键合反应，此时电流衰减至一极小值，阳极键合结束。电流由低到峰值再衰减变化的整个过程就是阳极键合的时间，随着体系PEO电解液的增多，PEO-HBPUEEs/Al阳极键合的峰值电流和键合时间呈增大趋势，但是PEO-HBPUEE5/Al的电流峰值和键合时间反而降低。这个现象表明在一定范围内加入PEO电解液可以提高峰值电流，当PEO电解液超过一定量时，PEO与基体材料的相容性降低，离子迁移和元素扩散阻力增加，所以峰值电流和键合时间有所下降。

从图9-7中还可以看到，键合电流曲线下降缓慢，并在下降过程中曲线有短暂出现水平甚至略微上升迹象，紧接着曲线继续下降。这是由于在阳极键合过程中采取的动态梯度电场，当电流出现下降停滞现象时，此时复合材料极有可能将要被击穿，为了延长键合时间，采取及时调低键合电压使键合继续进行，那么电流也会随着电压快速下降。

9.4.2 PEO–HBPUEE/Al阳极键合界面形貌

阳极键合作为器件制备与封装中的微结构与微电气连接技术，与传统焊接与胶粘相比连接所需温度低，连接过程不需要中间填料，键合时间短，密封性好，阳极键合实现永久连接的关键在于形成了中间键合层，键合层的厚度与形态影响着键合强度[224]。

图9–8是PEO–HBPUEEs/Al阳极键合界面SEM图，图中可以明显观察到致密的中间键合层，键合层与Al和PEO–HBPUEEs均有连续、稳定的界面。PEO–HBPUEEs中大量的锂离子在直流电场作用下，随着柔性链段的热运动摆脱聚合物的束缚，向阴极迁移。在聚合物的阳极侧形成一定宽度的阳离子耗尽层，这样耗尽层带负电荷，与耗尽层接触的Al片带正电荷，这样就形成了较大的静电力。随着锂离子迁移的完成，耗尽层和Al之间形成的静电力达到最大，耗尽层中的负离子、Al元素都向键合界面扩散，发生键合反应生成新的氧化层物质，不同的氧化物最后构成了PEO–HBPUEEs/Al的中间键合层。从图9–8可以观察到，PEO–HBPUEE4/Al的键合层分布致密，键合层无裂纹缺陷，且有较宽的厚度，如图9–8（d）所示。PEO–HBPUEE5/Al的键合层厚度也较宽，但是由于键合层上有“孔隙”，故键合层不连续，如图9–8（e）所示。

图9–9是PEO–HBPUEE4/Al阳极键合界面EDS图，可以观察到Al、S、O、C、F元素在界面处发生明显的相互扩散。Al元素在界面处扩散密度较小，但可以清晰观察到复合材料内部存在Al元素；S、O、C、F元素在整个键合层分布较均匀，S和F都是LiTFSI的组成元素，O、C是聚氨酯、PEO和LiTFSI的组成元素，表明在高的静电场作用下耗尽层负离子在界面处充分扩散，并且进入到Al内部。

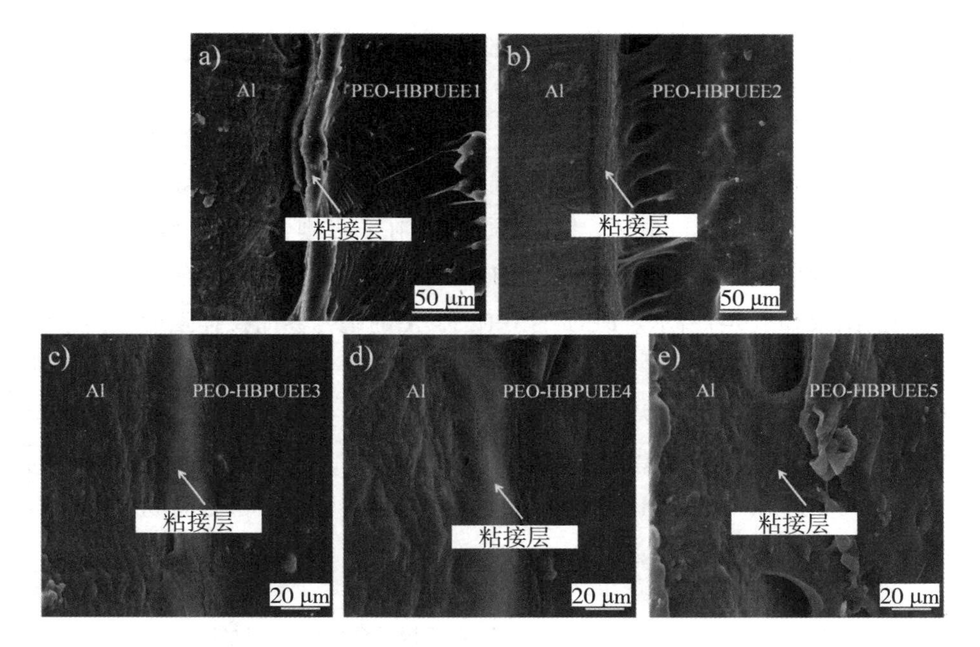

图9-8　PEO-HBPUEEs/Al阳极键合界面SEM图

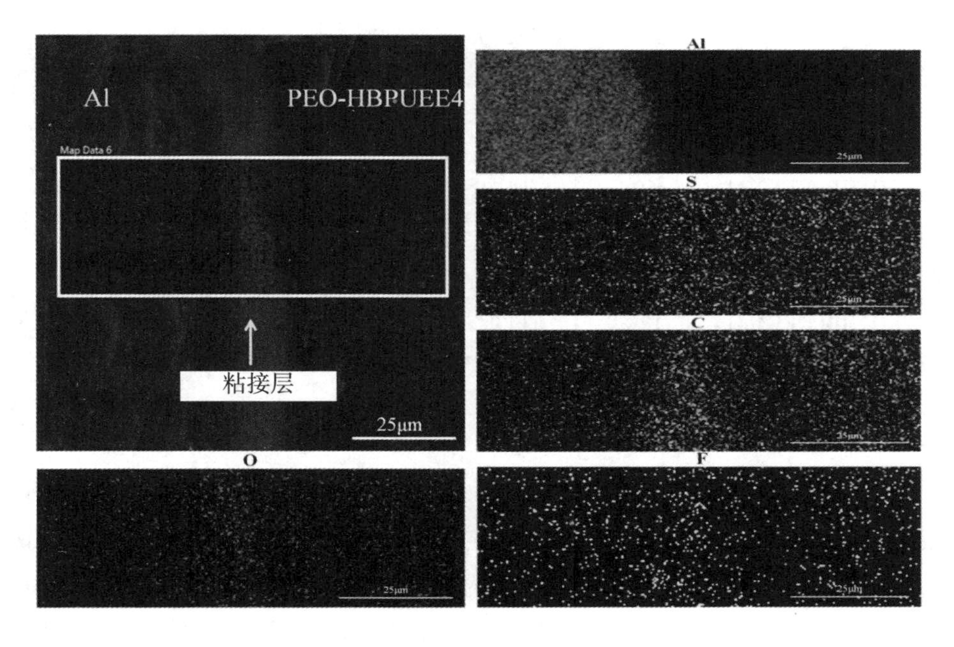

图9-9　PEO-HBPUEE4/Al阳极键合界面EDS图

9.4.3 PEO-HBPUEE/Al阳极键合界面强度及键合机理

阳极键合界面强度是评价阳极键合质量的重要依据。通常影响阳极键合的因素主要有温度、电压、键合压力等，在阳极键合条件一致的前提下，改变复合材料的PEO电解液含量，PEO-HBPUEEs/Al阳极键合界面拉伸性能测试结果如表9-7所示。PEO-HBPUEEs/Al的键合界面拉伸强度均高于没有添加PEO电解液的HBPUEEs/Al界面强度（表9-7），表明PEO电解液与基体材料的相互作用可以提高键合性能，随着复合材料体系的PEO电解液含量增多，键合界面强度呈先增加后降低的趋势，键合界面强度最高可达到1.81 MPa（PEO-HBPUEE4/Al），键合强度与峰值电流、键合时间及键合层厚度与致密度基本保持一致。

表9-7 PEO-HBPUEEs/Al阳极键合界面力学性能

样品	PEO电解质溶液	峰值电流（mA）	键合时间（S）	最大载荷（N）	横截面积（mm^2）	拉伸强度（MPa）
PEO-HBPUEE1/Al	3%	13.6	81	69.83	50.24	1.39
PEO-HBPUEE2/Al	6%	14.1	84	73.35	50.24	1.46
PEO-HBPUEE3/Al	9%	14.6	87	90.93	50.24	1.81
PEO-HBPUEE4/Al	12%	14.9	85	90.93	50.24	1.81
PEO-HBPUEE5/Al	15%	13.6	83	83.39	50.24	1.66

结合实验和分析，PEO-HBPUEEs/Al键合机理可作如下说明：PEO电解液的加入增加了聚合物基体材料的无定形相及相界面，离子迁移和元素扩散的通道主要存在于无定形相及相界面内，体系中加入的增塑剂和极性溶剂进一步提高了复合材料分子链的柔顺性，这些都有利于导电率的提高。采用设计的热引导动态场阳极键合工艺，在键合前PEO-HBPUEEs首先经过表面活

化处理，使得复合材料更容易阳极键合。在键合过程中，锂离子获得能量，在电场力作用下伴随着分子链的热运动定向迁移，同时在键合界面处形成耗尽层，在耗尽层和Al片间产生极大静电力，促使PEO-HBPUEEs和Al更加紧密贴合，元素相互扩散并且发生化学反应形成氧化层物质，构成中间键合层形成永久连接。

9.5　本章小结

LiTFSI含量（$n_{[NHCOO]/Li^+}=1$）、体系支化度（$n_{TMP}:n_{BDO}=0.45:0.45$）保持不变，通过不同量的PEO电解质对HBPUEE进行共混改性制备PEO-HBPUEEs复合弹性体。对PEO-HBPUEEs进行了一系列结构与形貌表征、热性能分析、力学性能测试以及电性能等表征。研究表明，PEO-HBPUEEs结晶能力弱，具有明显的无定形结构，LiTFSI完全溶解在复合材料基体中并于基体发生作用。PEO-HBPUEEs分子链段具有较好的低温柔顺性，适量PEO电解液的加入有助于复合材料玻璃化转变温度的降低。PEO和聚氨酯具有良好的相容性，随着PEO电解液的增多，LiTFSI逐渐出现团聚且尺寸明显增大，表明LiTFSI的含量在复合材料体系中接近最大极限。材料热稳定性良好，但随着PEO电解液的增多，耐热性呈降低趋势。PEO-HBPUEEs在70 ℃（阳极键合温度）时导电率最高达到了1.2×10^{-3} S·cm^{-1}（PEO-HBPUEE4），表明共混改性有助于提高材料的导电率。PEO-HBPUEEs具有可满足阳极键合的硬度、强度等力学性能，适量PEO的加入可以改善材料的力学性能。

采用设计的热引导动态场阳极键合工艺，将制备的PEO-HBPUEEs与Al片成功进行阳极键合连接。与前一章HBPUEEs/Al相比，PEO-HBPUEEs/Al的峰值电流明显提高，键合时间明显延长，但过量的PEO电解质会降低峰值电流和键合时间。通过SEM图在PEO-HBPUEEs/Al键合界面处可观察到一定宽度、致密的键合层，键合层与Al和PEO-HBPUEEs有稳定的界面。EDS

检测到Al、S、O、C、F元素在界面处发生明显的相互扩散，键合层拉伸强度最高可达1.81 MPa（PEO-HBPUEE4/Al）。在制备的系列阴极材料PEO-HBPUEEs中，PEO电解液添加量为预聚体电解质质量的12%时，其与Al片的键合性能最佳（PEO-HBPUEE4/Al）。

第10章

POSS改性PEO-HBPUEE复合弹性体的柔性阳极键合

10.1 引言

研究表明，聚合物电解质中锂离子的传输通道主要存在于非晶相和相界面区域，传输的方式主要是以解离后的锂离子与聚合物链段羰基、醚基等极性基团间不断地“络合”“解络合”方式进行，聚合物分子链段的微观热运动是锂离子迁移的内在驱动力[225]。聚合物复合弹性体材料存在的部分微晶等近程有序结构会抑制和阻碍锂离子的迁移，根据锂离子迁移机理，通过掺杂改性方式可以进一步降低复合材料的结晶性和玻璃化转变温度，以及提高分子链段的运动能力，进而提高复合材料锂离子的传输性能，掺杂改性是提高聚合物电解质综合性能的重要途径[226]。通常使用的无机纳米改性粒子有SiO_2、Al_2O_3、TiO_2等，文献报道经无机纳米改性粒子改性的聚合物电解质材料不仅耐热、耐溶剂性提高，而且力学性能、导电性等方面也有很大的改善

[227]。八（三甲基硅氧烷）倍半硅氧烷是具有无机和有机特性的笼状三维结构纳米级杂化材料，其特殊的分子结构表现出丰富的物理特性，因而已成为很多有机功能材料合成中的激活因子，其改性效果要远超传统无机纳米颗粒。

本章节中，将POSS通过物理掺杂的方式引入到PEO-HBPUEEs中，制备得到POSS改性的复合弹性体电解质材料（POSS-PEO-HBPUEEs）。通过改变POSS掺杂量，研究POSS杂化体对复合弹性体分子结构、表面形貌、热性能、离子导电性以及力学性能的影响。将制备的POSS-PEO-HBPUEEs与Al片进行阳极键合连接，并研究分析POSS-PEO-HBPUEEs/Al的阳极键合性能，确定复合弹性体阴极材料（POSS-PEO-HBPUEEs）中POSS的最佳使用量。

10.2 POSS改性PEO-HBPUEE复合弹性体的制备

10.2.1 实验主要原料及仪器

实验过程中用到的主要原料和生产厂商见表10-1。

表10-1 实验主要原料

名称	英文简称/分子式	规格	厂商
2，4-甲苯二异氰酸酯	TDI-100	分析纯	国药试剂
聚丙二醇	PPG	分子量M_n=2 000，分析纯	安耐吉化学

续表

名称	英文简称/分子式	规格	厂商
双三氟甲基磺酰亚胺锂	LiTFSI	分析纯	安耐吉化学
1，4-丁二醇	BDO	分析纯	安耐吉化学
三羟甲基丙烷	TMP	分析纯	安耐吉化学
碳酸二甲酯	DMC	分析纯	安耐吉化学
二月桂酸二丁基锡	DBTL	分析纯	安耐吉化学
铝片	Al	纯度>99%，厚度0.2 mm	国药试剂
二氯甲烷	CH_2Cl_2	分析纯	国药试剂
聚氧化乙烯	PEO	分子量$M_n \approx 300\,000$，分析纯	国药试剂
邻苯二甲酸二辛酯	DOP	分析纯	国药试剂
八（三甲基硅氧烷）倍半硅氧烷	POSS	分析纯	国药试剂
丙酮	CH_3COCH_3	分析纯	国药试剂
无水乙醇	C_2H_6O	分析纯	国药试剂
氨水	NH_4OH	分析纯	国药试剂
双氧水	H_2O_2	分析纯	国药试剂

实验过程中用到的主要仪器名称、型号和生产厂商见前章。

10.2.2　POSS改性PEO-HBPUEE复合弹性体的制备

设定预聚体NCO%为6.5，扩链系数取0.9，根据$n_{[NHCOO]/Li^+}=1$计算锂盐加入量，扩链交联剂取TMP和BDO，且摩尔比$n_{TMP}/n_{BDO}=0.45/0.45$，PEO电解质溶液加入量为预聚体电解质质量的12%，采用预聚体法制备浇注型

POSS改性PEO-HBPUEE复合弹性体材料，并在室温下固化成型，制备流程如图10-1所示。

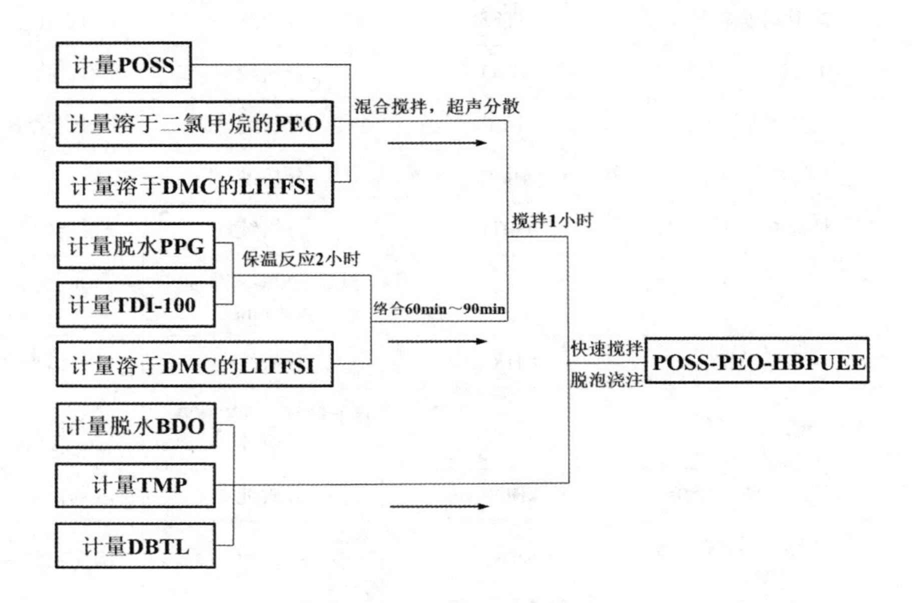

图10-1 POSS改性PEO-HBPUEEs复合弹性体制备流程图

制备POSS-PEO电解质溶液：把计量的溶于二氯甲烷的PEO（二氯甲烷用量按照12 mL二氯甲烷溶解1 g PEO的比例计算）和溶于DMC的LITFSI（溶剂DMC用量按照1 mL溶剂DMC溶解1 g锂盐LiTFSI的比例计算）混合，再加入计量的POSS，在40～70 ℃充分搅拌和超声分散备用。

设定锂盐LITFSI和PEO比例为$[EO]:[Li^+]=12:1$。

预聚体电解质的合成：将计量的聚醚二醇PPG加入配有搅拌器、温度计、真空系统和电加热套的三口烧瓶中，在100～110 ℃下真空脱水1 h。然后降温到30～50 ℃，加入二异氰酸酯TDI-100，待自然升温停止后，缓慢加热至70～80 ℃，保温反应2 h后得到预聚体，取样分析NCO基含量，当NCO%含量达到设定值时，室温下在该预聚体中加入计量溶解于极性溶剂DMC的锂盐LiTFSI（溶剂DMC用量按照1 mL溶剂DMC溶解1 g锂盐LiTFSI的比例计算），搅拌90 min后密封静置3～6 h备用。

复合预聚体电解质的制备：在上述制备好的预聚体电解质中按照一定比例加入上述制备好的POSS-PEO电解质溶液，在40 ℃下搅拌1 h。

复合弹性体的制备：将计量的扩链剂BDO、交联剂TMP和增塑剂DOP在100～110 ℃下真空脱水1 h，加入适量催化剂DBTL均匀混合，然后加入到合成好的复合预聚体电解质中，快速搅拌2～4 min，注意观察温度变化并记录，快速放入抽真空装置中进行脱泡30～90 s，把制备好的混合物快速浇注于涂有脱膜剂的聚四氟乙烯模具中，室温固化7～10 d。

增塑剂DOP用量为扩链交联剂BDO、TMP质量的40%。

根据不同POSS的加入量制备系列POSS-PEO-HBPUEEs复合弹性体材料，POSS加入量为预聚体电解质质量的百分比，其组成如表10-2所示。

表10-2　POSS-PEO-HBPUEEs复合弹性体组成

样品	POSS-PEO-HBPUEE1	POSS-PEO-HBPUEE2	POSS-PEO-HBPUEE3	POSS-PEO-HBPUEE4	POSS-PEO-HBPUEE5
NCO%	6.5	6.5	6.5	6.5	6.5
$n_{[NHCOO]/Li^+}$	1	1	1	1	1
n_{TMP} / n_{BDO}	0.45/0.45	0.45/0.45	0.45/0.45	0.45/0.45	0.45/0.45
PEO电解质溶液加入量	12%	12%	12%	12%	12%
POSS加入量	0.5%	1%	3%	5%	7%

10.3 材料表征结果及讨论

10.3.1 POSS-PEO-HBPUEEs复合弹性体的红外光谱分析

图10-2为不同POSS含量的POSS-PEO-HBPUEEs复合弹性体的红外光谱图，图中3 400～3 500 cm^{-1}处吸收峰是未成氢键和成氢键的亚氨基（—NH）伸缩振动峰，复合材料聚氨酯硬段含有大量亚氨基。在2 900～3 000 cm^{-1}处吸收峰是烃基（CH_2、CH_3）的对称和反对称伸缩峰，复合材料中聚氨酯、PEO及POSS都含有大量烃基（CH_2、CH_3）。在1 723 cm^{-1}附近的吸收峰是羰基（C═O）特征峰，聚氨酯中氨基甲酸酯基、缩二脲基、脲基甲酸酯基、脲基等均含有羰基。在1 087cm^{-1}附近吸收峰是C—O—C伸缩振动吸收峰，复合材料中PEO和聚醚型聚氨酯中均含有C—O—C。1165 cm^{-1}和872 cm^{-1}附近吸收峰是POSS结构中Si—O—Si单元的反对称和对称伸缩振动吸收峰，832 cm^{-1}附近吸收峰是POSS结构中Si—C伸缩振动吸收峰。以上特征峰的出现表明成功制备了含有POSS、PEO和聚氨酯的复合材料。在1 259 cm^{-1}附近处是锂盐LiTFSI中C—SO_2—N的吸收峰，755 cm^{-1}附近是LiTFSI中S—N、C—S、C—F伸缩振动峰，表明锂盐LiTFSI溶解在复合材料基体中。在559 cm^{-1}附近处是C—Cl伸缩振动峰，这是由于POSS-PEO电解质溶液中含有很多溶剂二氯甲烷，二氯甲烷残留在了复合材料中。在图10-2红外图谱中均可以看到复合材料中POSS、PEO、聚氨酯、LiTFSI的特征峰，LiTFSI溶解在复合材料基体中，并且与复合材料极性基团发生相互作用。

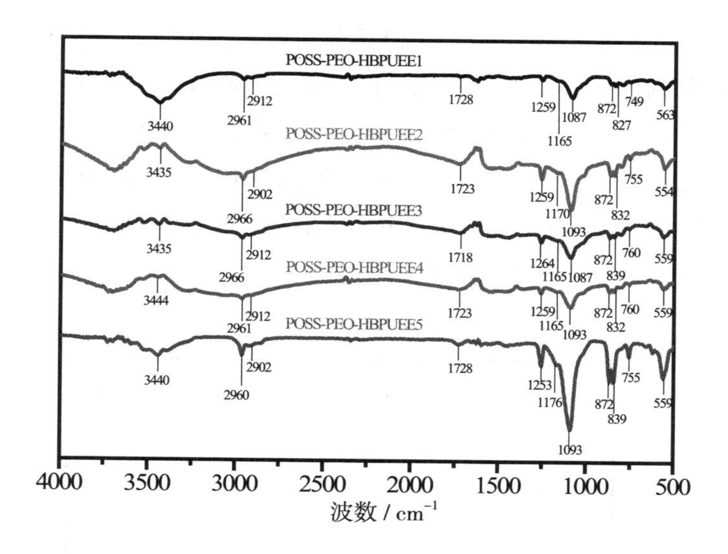

图10-2 不同POSS含量POSS-PEO-HBPUEEs复合弹性体红外光谱

10.3.2 X-射线衍射分析

聚笼型多面体倍半硅氧烷（POSS）是一类特殊的内部由Si和O构建的无机框架、外部为有机取代基的有机-无机杂化体材料，POSS中属于纳米尺寸的Si—O—Si结构具有特殊的物化效应，适量的添加可以提高聚合物的力学性能、热稳定性以及改变聚合物的结晶性能等，常用于对功能材料共混、共聚改性。

图10-3为不同POSS含量的复合弹性体POSS-PEO-HBPUEEs的XRD图谱，其中图10-3（a）为八（三甲基硅氧烷）倍半硅氧烷（POSS）的XRD图谱，位于$2\theta \approx 6.69°$、8.05°、16.9°和26.5°是POSS的特征衍射峰，表明POSS是一种高结晶态的杂化体材料。由图10-3（b）所示，复合弹性体POSS-PEO-HBPUEEs也可看到POSS衍射峰，并且随着样品中POSS含量的增加（POSS-PEO-HBPUEE1～POSS-PEO-HBPUEE5），样品POSS衍射峰越来越

明显，特别是POSS–PEO–HBPUEE5明显可以看到位于$2\theta\approx6.69°$、$8.05°$和$16.9°$结晶衍射峰，表明POSS均匀分散在复合材料基体中，POSS与基体材料相容性较好。POSS–PEO–HBPUEEs中可明显看到位于$2\theta\approx22.7°$附近宽衍射峰，这归属于基体材料的无定形结构。图10–3（b）样品XRD图谱中没有观察到LiTFSI特征结晶峰，表明LiTFSI完全溶解在复合材料基体中，并于基体发生作用生成了特殊的电荷载体

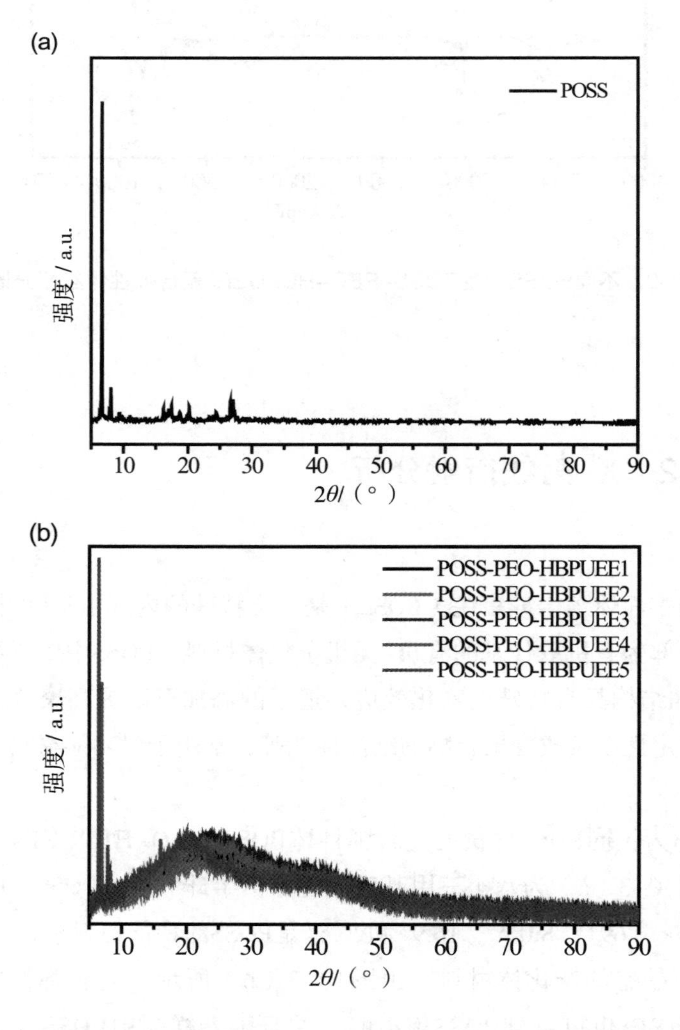

图10–3　POSS（a）和不同POSS含量的POSS–PEO–HBPUEEs复合弹性体（b）的XRD图谱

10.3.3　POSS-PEO-HBPUEEs复合弹性体的表面形貌分析

图10-4是放大1 000倍的不同POSS含量的POSS-PEO-HBPUEEs复合弹性体材料表面SEM图，图中深色部分为聚合物连续相基体，亮白色部分为LiTFSI和POSS聚集体。

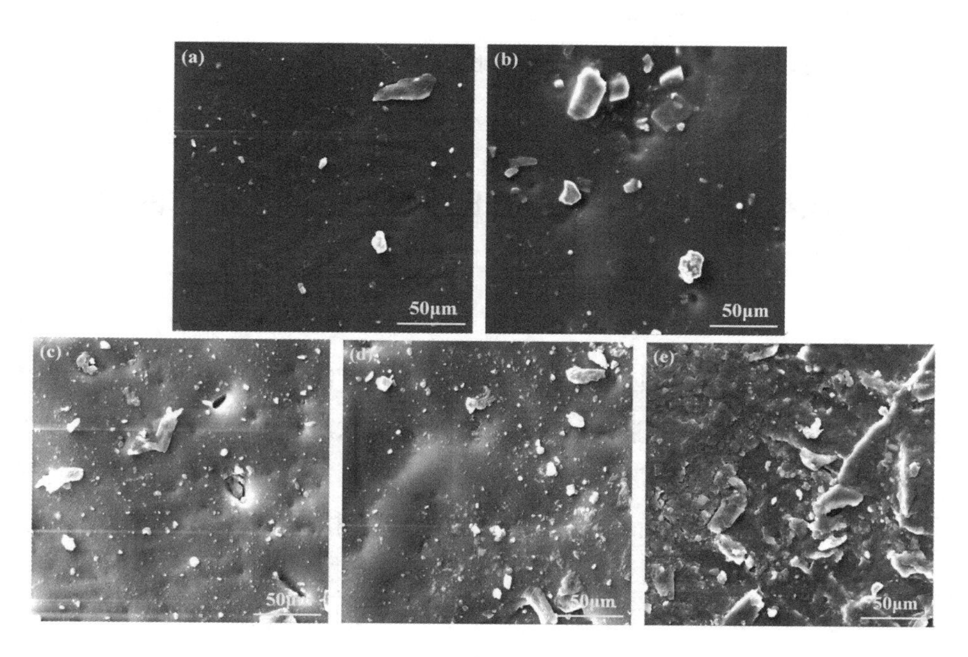

图10-4　不同POSS含量的POSS-PEO-HBPUEEs复合弹性体SEM图

（a）POSS-PEO-HBPUEE1；（b）POSS-PEO-HBPUEE2；（c）POSS-PEO-HBPUEE3；（d）POSS-PEO-HBPUEE4；（e）POSS-PEO-HBPUEE5

从图10-4中可以看到复合材料中PEO和聚氨酯的相容性良好，且没有明显的聚氨酯硬段聚集体，说明聚氨酯的软硬段相容性较好。复合材料的LiTFSI来源有两方面：一是在预聚体电解质的合成阶段中加入的LiTFSI，二是加入的PEO电解液中含有的LiTFSI。LiTFSI的加入影响聚氨酯的微相分离形态，促使硬段在软段中的溶解性增强，体系无定形比例增大，这在一定程度上可以提高离子导电率。随着复合弹性体材料POSS含量增大（POSS-PEO-HBPUEE1～POSS-PEO-HBPUEE5），可以看到亮白色颗粒增多，且尺寸增大，有明显的团聚现象，亮白色颗粒是加入的LiTFSI和POSS晶体，POSS是一种具有笼型结构的纳米级无机/有机杂化分子，其粒子比表面积大，孔隙率大，含有大量Si—O—Si等结构，POSS的结构特点可有效提高材料耐热性、力学性能以及导电性，POSS在复合材料基体中均匀分散并且与基体形成稳定的相界面对材料性能的提高非常重要，增塑剂DOP和溶剂二氯甲烷在一定程度上也可以改善POSS在基体中分散性。

10.3.4 POSS-PEO-HBPUEE复合弹性体的热性能分析

一直以来含硅氧结构的纳米粒子代表SiO_2在改善材料的耐热性、透光性、力学性能及耐磨性能等方面发挥着巨大的作用。POSS作为有机硅材料的后起之秀，结合了有机硅和无机硅材料的特点，具有的笼型立体结构具有非常高的稳定性，可以在分子水平上对聚合物材料进行修饰和改性，引入POSS可以显著提高聚合物的耐热性、力学性能及抗氧化性等。

实验中用5%热分解温度（$T_{d,\ 5\%}$）来评价复合弹性体材料的热稳定性，图10-5（a）是不同POSS含量的POSS-PEO-HBPUEEs的TGA曲线，POSS-PEO-HBPUEEs的$T_{d,\ 5\%}$见表10-3。随着复合材料体系POSS含量的增加，$T_{d,\ 5\%}$呈现先升高后降低的趋势，所有样品$T_{d,\ 5\%}$均大于180 ℃，表明所制备POSS-PEO-HBPUEEs复合弹性体材料的热稳定性均可以满足阳极键合的要求（阳极键合温度75 ℃）。由图10-4复合材料SEM图可知，一定含量的POSS可以较均匀分散在复合材料基体中，POSS本身具有很强的热稳定性，POSS较大的比表面积使其与复合材料基体有很强的结合力，POSS分散在复合材料中可以提供额外的热容，促使复合基体的硬段在更高的温度下发生分解，均匀分散的POSS也会影响复合材料基体的热传导，起到阻隔传热作用，另外POSS

与复合材料相互作用，可以适当提高基体材料的化学键合作用，所以POSS-PEO-HBPUEEs材料的$T_{d,\ 5\%}$表现出升高的趋势。继续增加POSS，复合材料$T_{d,\ 5\%}$降低，POSS-PEO-HBPUEEs热稳定性下降，表明持续增加的POSS并不利于复合材料热稳定性的提升，这是因为POSS在基体的溶解性降低，出现团聚现象，POSS无法发挥其作用；POSS凝聚体尺寸增大，破坏了复合材料基体的连续性，所以表现出热稳定性下降。

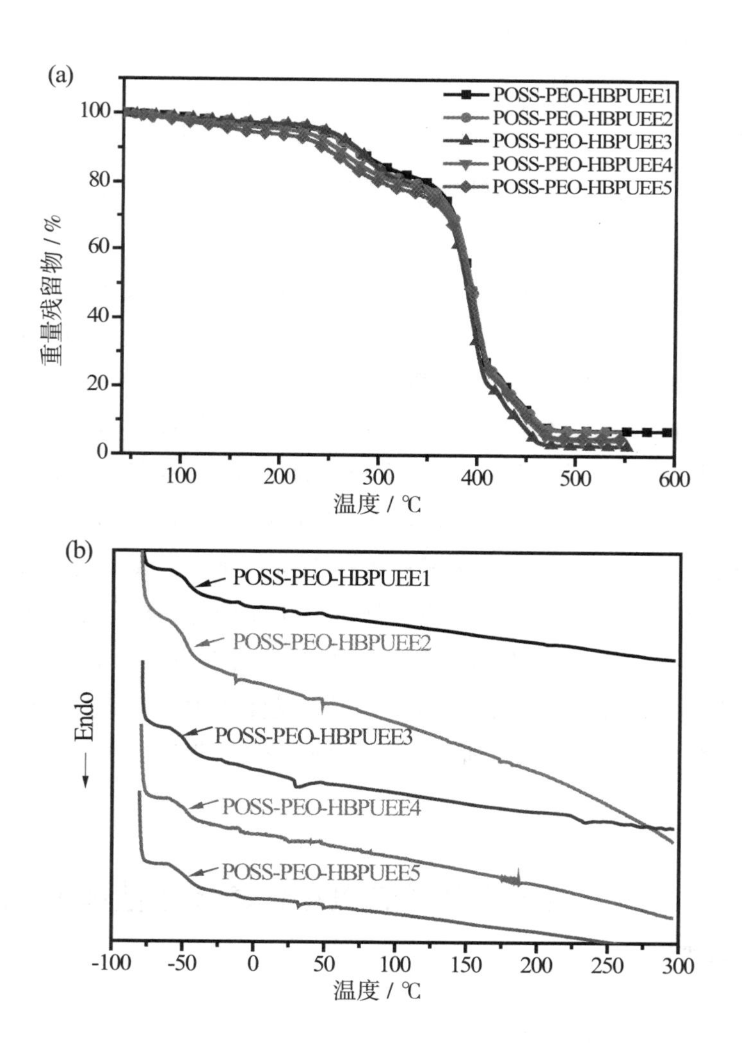

图10-5　不同POSS含量的POSS-PEO-HBPUEEs复合弹性体TGA（a）和DSC（b）曲线

表10-3 POSS-PEO-HBPUEE复合弹性体的热性能

样品	$n_{[NHCOO]/Li^+}$	n_{TMP} / n_{BDO}	PEO电解质溶液	POSS加入量	T_g(℃)	$T_{d,5\%}$(℃)
POSS-PEO-HBPUEE1	1	0.45/0.45	12%	0.5%	-47.91	244
POSS-PEO-HBPUEE2	1	0.45/0.45	12%	1%	-48.54	249
POSS-PEO-HBPUEE3	1	0.45/0.45	12%	3%	-48.18	252
POSS-PEO-HBPUEE4	1	0.45/0.45	12%	5%	-47.40	225
POSS-PEO-HBPUEE5	1	0.45/0.45	12%	7%	-34.73	181

图10-5（b）是不同POSS含量的POSS-PEO-HBPUEEs复合弹性体的DSC曲线，样品的玻璃化转变温度T_g见表10-3。可以看到POSS-PEO-HBPUEEs的玻璃化转变温度均低于-30 ℃，表明复合材料分子链段具有较好的低温柔顺性。复合弹性体的柔性链段能够溶解LiTFSI，并且极性基团可以与锂离子络合，在T_g温度以上，锂离子随着分子链段的热运动发生迁移，T_g影响着聚合物阴极材料的键合性能。随着复合材料POSS含量逐步增加，T_g有升高的趋势，T_g最小值达到-48.54 ℃（POSS-PEO-HBPUEE2）。POSS分散在复合材料基体中，并且POSS与复合材料基体链段发生作用力，对分子链的运动产生抑制作用，导致复合材料T_g升高。随着POSS的继续增加，POSS晶体尺寸增大，出现团聚现象，POSS晶粒对复合材料基体产生“割裂”作用，导致分子链运动阻力进一步增大，所以T_g的升高趋势具有先慢后快的特点。

10.3.5 POSS-PEO-HBPUEE复合弹性体的离子传导性能分析

图10-6为不同POSS添加量的复合弹性体材料的交流阻抗谱图，POSS-

PEO-HBPUEEs的离子导电率与POSS加入量的关系见表10-4。添加POSS的复合材料POSS-PEO-HBPUEEs的离子导电率要明显高于PEO-HBPUEEs，表明POSS在提高电解质性能方面发挥作用。复合材料中POSS改变着聚合物基体与锂盐的作用方式，使材料的离子导电率明显提高，这里有三方面原因：（1）POSS作为一种纳米改性粒子，与复合材料基体的相容性良好，并产生物理交联中心，存在路易斯酸碱相互作用，一方面降低复合材料链段重组趋势，降低结晶度，产生更多的无定形结构，可以促进无定形链段的运动，提高锂离子的传输速率；POSS作为电解质中各种易发生路易斯酸碱反应离子的中心，降低了离子间产生耦合的机率，增大了自由载流子数量。（2）POSS比表面积大，表面效应强，与复合材料中PEO和PU形成更多的相界区，使得锂离子更快速的迁移，另外POSS与聚合物极性基团、锂盐之间产生特殊作用，通过边界效应可以在POSS表面形成新的动力学通道，有利于锂离子传输。（3）POSS本身就属于多孔结构，复合材料的超支化结构也有很多“孔洞”，二者协同作用，形成一条特殊的离子扩散通路，从而提高锂离子的迁移效率。然而随着POSS含量的增加，导电率呈下降趋势，这是由于POSS发生团聚，过量的POSS在基体中溶解性降低，难以发挥POSS的有效作用；并且团聚体POSS与聚合物链段产生物理交联，减小了分子的自由体积，分子链段的柔顺性下降，锂离子迁移效率降低。

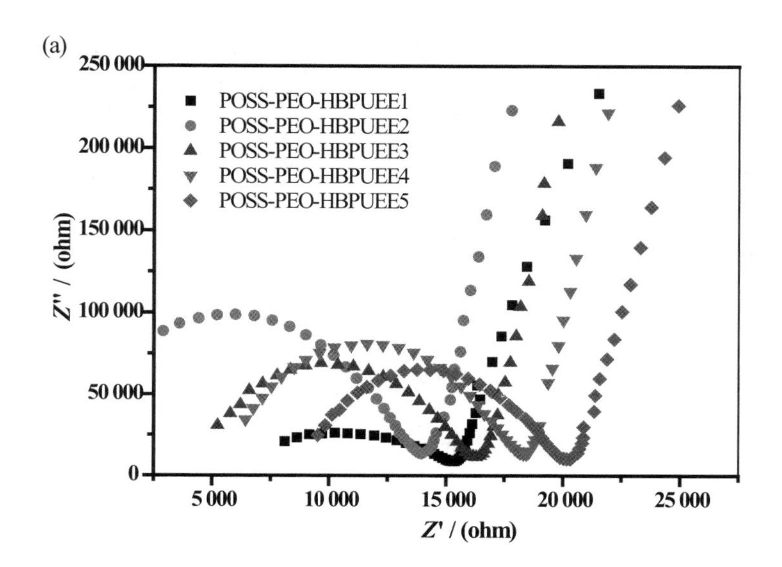

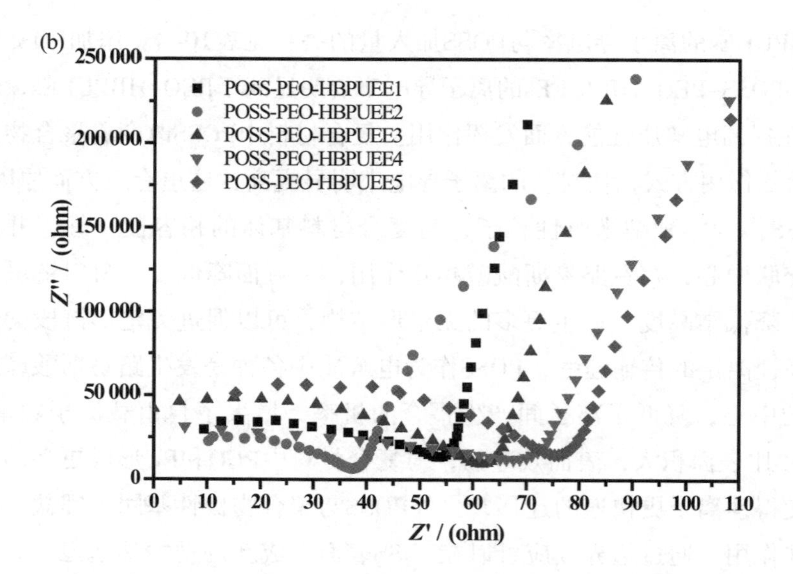

图10-6 在室温测试（a）和75 ℃测试（b）的不同POSS含量的POSS-PEO-HBPUEEs的交流阻抗谱图

表10-4 POSS-PEO-HBPUEEs复合弹性体材料的离子导电率

样品	POSS加入量	室温		75 ℃	
		本体电阻（Ω）	离子导电率（$S \cdot cm^{-1}$）	本体电阻（Ω）	离子导电率（$S \cdot cm^{-1}$）
POSS-PEO-HBPUEE1	0.5%	15 336	6.5×10^{-6}	54	1.9×10^{-3}
POSS-PEO-HBPUEE2	1%	13 909	7.2×10^{-6}	37	2.7×10^{-3}
POSS-PEO-HBPUEE3	3%	16 216	6.2×10^{-6}	62	1.6×10^{-3}
POSS-PEO-HBPUEE4	5%	18 272	5.5×10^{-6}	68	1.5×10^{-3}
POSS-PEO-HBPUEE5	7%	20 373	4.9×10^{-6}	76	1.3×10^{-3}

10.3.6　力学性能分析

表10-5是复合弹性体材料POSS-PEO-HBPUEEs的力学性能，随着POSS含量增加，复合材料硬度升高，扯断伸长率略有下降，拉伸强度和撕裂强度分别是先升高后下降。POSS对复合材料基体具有补强效应，这种效应取决于POSS与复合材料PU软硬段以及PEO链段的界面作用力，所以POSS-PEO-HBPUEEs的综合力学性能较PEO-HBPUEEs材料有明显提高。随着POSS含量增大，POSS可以起到传递和分散应力的作用，当复合材料受到外力时，基体中分散均匀的POSS可以承担一部分载荷，抵消了由应力聚集而产生的能量，阻止裂纹发展，延缓断裂产生，所以拉伸强度和撕裂强度增加；当POSS继续增多，POSS分散性变差，出现团聚，补强效应降低，并且聚集体POSS与复合材料分子链段产生物理交联，使分子运动能力下降，所以拉伸强度和撕裂强度又会下降。POSS作为填料在复合材料体系中起到骨架支撑作用，增强了材料的刚性，所以POSS-PEO-HBPUEEs的硬度升高。POSS与复合材料基体没有化学键相连，并且增大了分子间距，氢键化作用减弱，所以扯断伸长率略有降低。

表10-5　POSS-PEO-HBPUEEs复合弹性体的力学性能

样品	POSS加入量	邵氏A硬度	拉伸强度（MPa）	撕裂强度（MPa）	扯断伸长率（%）
POSS-PEO-HBPUE1	0.5%	34	5.5	8.6	437
POSS-PEO-HBPUE2	1%	38	6.1	9.5	421
POSS-PEO-HBPUE3	3%	40	7.6	10.9	409
POSS-PEO-HBPUE4	5%	45	7.4	9.7	384
POSS-PEO-HBPUE5	7%	47	6.2	9.3	391

10.4 POSS-PEO-HBPUEE/Al 阳极键合试验及分析

10.4.1 POSS-PEO-HBPUEE/Al阳极键合时间-电流特性

将纳米级POSS杂化体加入复合材料中，不仅有利于提高复合材料的热稳定性和力学性能，还可以提高复合材料的离子导电率和界面稳定性。设定键合温度75 ℃，电场强度0.75 kV，施加载荷0.15 MPa，POSS-PEO-HBPUEEs/Al阳极键合时间-电流特性曲线如图10-7所示，POSS-PEO-HBPUEEs/Al阳极键合峰值电流与键合时间见表10-6。

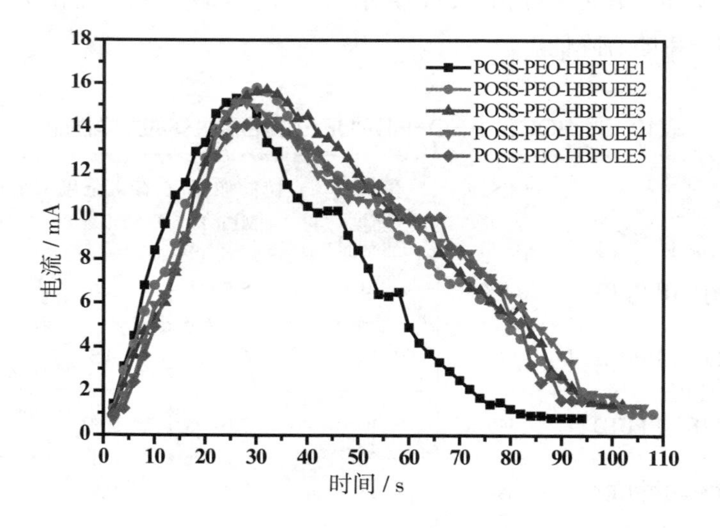

图10-7 POSS-PEO-HBPUEEs/Al阳极键合时间-电流特性

表10-6 POSS-PEO-HBPUEE/Al阳极键合峰值电流与键合时间

样品	POSS加入量	键合电压（kV）	键合温度（℃）	键合压强（MPa）	峰值电流（mA）	键合时间（s）
POSS-PEO-HBPUEE1/Al	0.5%	0.75	75	0.15	15.2	88
POSS-PEO-HBPUEE2/Al	1%	0.75	75	0.15	15.7	104
POSS-PEO-HBPUEE3/Al	3%	0.75	75	0.15	15.6	97
POSS-PEO-HBPUEE4/Al	5%	0.75	75	0.15	15.2	102
POSS-PEO-HBPUEE5/Al	7%	0.75	75	0.15	14.2	90

复合材料POSS-PEO-HBPUEEs/Al阳极键合电流峰值与键合时间与PEO-HBPUEEs/Al相比均有所提升，键合电流是离子微观运动的宏观体现，POSS对复合材料离子迁移和元素扩散的影响主要有三方面：（1）POSS杂化体阻碍复合基体分子支链的缠绕，降低复合材料结晶度，无定形结构比例增大，从而有利于离子的迁移。（2）POSS作为具有高比表面积的活性填料，可以与复合材料基体形成更多相界面传输通道。（3）POSS笼状多面体结构具有很多“孔洞”，与超支化结构的“间隙”协同作用，形成特殊的锂离子传输和元素扩散的通道。所以复合材料POSS-PEO-HBPUEEs的基体更加有利于阳极键合过程中锂离子的迁移和元素扩散。在温度场、压力场、电场联合作用下，锂离子获得能量向阴极迁移，在复合材料和Al界面处形成一定宽度的阳离子耗尽层，随着单位时间载电荷数达到最多，键合电流达到峰值，随后键合电流缓慢下降至一个极小值，此时阳离子耗尽层宽度最大，在强大静电场作用下耗尽层负离子与Al元素扩散并发生化学反应，在界面处形成键合层。由表10-6分析可知，随着POSS加入量的增加，峰值电流和键合时间先增加后降低，POSS-PEO-HBPUEE2/Al的峰值电流和键合时间最大，当POSS加入量超过一定范围时，POSS产生团聚，影响复合材料基体的连续性，复合材料的导电性能下降，进而对阳极键合的峰值电流和键合时间产生影响。

10.4.2 POSS-PEO-HBPUEE/Al阳极键合界面形貌

POSS不仅可以有效改善材料的热稳定性，还可以提高聚合物基体材料的离子导电性、元素扩散以及提高界面稳定性。但是过量的POSS容易产生团聚，反而使复合材料的键合性能变差。

图10-8为POSS-PEO-HBPUEEs/Al阳极键合界面SEM图，在图中可以观察到不规则圆齿粒状物质（图10-8中圈出），通过图10-9的POSS-PEO-HBPUEE3/Al阳极键合界面EDS图中Si元素浓度分析可知，不规则圆齿粒状物质为添加的POSS粒子。从图10-8（a）~（c）可观察到，POSS在复合材料基体均匀分散（POSS-PEO-HBPUEE1 ~ POSS-PEO-HBPUEE3）；然而随着POSS添加量的增多,POSS出现团聚，尺寸增大，溶解性降低（POSS-PEO-HBPUEE4和POSS-PEO-HBPUEE5），如图10-8（d）和（e）所示。聚合物阴极材料中不同POSS含量对阳极键合会产生不同影响，图10-8中可以观察到POSS-PEO-HBPUEEs/Al阳极键合界面明显的中间键合层。除图10-8（e）外（POSS-PEO-HBPUEE5/Al），其他键合层光滑平整且无明显裂纹（POSS-PEO-HBPUEE1 ~ POSS-PEO-HBPUEE4）。POSS-PEO-HBPUEE5/Al的键合层产生较多裂缝[图10-8（e）中用矩形框标记]，表明POSS-PEO-HBPUEE5与Al没有有效键合，在键合条件相同的情况下，聚合物阴极材料中过量添加的POSS不利于阳极键合。

适当含量的POSS可以提高聚合物阴极材料的键合性能。在热场、电场、压力场耦合作用下，锂离子与复合材料极性基团间通过“络合”“解络合”方式向阴极移动，POSS与聚合物基体的相互作用提高了锂离子迁移的效率，在复合材料与Al界面处形成了一定宽度的阳离子耗尽层，强大的静电力作用在耗尽层中，促使界面紧密接触，耗尽层负离子与Al元素相互扩散并发生反应生成键合层，实现永久连接。图10-9所示为POSS-PEO-HBPUEE3/Al阳极键合界面EDS图，Al元素浓度由高到低呈梯度向界面扩散，复合材料中C、O元素由耗尽层向Al界面扩散，Si元素在整个界面处基本分布均匀，但在POSS杂化粒子处浓度集中，S、F、N元素在整个界面处分布较均匀，S、F、N元素属于LiTFSI，N元素也属于复合材料基体。

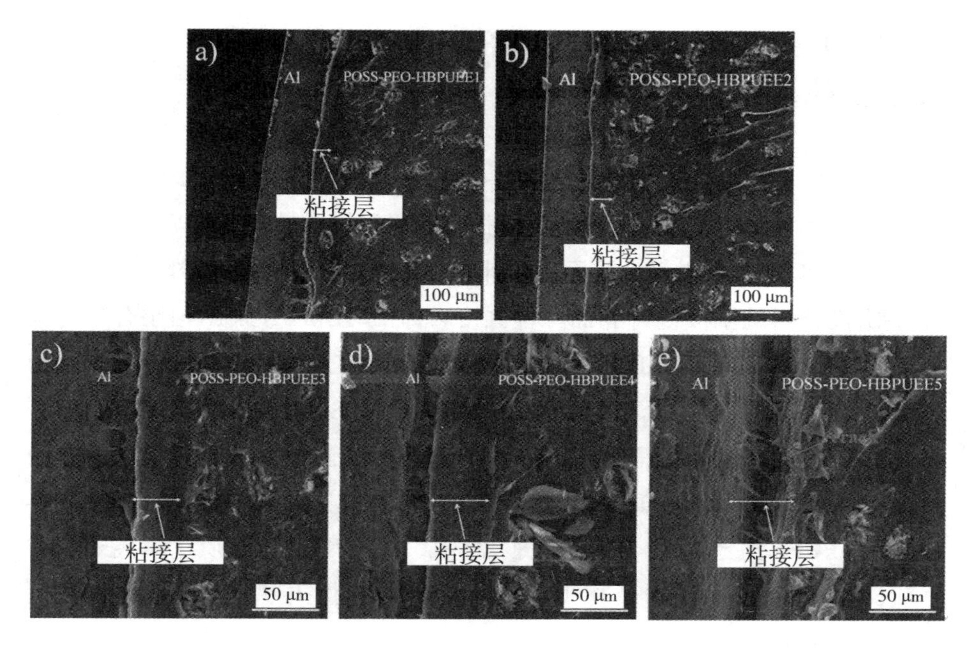

图10-8 POSS-PEO-HBPUEEs/Al阳极键合界面SEM图

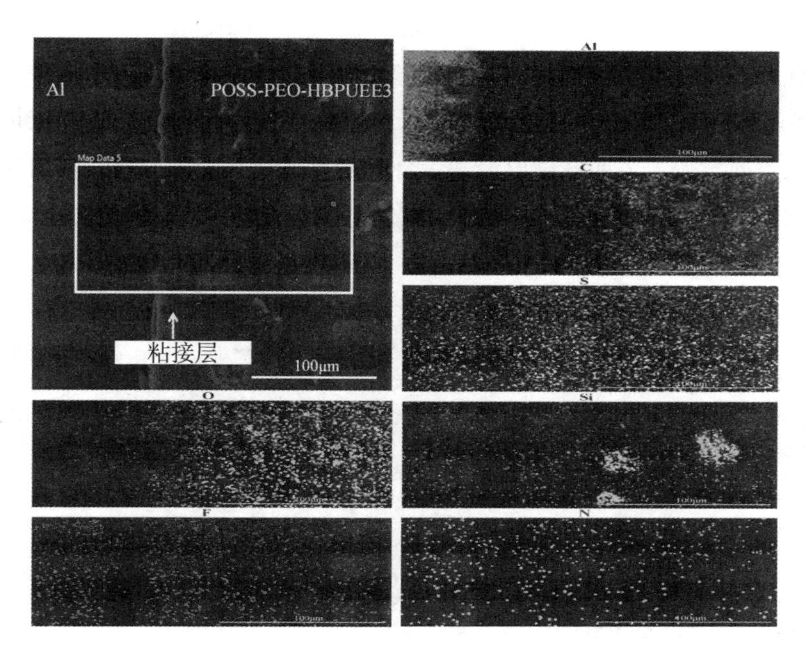

图10-9 POSS-PEO-HBPUEE3/Al阳极键合界面EDS图

10.4.3 POSS-PEO-HBPUEE/Al阳极键合界面强度及键合机理

为了考查POSS添加量对聚合物阴极材料阳极键合性能的影响，对POSS-PEO-HBPUEEs/Al阳极键合界面做拉伸测试，测试结果如表10-7所示。添加POSS阴极材料的阳极键合界面拉伸强度较PEO-HBPUEEs/Al相比有明显提高（表10-7），然而随着POSS添加量增多，POSS-PEO-HBPUEEs/Al键合强度呈降低趋势，最高键合强度可达2.23 MPa（POSS-PEO-HBPUEE2/Al）。可以从阳极键合的微观过程分析POSS对键合强度的影响，超支化结构的分子内部含有许多“间隙”，笼状多面体结构的POSS本身也存在“孔洞”，POSS-PEO-HBPUEE复合材料类似于一种“多孔”的聚合物电解质，锂离子、增塑剂、电解质溶剂等小分子物质可以存在于“孔洞”中并随着链段的运动而扩散，连续的“孔洞”相当于独特的扩散通道，有利于阳极键合反应，实验中POSS-PEO-HBPUEEs/Al峰值电流明显增大，键合时间明显延长，POSS-PEO-HBPUEEs/Al具有较高的连接强度。但随着POSS过量，POSS发生团聚，对键合界面的稳定性造成影响，从而键合层出现裂纹，键合强度下降。尽管POSS-PEO-HBPUEE5/Al也有较高的峰值电流和较长的键合时间，但是键合强度低、质量差，表明峰值电流和键合时间只是判断阳极键合性能的参数之一，具体键合质量还要依据键合层的微观形态。

表10-7 POSS-PEO-HBPUEEs/Al阳极键合界面力学性能

样品	POSS加入量	峰值电流（mA）	键合时间（s）	最大载荷（N）	横截面积（mm^2）	拉伸强度（MPa）
POSS-PEO-HBPUEE1/Al	0.5%	15.2	88	99.97	50.24	1.99
POSS-PEO-HBPUEE2/Al	1%	15.7	104	112.03	50.24	2.23
POSS-PEO-HBPUEE3/Al	3%	15.6	97	103.99	50.24	2.07
POSS-PEO-HBPUEE4/Al	5%	15.2	102	82.39	50.24	1.64
POSS-PEO-HBPUEE5/Al	7%	14.2	90	47.72	50.24	0.95

结合实验和分析，POSS-PEO-HBPUEEs/Al键合机理可作如下说明：聚合物电解质链段的局部松弛以及链段极性基团对锂离子的络合作用使聚合物电解质在微观上表现出类似电解液的属性，然而聚合物高分子量的特点以及分子链段不能长程迁移的属性又赋予其固态的宏观特征，在固体聚合物基体特殊的体系中如何来提高锂离子导电率以及使其具有广泛的实用性是聚合物电解质研究的热点。然而对于阳极键合，阴极材料的离子导电率只是决定键合性能的其中一个因素，元素扩散、键合界面活性、材料的热稳定性以及力学性能等共同影响着阳极键合性能。根据阳极键合原理，通过添加最佳比例的LiTFSI、超支化分子结构的设计、PEO共混改性以及POSS杂化体改性，所制备的聚合物复合材料POSS-PEO-HBPUEEs可以与Al实现良好的键合，键合界面可以达到较高的连接强度。阴极材料的离子导电率值是阳极键合的重要参数，通过对聚合物阴极材料的优化设计，POSS-PEO-HBPUEEs在键合温度下具有较高的离子导电率。当键合电流达到峰值，阳离子耗尽层中静电引力达到最大，元素的充分扩散是键合层形成的前提条件，阴极材料POSS-PEO-HBPUEEs多“孔隙”的设计，也是考虑便于元素的扩散。当电压全部作用在耗尽层中，键合界面发生微量塑性变形及粘性流动，元素相互扩散并发生氧化反应，形成一定宽度的键合层完成连接。阳极键合所需时间短，原理简单，适应性强，在异种材料连接方面具有广泛的应用潜力，合适的阴极材料是阳极键合应用的关键。

10.5　本章小结

将POSS通过物理掺杂的方式引入到PEO-HBPUEEs复合弹性体中，复合弹性体的LiTFSI含量（$n_{[NHCOO]/Li^+}=1$）、扩链体系（$n_{TMP}:n_{BDO}=0.45:0.45$）及PEO电解液含量（$m_{PEO}=12\%\times m$，$m$：预聚体电解质质量）保持不变，对不同掺杂量POSS的POSS-PEO-HBPUEEs进行了一系列结构表征和电性能等表征。采用设计的热引导动态场阳极键合工艺，将制备的POSS-PEO-HBPUEEs与Al片进行阳极键合连接，并对键合性能进行表征研究。通过阳极键合实验确定阴极材料POSS-PEO-HBPUEEs的最佳POSS掺杂量以及最佳配方。得到主要结论如下：

（1）红外光谱测试表明，实验成功制备了掺杂POSS的复合弹性体材料POSS-PEO-HBPUEEs，适量POSS提高了锂离子与羰基的络合作用。

（2）XRD和DSC测试结果表明，POSS-PEO-HBPUEEs中可以看到POSS特征衍射峰，并且随着POSS加入量增加，其特征峰越加强烈，POSS有效溶解在复合材料基体中；XRD图中宽弥散峰的出现表明POSS-PEO-HBPUEEs具有无定形结构。POSS-PEO-HBPUEEs分子链段具有较好的低温柔顺性，当POSS添加量为预聚体电解质质量的1%时，复合材料的玻璃转变温度最低（POSS-PEO-HBPUEE2）。

（3）SEM和TGA测试结果表明，复合材料中PEO与PU具有较好的相容性，SEM图像可以观察到POSS杂化体，过量POSS导致分散性变差，出现团聚现象。POSS-PEO-HBPUEEs具有良好的热稳定性。

（4）POSS-PEO-HBPUEEs交流阻抗谱和力学性能测试表明，通过抑制结晶、形成特殊导电通路等方式，掺杂POSS可以进一步提高电解质的离子导电率，复合材料POSS-PEO-HBPUEE2在75 ℃（阳极键合温度）时离子导电率可达2.7×10^{-3} S·cm^{-1}。复合材料的力学性能明显提高，随着POSS增多，复合材料硬度升高，扯断伸长率略有下降，拉伸强度和撕裂强度分别是先升高后下降。

（5）POSS-PEO-HBPUEEs/Al键合性能表明，掺杂POSS阴极材料在阳极键合中峰值电流明显提高，键合时间明显延长，并且随着POSS掺杂量的不同，峰值电流和键合时间发生变化，表明阴极材料中不同POSS掺杂量影响阳极键合过程。通过SEM图，在POSS-PEO-HBPUEEs/Al键合界面处可观察到均匀的键合层，在键合界面处还可看到POSS杂化体粒子，然而过量的POSS导致键合层开裂。EDS检测到Al、S、O、C、F、Si、N元素在界面处发生明显的相互扩散，POSS-PEO-HBPUEEs/Al成功实现阳极键合连接，键合层拉伸强度最高可达2.23 MPa，与前面工作相比有明显提高。在制备的系列阴极材料POSS-PEO-HBPUEEs中，POSS掺杂量为预聚体电解质质量的1%时，其与Al片的键合性能最佳。

后　记

随着微机电系统（Micro-Electro-Mechanical System，MEMS）不断朝着微型化、集成化、智能化、柔性化等方向快速发展，各类微型器件正逐渐改变着人们的生活。封装是MEMS生产中一个十分重要的环节，封装质量直接影响到MEMS器件的使用环境及使用寿命。阳极键合技术是MEMS封装的有效手段，而随着MEMS器件对封装的要求不断提高，传统的封装键合材料已逐渐不能满足需求，因此开发新材料及优化封装键合工艺成为了阳极键合技术在MEMS封装领域应用中一个亟待解决的问题。

本书首先以聚乙二醇（PEG）为基体，采用“高能球磨-热压成型-快速冷却”工艺，设计制备了适用于阳极键合的PEG基固体聚合物电解质材料，并通过扫描电镜、X-射线衍射仪、交流阻抗分析仪、差示扫描量热仪、元素能谱分析仪等分析表征方法，研究了不同制备工艺及改性添加剂含量等因素对材料表面微观形貌、离子导电性、热稳定性、机械性等阳极键合性能的影响机理。

其次，以聚合物柔性材料在阳极键合中应用为目的，采用预聚体法制备了综合性能良好的聚氨酯弹性体类阴极材料，设计了针对聚合物弹性体的热引导动态场阳极键合工艺，并成功实现了聚合物弹性体材料的阳极键合连接。

目前在柔性键合封装领域虽取得了一些成果，但在有些方面仍有待继续深入探索。作者今后将着重从以下方面继续深入研究。

（1）设计开发具有较高离子导电率（$>10^{-3}$ S·cm^{-1}）、环境适应性强及封装性能优良的聚合物阴极材料，进一步深入研究阳极键合的物理化学过程、中间键合层的形成过程及其物质组成，并且建立关系模型，探讨其中的作用机理。在材料合成制备过程中做到精细结构控制和有效干预，以期获得阳极键合柔性封装的多种类、多功能、适应性强的聚合物材料。

（2）目前柔性太阳电池、OLED等光电类器件发展迅速，其封装材料要求具有较高的透光率，通常透光率达到85%以上才有进一步的应用价值。对聚氨酯离子导电弹性体透光性进行深入研究，通过实验得出最佳的制备参数和配方，优化制备工艺，同时要在特定器件中得以应用。

（3）柔性器件的发展趋势是超薄化，那么要求封装材料也超薄，对于超薄聚合物阴极材料的制备以及设计相应的阳极键合工艺是今后需要研究的重点。

（4）本书所研究的仍处于理论与实验阶段，今后的重点研究是针对某一类典型器件，在前期研究积累的基础上，用所制备的柔性材料和阳极键合工艺实现柔性封装。

参考文献

[1] Wallis G, Pomerantz D I. Field assisted glass-metal sealing [J]. Applied Physics, 1969, 40（10）: 3946-3949.

[2] Rogers T, Kowal J. Selection of glass, anodic bonding conditions and material compatibility for silicon-glass capacitive sensors [J]. Sensors and Actuators A, 1995, A46（1-3）:113-120.

[3] 姚雅红，吕苗，赵彦军，等.位传感器制造中的硅-玻璃静电键合技术[J].半导体技术，1999，24（4）: 20-21.

[4] Kreissig U, Grigull S, Lange K. In situ ERDA studies of ion drift processes during anodic bonding of alkali—borosilicate glass to metal [J]. Nuclear Instruments and Methods in Phy' sits Research B, 1998, 136-138:674-679.

[5] Knapkiewicz P. Ultra-low temperature anodic bonding of silicon and borosilicate glass [J]. Semiconductor Science and Technology, 2019, 34（3）:035005.

[6] Hu L F, Xue Y Z, Wang H. Glass-Cu joining by anodic bonding and soldering with eutectic Sn-9Zn solder [J]. Journal of Alloys and Compounds, 2019, 789:558-566.

[7] Szesz E M, Lepienski C M. Anodic bonding of titanium alloy with bioactive glass [J]. Journal of Non-Crystalline Solids, 2017, 471:19-27.

[8] Woetzel S, Ihring A, Kessler E, et al. Hermetic sealing of MEMS including lateral feedthroughs and room-temperature anodic bonding [J]. Journal of Micro-mechanics and Microengineering, 2018, 28:7.

[9] Wu J W, Yang C R, Huang M J, et al. Realization of ultrafast and high-

quality anodic bonding using a non-contact scanning electrode[J]. Journal of Micromechanics & Microengineering, 2013, 23（7）: 80–97.

[10] Cheng J S, Xiong D H, Li H, et al. Al - Si thin films assisted anodic bonding of R_2O - Al_2O_3 - SiO_2 glass - ceramics to stainless steel [J]. Journal of Adhesion Science and Technology, 2011, 25（15）: 1925–1935.

[11] Koebel M M, Hawi N E, Lu J, et al. Anodic bonding of activated tin solder alloys in the liquid state: a novel large-area hermetic glass sealing method [J]. Solar Energy Materials & Solar Cells, 2011, 95（11）: 3001–3008.

[12] 吴登峰，邬玉亭，褚家如. 阳极键合工艺进展及其在微传感器中的应用[J]. 传感器技术，2002，21（11）: 4–6.

[13] Du C, Liu C R, Yin X, et al. Synthesis and bonding performance of conductive polymer containing rare earth oxides [J]. Journal of Inorganic and Organometallic Poly–mers and Materials, 2018, 28: 746–750.

[14] Du C, Liu C R, Yin X.Polyethylene glycol–based solid polymer electrolytes: encapsulation materials with excellent anodic bonding performance[J]. Journal of Inorganic and Organometallic Polymers and Materials, 2017, 27: 1521–1525.

[15] Du C, Liu C R, Yin X.Effect of cooling mode on anodic bonding properties of solid polymer electrolytes[J].Journal of Inorganic and Organometallic Polymers and Materials, 2018, 28: 146–151.

[16] 王多笑，邬玉亭，褚家如.低温阳极键合技术研究[J].传感器技术，2005（9）: 37–39.

[17] 刘翠荣.玻璃（陶瓷）与金属阳极键合界面结构及力学性能[D].太原：太原理工大学，2008.

[18] 陈大明，胡利方，时方荣，等.硅–玻璃–硅阳极键合机理及力学性能[J].焊接学报，2019，40（2）: 123–127.

[19] Walter V, Bourbon G, Le Moal P.Residual Stress in Capacitive Micromachined Ultrasonic Transducers Fabricated with Anodic Bonding Using SOI Wafer[J].Procedia Engineering, 2014, 87: 883–886.

[20] Van Helvoort A T J, Knowles K M, Fernie J A.Characterization of cation

depletion in Pyrex during electrostatic bonding[J].Journal of the Electrochemical Society，2003，150（10）：G624–G629.

[21] Singh K，Joyce R，Varghese S，et al.A new method for fast anodic bonding in microsystem technology[J].Microsystem Technologies，2014，20（7）：1345–1349.

[22] 杜超，刘翠荣，阴旭，等.阳极键合研究现状及影响因素[J].材料科学与工艺，2018，26（5）：82–88.

[23] Despont M，Gross H.Fabrication of a silicon–Pyrex–silicon stack by a.c.anodic bonding[J].Sensors and Actuators A，1996，55：219–224.

[24] Meng Qingsen，Xue Jin.Joining mechanism of field–assisted bonding of electrolyte glass to metals[J].Chinese Journal of Mechanical Engineering，2003，16：72–74.

[25] HOU L，WU P.Understanding the UCST – type transition of P（ AAM–co–AN ）in H_2O and D_2O：Dramatic effects of solvent isotopes[J].Soft Matter，2015，11（35）：7059–7065.

[26] LI T，TANG H，WU P.Molecular evolution of poly（2–isopropyl–2–oxazoline）aqueous solution during the liquid–liquid phase separation and phase transition process[J].Langmuir，2015，31（24）：6870–6878.

[27] 孟庆森，张丽娜，喻萍等.硼硅玻璃与单晶硅的场致扩散连接形成机理分析[J].材料热处理学报，2001，22（4）：17–20.

[28] 孟庆森，张丽娜.金属与硼硅玻璃场致扩散连接形成机理[J].焊接学报，2001，22：63–65.

[29] Xing Q F，Yoshida etc M，TEM study of the interface of anodic–bonded Si/Glass[J].Scripta Materialia，2002，47：577–582.

[30] Qingfeng X，Sasaki G，Fukunaga H.Interfacial microstructure of anodic–bonded Al/glass[J].Journal of materials science：materials in electronics，2002，13（2）：83–88.

[31] Joyce R，Singh K，Varghese S，et al.Stress reduction in silicon/oxidized silicon – Pyrex glass anodic bonding for MEMS device packaging：RF switches and pressure sensors[J].Journal of Materials Science：Materials in Electronics，2015，

26（1）：411–423.

[32] Lee T M H，Hsing I M，Liaw C Y N.An improved anodic bonding process using pulsed voltage technique[J].Microelectromechanical Systems，Journal of，2000，9（4）：469–473.

[33] Daoliong Y，Chen X，Cuangdi S.Applying double electric fields to avoid deteriorating movable sensitive parts in MEMS during anodic bonding[J].Chinese Journal of Semiconductors，2004，25（10）：12–49.

[34] Rogers T，Aitken N，Stribley K，et al.Improvements in MEMS gyroscope production as a result of using in situ，aligned，current–limited anodic bonding[J].Sensors and Actuators A：Physical，2005，123：106–110.

[35] Huang J T，Yang H A.Improvement of bonding time and quality of anodic bonding using the spiral arrangement of multiple point electrodes[J].Sensors and Actuators A：Physical，2002，102（1）：1–5.

[36] 吴登峰，邬玉亭，褚家如，等.采用线阴极的快速阳极键合方法.[J].传感器技术，2003，22（5）：17–19.

[37] Wu J W，Yang C R，Huang M J，et al.Realization of ultrafast and high–quality anodic bonding using a non–contact scanning electrode[J].Journal of Micromechanics and Microengineering，2013，23（7）：075008.

[38] Weichel S，Reus R D，Bouaidat S，et al.Low–temperature anodic bonding to silicon nitride[J].Sensors & Actuators A Physical，2000，82（1–3）：249–253.

[39] 章钊.硅/微晶玻璃阳极键合机理的研究[J].武汉：武汉理工大学，2010.

[40] P.Mrozek.Glass–to–glass anodic bonding using TiNx interlayers for fully transparent device applications[J].Sensors and Actuators A：Physical，2012，174：139–143.

[41] 陆春意.基于电流控制的阳极键合工艺方法及实验研究[D].苏州：苏州大学，2015.

[42] 沈伟东，吴亚明，章岳光，等.电子束蒸发玻璃薄膜中间层的阳极键合研究[J].真空科学与技术学报，2008，28（2）：143–147.

[43] 郭劲言. SiO_2–Na_2O–AlO功能玻璃与金属的共阳极键合试验研究[D]. 太原：太原理工大学，2010.

[44] 薛永志.基于阳极键合的玻璃与金属扩散连接界面行为及力学性能研究[D].太原：太原理工大学，2019.

[45] Fenton D E，Parker J M，Wright P V.Measurements of ionic conductivity in polymer–salt complexes.Polymer，1973，14：589–591.

[46] Wright P V.Electrical conductivity in ionic complexes of poly（ethylene oxide）[J]，British Polymer Journal，1975，7（5）：3 1 9–327

[47] Payne D R，Wright P V.Morphology and ionic conductivity of some lithium ion complexes with poly（ethylene oxide）[J]，Polymer，1982，23：690–693.

[48] Armand M B，Chabagno J M，Duclot M.Fast ion transport in solids：electrodes and electrolytes[M]，New York：North Holland，1979，131–136.

[49] Wolfgang H M. Polymer electrolytes for lithium–ion batteries[J]，Advanced Materials，1998，10（16）：439–448.

[50] Murata K，Izuchi S，Yoshihisa Y.An overview of the research and development of solid polymer electrolyte batteries[J].Electrochim.Acta，2000，45（8–9）：1501–1508.

[51] Lightfoot P，Mehta M A，Bruce P G.Crystal structure of the polymer electrolyte poly（ethylene oxide）3：LiCF3SO3[J]，Science，1993，262：883.

[52] Muller–plathe F，Gunstem W F.Computer simulation of a polymer electrolyte：lithium iodide in amorphous poly（ethyleneoxide）[J].J.Chem.Phys.，1995，103：4745–475.

[53] Gozdz A S，Schmutz C N，Tarascon J M，et al.Polymer electrolytic cell separator membrane.USP：5418091，1995.

[54] 郑洪河，锂离子电池电解质[M].北京：化学工业出版社，2007：180.

[55] Liu Y，Lee J Y，Hong L. functionalized SiO_2 in Poly（ethylene oxide）–based polymer electrolytes.Journal of Power Sources，2002，112（2）：671–675.

[56] Forsyth M，Macfarlane D R，Best A，et al.The effect of nano–particle TiO_2 filler on structure and transport in polymer electrolytes.Solid State Ionics，

2002，147（3–40）：203–211.

[57] Tambellic C，Bloise A C，Rosario A V，et al.Characterization of PEO–Al_2O_3 composite polymer electrolytes.Electrochimica Acta，2002，47（11）：1677–1682.

[58] Croce F，Appetecchi G B，Persi L，et al.Nanocomposite polymer electrolytes for lithium batteries[J]，Nature，1998，394：456–458.

[59] Appetecchi G B，Croce F，Persi L，et al.Transport and interfacial properties of composite polymer electrolytes[J]，Electrochimica Acta，2000，45（8–9）：1481–1490.

[60] Johan M R，Ibrahim S.Optimization of neural network for ionic conductivity of nanocomposite solid polymer electrolyte system（PEO–LiPF6–EC–CNT）[J]，Communications in Nonlinear Science and Numerical Simulation，2012，17（1）：329–340.

[61] Capuano F，Croce F.Scrosati B.Composite polymer electrolytes[J].J.Electrochem.Soc.，1991，138（7）：1918–1922.

[62] Stevens J R，Mellander B E.Poly（ethylene oxide）–alkali metal–silver halide salt systems with high ionic conductivity at room temperature[J].Solid State Ionics，1986，21（3）：203–206.

[63] Croce F，Appetecchi G B，Persi L，et al.Nanocom posite polymer electrolytes for lithium batteries[J].Nature，1998，394：456–459.

[64] Przyluski J，Wieczorek W.Increasing the conductivity of polymer solid electrolytes：a review[J].Solid State Ionics，1989，36：165–169.

[65] Wieczorek W，Sizekierski M，A description of the temperature dependence of the conductivity for composite polymeric electrolytes by effective medium theory[J]. Appl phys 1994，76：2220–2226.

[66] Scrosati B，Croce F，Persi L.Impedance spectroscope study of PEO based nanocomposite polymer electrolytes[J]. Electrochem Soc，2000，147（5）：1718–1721.

[67] Choi B K，Kim Y W.Conductivity relaxation in the PEO–salt polymer electrolytes[J].Electrochimica Acta，2004，49（14）：2307–2313.

[68] Ramesh N，Dude J L.A modified free-volume model：correlation of ion-conduction in strongly associating polymeric materials[J].J Membrane Science，2001，191：13-30.

[69] M.H.Cohen，D.Turnbull.Free-volume model of the amorphous phase：glass transition[J]. J.Chem.Phys.，1961，34，120-125.

[70] McLachlan D S.An equation for the conductivity of binary mixtures with anisotropic grain structures[J]. Journal ofPhysics C：Solid State Physics，1987，20（7）：865-878.

[71] McLachlan D S，Blaszkiewicz M，Newnham R E.Electrical resistivity of composites[J]. Journal of the American Ceramic Society，1990，73（8）：2187-2203.

[72] McLachlan D S.Equations for the conductivity of macroscopic mixtures[J]. Journal of Physics C：Solid State Physics，1986，1 9（9）：1339-1354.

[73] McLachlan D S，Burger J P.An analysis of the electrical conductivity of the two phase Pd Hx system[J]. Solid State Communications，1988，65（2）：159-161.

[74] Przyluski J，Sizekierski M，Wieczorek W.Effective medium theory in studies of conductivity of composite polymeric electrolytes[J].Electrochimica Acta，1995，40（13）：2101-2108.

[75] Wieczorek W，Zalewska A，Sizekierski M，et al.Modelling the a.c.conductivity behavior of composite polymeric electrolytes by the effective medium theory[J].Solid State Ionics，1996，86-88：357-362

[76] Robitaille C D，Fauteux D.Phase diagrams and conductivity characterization of some?PEO-LiX Electrolytes[J].Journal of The Electrochemical Society，1986，133（2）：315-325.

[77] Williams M L，Landel R F，Ferry J D.The temperature dependence of relaxation mechanisms in amorphous polymers and other glass-forming liquids[J]. Journal of the American Chemical Society，1955，77（14）：3701-3707.

[78] MacCallum J R，Vincent C A.Polymer electrolyte reviews[J]，Journal of Polymer Science Part C Polymer Letters，1988，26（8）：371-372.

[79] Parker J M，Wright P V，Lee C C.A double helical model for some alkali metal ion-poly（ethylene oxide）complexes[J].Polymer，1981，22（10）：1305-1307.

[80] Himba T.Structural aspects of poly（ethylene oxide）salt complexes[J].Solid State Ionics，1983，9-10：1101-1105.

[81] Chung S H，Such K，Wieczorek W，et al.An analysis of ionic conductivity in polymer electrolytes[J].J.Polym.Sci.Part B：Polym.Phys.，1994，32（16）：27-33.

[82] Stephen Druger D，Abraham Nitzan，Mark A.Ratner.Dynamic bond percolation theory：A microscopic model for diffusion in dynamically disordered systems.I.Definition and one-dimensional case[J].J.Chem.Phys.，1983，79：31-33.

[83] Stephen D.Druger，Mark A.Ratner，Nitzan A. Generalized hopping model for frequency-dependent transport in a dynamically disordered medium，with applications to polymer solid electrolytes[J].Phys.Rev.B.，1985，31：39-39.

[84] Sun H Y，Sohn H J，Yamamoto O，et al.Enhanced Lithium-Ion Transport in PEO-Based Composite Polymer Electrolytes with Ferroelectric BaTiO3[J].J.Electrochem.Soc.，1999，146（5）：1672.

[85] Appetecchi G B，Croce F，Persi L，et al.Transport and interfacial properties of composite polymer electrolytes[J].Electrochimica Acta，2000，45（8-9）：1481-1488.

[86] Florjanczyk Z，Monikowska E Z，Bzducha W.Polymer electrolytes comprising organometallic compounds[J].Electrochimica Acta，2000，45（8-9）：1203.

[87] Mac Callum J R，Vincent C A，in：Mac Callum J.R.，Vincent C.A.（Eds.）[J]，Polymer Electrolyte Reviews- Ⅰ，Elsevier，London，1987，p.23，Chap.2.

[88] Tetsu Tatsuma，Makoto Taguchi，Noboru Oyama.Inhibition effect of covalently cross-linked gel electrolytes on lithium dendrite formation[J]，Electrochimica Acta，2001，46：1201-1224.

[89] Agnihotry S A，Pradeep P，Sekhon S S.PMMA based gel electrolyte for

EC smart windows[J]. Electrochimica Acta，1999，44：3121–3146.

[90] Appetecchi G B，Scrosati B.A lithium ion polymer battery[J]. Electrochimica Acta，1998，43：1105–1132.

[91] Rajendran S，Uma T.Experimental investigations on PVC－LiAsF－DBP polymer electrolyte systems[J].J.Power Sources，2000，87（1–2）：218–235.

[92] Yuria Saito，Claudio Capiglia，Hitoshi Yamamoto，P.Mustarelli.Ionic Conduction Mechanisms of Polyvinylidene fluoride–Hexafluoropropylene Type Polymer Electrolytes with LiN（CF_3SO_2）$_2$[J].J.Electrolchem.Soc.，2000，147（5）：1645–1666.

[93] Abraham K M，Koch V R，Blakley T J.Inorganic–Organic Composite Solid Polymer Electrolytes[J].J.Electrolchem.Soc.，2000，147（4）：1251–1282.

[94] Thierry Michot，Atsushi Nishimoto.Masayoshi Watanabe.Electrochemical properties of polymer gel electrolytes based on poly（vinylidene fluoride）copolymer and homopolymer[J].Electrochimica Acta，2000，45：1347–1376.

[95] Boudin F，Andrieu X，Jehoulet C，et al.Microporous PVdF gel for lithium–ion batteries[J].J.power Sources，1999，81–82：804.

[96] Anders Ferry，Marca Doeff M，Lutgard De Jonghe C.Transport Property and Raman Spectroscopic Studies of the Polymer Electrolyte System P（EO）n–NaTFSI[J].J.Electrochem.Soc.，1998，145（5）：1586–1594.

[97] Morales E, Acosta J,Synthesis L.Characterisation of poly（methyl–alkoxysiloxane）solid polymer electrolytes incorporating different lithium salts[J]. Electrochimica Acta，1999，45：1049–1057.

[98] Cheng S，Smith D M，Li C Y.How does nanoscale crystalline structure affect ion transport in solid polymer electrolytes?[J].Macromolecules，2014，47（12）：3978–3986.

[99] Naoi K，Mori M，Inoue M，et al.Modification of the lithium metal surface by nonionic polyether surfactants.II.Investigations with microelectrode voltammetry and in situ quartz crystal microbalance[J].Journal of The Electrochemical Society，2000，147（3）：813–819.

[100] Quartarone E，Mustarelli P，Magistris A.PEO–based composite

polymer electrolytes[J].Solid State Ionics，1998，110（1–2）：1–14.

[101] Murata K，Izuchi S，Yoshihisa Y.An overview of the research and development of solid polymer electrolyte batteries[J].Electrochimica Acta，2000，45：1501–1508.

[102] Panday A，Mullin S，Gomez E D，et al.Effect of molecular weight and salt concentration on conductivity of block copolymer electrolytes[J]. Macromolecules，2009，42（13）：4632–4637.

[103] Kim Seong Hun，Kim Jun Yong，Kim Han Sang，et al.Ionic conductivity of polymer electrolytes based on phosphate and polyether copolymers[J]. Soild State Ionic，1999，116（1–2）：63–71.

[104] Wang C，Sakai T，Watanabe O，et al.All solid–state lithium–polymer battery using a self–cross–linking polymer electrolyte[J].Journal of The Electrochemical Society，2003，150（9）：A1166–A1170.

[105] Singh M，Odusanya O，Wilmes G M，et al.Effect of molecular weight on the mechanical and electrical properties of block copolymer electrolytes[J]. Macromolecules，2007，40（13）：4578–4585.

[106] Killis A，LNnest J F，Gandini A et al.Correlation among transport properties in ionically conducting cross–linked networks[J].Solid State Ionics，1984，14（3）：231–239.

[107] Celik S Ü，Bozkurt A.Polymer electrolytes based on the doped comb–branched copolymers for Li–ion batteries[J].Solid State Ionics，2010，181（21–22）：987–993.

[108] Roh D K，Park J T，Ahn S H，et al.Amphiphilic poly（vinyl chloride）–g– poly（oxyethylene methacrylate）graft polymer electrolytes：Interactions，nanostructures and applications to dye–sensitized solar cells[J]. Electrochimica Acta，2010，55（17）：4976–4981.

[109] Kang Y，Lee W，Hack Suh D，et al.Solid polymer electrolytes based on cross–linked polysiloxane–g–oligo（ethylene oxide）：ionic conductivity and electrochemical properties[J].Journal of Power Sources，2003，119–121：448–453.

[110] Pennarun P Y，Jannasch P.Electrolytes based on LiClO4 and branched PEG-boronate ester polymers for electrochromics[J].Solid State Ionics，2005，176（11-12）：1103-1112.

[111] Kumar K K，Ravi M，Pavani Y，et al.Investigations on PEO/PVP/Na Br complexed polymer blend electrolytes for electrochemical cell applications[J]. Journal of Membrane Science，2014，454：200-211.

[112] Lee L，Park S J，Kim S.Effect of nano-sized barium titanate addition on PEO/PVDF blend-based composite polymer electrolytes[J].Solid State Ionics，2013，234：19-24.

[113] Elashmawi I S，Gaabour L H.Raman，morphology and electrical behavior of nanocomposites based on PEO/PVDF with multi-walled carbon nanotubes[J].Results in Physics，2015，5：105-110.

[114] Yuan F，Chen H Z，Yang H Y，et al.PAN-PEO solid polymer electrolytes with high ionic conductivity[J].Materials Chemistry and Physics，2005，89（2-3）：390-394.

[115] Chun-Guey W，Chiung-Hui W，Ming-I L，et al.New solid polymer electrolytes based on PEO/PAN hybrids[J].Journal of Applied Polymer Science，2006，99（4）：1530-1540.

[116] Liang B，Tang S，Jiang Q，et al.Preparation and characterization of PEO-PMMA polymer composite electrolytes doped with nano-Al_2O_3[J]. Electrochimica Acta，2015，169：334-341.

[117] Acosta J L，Morales E.Structural，morphological and electrical characterization of polymer electrolytes based on PEO/PPO blends[J].Solid State Ionics，1996，85（1-4）：85-90.

[118] Liang G J，Xu W L，Xu J，et al.Influence of weight ratio of citric acid cross linker on the structure and conductivity of the crosslinked polymer electrolytes[C].Advanced Materials Research，2012，391：1075-1079.

[119] Boaretto N，Bittner A，Brinkmann C，et al.Highly conducting 3D-hybrid polymer electrolytes for lithium batteries based on siloxane networks and cross-linked organic polar interphases[J].Chemistry of Materials，2014，26（22）：

6339-6350.

[120] Maccallum J R，Smith M J，Vincent C A.The effects of radiation-induced crosslinking on the conductance of $LiClO_4$·PEO electrolytes[J].Solid State Ionics，1984，11（4）：307-312.

[121] Weston J E，Steel B C H，Effects of inert fillers on the mechanical and electrochemical properties of lithium salt-poy（ethylene oxide）polymer electrolytes[J].Solid State Ioics，1982，7（1）：75-79.

[122] Sundar M，Selladurai S.Effect of fillers on magnesium - poly（ethylene oxide）solid polymer electrolyte[J].Ionics，2006，12（4-5）：281-286.

[123] Chen H W，Chang F C.The novel polymer electrolyte nanocomposite composed of poly（ethylene oxide），lithium triflate and mineral clay[J].Polymer，2001，42（24）：9763-9769.

[124] Croce F，Curini R，Martinelli A，et al.Physical and chemical properties of nanocomposite polymer electrolytes[J].The Journal of Physical Chemistry B，1999，103（48）：10632-10638.

[125] Shin J H，Jeong S S，Kim K W，et al.FT-Raman spectroscopy study on the effect of ceramic fillers in $P(EO)_{20}LiBETI$[J].Solid State Ionics，2005，176（5 - 6）：571-577.

[126] Fan L，Nan C W，Zhao S.Effect of modified SiO_2 on the properties of PEO-based polymer electrolytes[J].Solid State Ionics，2003，164（1-2）：81-86.

[127] Xiong H M，Zhao X，Chen J S.New polymer-inorganic nanocomposites PEO-ZnO and PEO-ZnO-$LiClO_4$ films[J].Journal of Physical Chemistry B，2001，105：10169-10174.

[128] Patil S U，Yawale S S，Yawale S P.Conductivity study of PEO-$LiClO_4$ polymer electrolyte dopedwith ZnO nanocomposite ceramic filler[J].Bulletin of Material Science，2014，37：1403-1409.

[129] 吴其胜．无机材料机械力化学[M]，北京：化学工业出版社，2008.

[130] 陈鼎，陈振华．机械力化学[M]，北京：化学工业出版社，2008.

[131] 朱心昆，林秋实，陈铁力等．机械合金化的研究及进展[J].粉末冶金技术，1999，17（4）：291-269.

[132] Benjamin J S.Dispersion strengthened superalloys by mechanical alloying[J], Metallurgical Transaction, 1970, 1: 2943-2951.

[133] 张向武，沈烈，益小苏.高聚物的机械合金化[J].材料导报，1999，13（2）：46-47.

[134] Calka A, Wexler D.Mechanical milling assisted by electrical discharge[J].Nature, 2002, 419: 147-156.

[135] Apel E, Hoen C, Rheinberger V, et al.Influence of ZrO_2 on the crystallization and properties of lithium disilicate glass-ceramics derived from a multi-component system[J].JEur Ceram Soc, 2007, 27: 1571-1583.

[136] Holand W, Apel E, Hoen C, et al.Studies of crystal phase formations in high-strength lithium disilicate glass-ceramics[J].J Non-Crystall Solids, 2006, 352: 4041-4056.

[137] Gary F M, MacCallum J R, Vincent C A.Poly (ethylene oxide) -$LiCF_3SO_3$-polystyrene electrolyte systems[J].Solid State Ionics, 1986, (18-19): 282-286.

[138] Kumar B, Scanlon L G.Polymer-ceramic composite electrolytes: conductivity and thermal history effects[J].Solid State Ionics, 1999, 124 (3-4): 239-254.

[139] Pandey G P, Hashmi S A, Agrawal R C.Hot-press synthesized polyethylene oxide based proton conducting nanocomposite polymer electrolyte dispersed with SiO_2 nanoparticles[J].Solid State Ionics, 2008, 179 (15-16): 543-549.

[140] Shin J H, Alessandrini F, Passerini S.Comparison of solvent-cast and hot-pressed $P(EO)_{20}$- $LiN(SO_2CF_2CF_3)_2$ polymer electrolytes containing nanosized SiO2[J].J.Electrochem.Soc., 2005, 152(2): 283-288.

[141] Fan J, Raghavan S R, Yu X Y, et al.Composite polymer electrolytes using surface-modified fumed silicas: conductivity and rheology.Solid State Ionics, 1998, 111: 117-123.

[142] Capiglia C, Mustarelli P, Quartarone E, et al.Effects of nanoscale SiO2 on the thermal and transport properties of solvent-free, poly (ethylene oxide)

(PEO) -based polymer electrolytes[J].Solid State Ionics，1999，118：73–79.

[143] Walls H J，Zhou J，Yerian J A，et al.Fumed silica-based composite polymer electrolytes：synthesis，rheology，and electrochemistry[J].J Power Sources，2000，156：156–162.

[144] 郑凯强.两种柔性电子器件的制备与应用[D].北京：北京化工大学，2018.

[145] 辛润.可延展石墨烯电子器件的力学设计与分析[D].南京：南京大学，2017.

[146] X.Wang，X.Lu，B.Liu，et al.Flexible energy-storage devices：Design consideration and recent progress[J].Advanced Materials，2014，26 (28)：4763.

[147] 董文举，孔令斌，康龙，等.超级电容器电极材料及器件的柔性化与微型化[J].材料导报 A：综述篇，2018，32（9）：2912–2917.

[148] Liu W，Song M S，Kong B，et al.Flexible and stretchable energy storage：Recent advances and future perspectives[J].Advanced Materials，2017，29 (1)：1603436.

[149] 李学通，仝洪月，赵越.柔性电子器件的应用、结构、力学及展望[J].力学与实践，2015，37（3）：295–301.

[150] 廖非易.基于二氧化钒薄膜的柔性器件的制备及应用[D].成都：电子科技大学，2017.

[151] 董自明.可延展柔性电子器件优化设计及仿真分析[D].西安：西安电子科技大学，2017.

[152] Wong W，Salleo A.Flexible electronics：materials and applications[M].Berlin：Springer，2009.

[153] 罗鸿羽，令狐昌鸿，宋吉舟.可延展柔性无机电子器件的转印力学研究综述[J].中国科学：物理学 力学 天文学，2018，48（9）：094610.

[154] Wu Y L，Li X F，Zhao H C，et al.Pyrene-based hyperbranched porous polymers with doped Ir (piq) $_2$ (acac) red emitter for highly effcient white polymer light-emitting diodes[J].Organic Electronics，2020，76：105487.

[155] 于翠屏，刘元安，李杨柳，等.柔性电子材料与器件的应用[J].物联网学报，2019，3（3）：102–109.

[156] 杨奇奇.面向光电器件的新型二维材料[D].兰州：兰州大学，2019.

[157] 兰中旭，韦嘉，俞燕蕾.柔性显示基板材料研究进展[J].华南师范大学学报（自然科学版），2017，49（1）：9-16.

[158] Zhao H C，Zhang W X，Yin X，et al.Conductive pol-yurethane elastomer electrolyte（PUEE）materials for anodic bonding[J].RSC Advances，2020，10（22）：13267-13276.

[159] Joyce R，George M，Bhanuprakash L，et al.Investigation on the effects of low-temperature anodic bonding and its reliability for MEMS packaging using destructive and non-destructive techniques[J].Journal of Materials Science：Materials in Electronics，2018，29：217-231.

[160] 郭强.钙钛矿/有机集成太阳电池的研究[D].北京：华北电力大学，2019.

[161] Ball J M，Lee M M，Hey A，et al.Low-temperature processed mesosuperstructured to thin-film perovskite solar cells[J].Energy & Environmental Science，2013，6（6）：1739-1743.

[162] Cai M，Ishida N，Li X，et al.Control of electrical potential distribution for high performance perovskite solar cells[J].Joule，2018，2（2）：296-306.

[163] Zhao L，Luo D，Wu J，et al.High-Performance inverted planar heterojunction perovskite solar cells based on lead acetate precursor with efficiency exceeding 18%[J].Advanced functional material，2016，26（20）：3508-3514.

[164] Li C，Guo Q，Wang Z，et al.Efficient planar structured perovskite solar cells with enhanced open-circuit voltage and suppressed charge recombination based on a slow grown perovskite layer from lead acetate precursor[J].ACS applied materials & interfaces，2017，9（48）：41937-41944.

[165] Zhang J，Tan H S，Guo X，et al.Material insights and challenges for non-fullerene organic solar cells based on small molecular acceptors[J].Nature Energy，2018，3（9）：720-731.

[166] 高瑞鑫.新型MEMS器件电子封装技术的研究[D].济南：山东师范大学，2018.

[167] 刘步云.晶片级封装的可靠性分析[D].成都：电子科技大学，2007.

[168] Park J S，Chae H，Chung H K， et al.Thin film encapsulation for flexible AM-OLED：a review[J].Semiconductor Science and Technology，2011，26（3）：034001-034009.

[169] Kim S H，Kim D，Kim N.A study on the lifetime prediction of organic photovoltaic modules under accelerated environmental conditions[J].IEEE Journal of Photovoltaics，2017，7（2）：525-531.

[170] Li M，Gao D，Li S，et al.Realization of highly-dense Al_2O_3 gas barrier for top-emitting organic light-emitting diodes by atomic layer deposition[J].RSC Advances，2015，5（127）：104613-104620.

[171] Li M，Xu M，Zou J，et al.Realization of Al_2O_3/MgO laminated structure at low temperature for thin-film encapsulation in organic light-emitting diodes[J]. Nanotechnology，2016，27（49）：494003.

[172] Xiao W，Yu D，Bo S F，et al.The improvement of thin-film barrier performances of organic-inorganic hybrid nano-laminates employing a low-temperature MLD/ALD method[J].RSC Advances，2014，4（83）：43850-43856.

[173] Miao Y Q，Wang K X，Zhao B，et al.High-efficiency/CRI/color stability warm white organic light-emitting diodes by incorporating ultrathin phosphores-cence layers in a blue fluorescence layer[J].Nanophotonics，2018，7（1）：295-304.

[174] Wei X Z，Gao L，Miao Y Q，et al.A new strategy for structuring white organic light-emitting diodes by com-bining complementary emissions in the same interface[J].Journal of Materials Chemistry C：Materials for Optical and Electronic Devices，2020，8：2772.

[175] Fan Y，Chen J，Ma D.Enhancement of light extraction of green top-emitting organic light-emitting diodes with refractive index gradually changed coupling layers[J].Organic Electronics 2013，14（12）：3234-3239.

[176] 徐天白.柔性传感器件材料表征、结构设计以及系统应用[D].杭州：浙江大学，2017.

[177] Hou J，Liu M，Zhang H，et al.Healable green hydrogen bonded networks for circuit repair，wearable sensor and flexible electronic devices[J].

Journal of Materials Chemistry A，2017，5：13138.

[178] Dong L，Xu C，Li Y，et al.Flexible electrodes and supercapacitors for wearable energy storage：a review by category[J].Journal of Materials Chemistry A，2016，4：4659–4685.

[179] 秦宁.导电聚合物/聚氨酯基复合材料力学传感器的制备及性能研究[D].哈尔滨：哈尔滨工程大学，2018.

[180] 王飞. PBGA封装的工艺过程及其热可靠性分析[D].武汉：华中科技大学：2014.

[181] Tian H，Guo Q，Xie Y，et al.Anisotropic black phosphorus synaptic device for neuromorphic applications[J].Advanced material，2016，28（25）：4991–4997.

[182] Lee S，Reuveny A，Reeder J，et al.A transparent bending–insensitive pressure sensor[J].Nature nanotechnology，2016，11（5）：472–478.

[183] 潘泰松，廖非易，姚光，等.氧化物功能薄膜材料在柔性传感器件中的应用[J].中国科学：信息科学，2018，48（6）：635–649.

[184] Li M，Zou J，Gao D，et al.Facilitation of transparent gas barrier using SiNx/a–IZO lamination for organic light emitting diodes[J].Organic Electronics，2015，24：57–64.

[185] 杨永强.基于柔性聚合物衬底具有封装集成特性的OLED器件[D].吉林：吉林大学，2015.

[186] Kalyani N T，Dhoble S J.Novel materials for fabrication and encapsulation of OLEDs[J].Renewable &Sustainable Energy Reviews，2015，44：319–347.

[187] Park E K，Kim S，Heo J，et al.Electrical evaluation of crack generation in SiNx，and SiOxNy，thin–film encapsulation layers for OLED displays[J].Applied Surface Science，2016，370：126–130.

[188] Jimbo Y，Tamatsukuri Y，Ito M，et al.Reliability and mechanical durability tests of flexible OLED with ALD coating[J].Journal of the Society for Information Display，2016，23（7）：313–318.

[189] Li M，Xu M，Zou J，et al.Realization of Al_2O_3/MgO laminated structure

at low temperature for thin flm encapsulation in organic light-emitting diodes[J]. Nanotechnology，2016，27（49）：494003.

[190] Wang H L，Yu JT，G.Fang H，et al.Largely improved mechanical properties of a biodegradable polyurethane elastomer via polylactide stereocomplexation[J].Polymer，2018，137：1-12.

[191] 鲍俊杰.全固态锂电池用聚氨酯基固态聚合物电解质的制备与性能研究[D].合肥：中国科学技术大学，2018.

[192] 赵旭东，朱文，李镜人，贾迎宾.全固态锂离子电池用PEO基聚合物电解质的研究进展[J].材料导报A：综述篇，2014，28（4）：13-16.

[193] 赵浩成，张伟玄，武钰铃，等.基于静电键合的聚醚型聚氨酯基固体电解质柔性封装材料[J].功能材料，2019，50（7）：07040-07045.

[194] Mahmood K，Zia K M，Aftab W，et al.Synthesis and characterization of chitin/curcumin blended polyurethane elastomers[J].International Journal of Biological Macromolecules，2018，113：150-158.

[195] Xiao S，Hossain M M，Liu P，et al.Scratch behavior of model polyurethane elastomers containing different soft segment types[J].Materials & Design，2017，132：419-429.

[196] Bao J J，Qu X B，Qi G Q，et al.Solid electrolyte based on waterborne polyurethane and poly（ethylene oxide）blend polymer for all-solid-state lithium ion batteries[J].Solid State Ionics，2018，320：55-63.

[197] 赵浩成.室温固化新型聚氨酯弹性体的制备及性能研究[D].太原：太原理工大学，2012.

[198] 陶灿.聚氨酯的微相分离结构调控、性能和应用[D].合肥：安徽大学，2018.

[199] Bao J J，Shi G J，Tao C，et al.Polycarbonate-based polyurethane as a polymer electrolyte matrix for allsolid-state lithium batteries[J].Journal of Power Sources，2018，389：84-92.

[200] Zhao H C，Zhang W X，Yin X，et al.Conductive polyurethane elastomer electrolyte（PUEE）materials for anodic bonding[J].RSC Advances，2020，10：13267.

[201] Jee CH，Kang K S，Bae J H，et al.Ladder-Type Poly（3，4-ethylenedioxythiophene）-poly（ethylene glycol）-polyurethane supramolecular network for gel polymer electrolyte[J].Polymer-Plastics Technology and Engineering，2017，57：1236-1241.

[202] Lv P F，Yang J，Liu G B，et al.Flexible solid electrolyte based on UV cured polyurethane acrylate/succinonitrile-lithium salt composite compatibilized by tetrahydrofuran[J].Composites Part B：Engineering，2017，120：35-41.

[203] 秦璇.基于分子组装技术构建的新型聚氨酯弹性体的制备、结构及性能研究[D].北京：北京化工大学，2018.

[204] 赵辉.侧链含硅氧烷水性聚氨酯的结构设计与性能研究[D].武汉：湖北大学，2018.

[205] Kong X，Liu G，Qi H，et al.Preparation and characterization of high-solid polyurethane coating systems based on vegetable oil derived polyols[J].Progress in Organic Coatings，2013，76（9）：1151-1160.

[206] Liu H，Liu Z，Yang M，et al.Surperhydrophobic polyurethane foam modified by grapheme oxide[J].Journal of Applied Polymer Science，2014，130（5）：3530-3536.

[207] 项东.聚氨酯弹性体的制备及其微观结构与介电、机电性能关系的研究[D].北京：北京石油化工学院，2018.

[208] Chen C P，Dai SA，Chang H L，Su W C，T.M.Wu，R.J.Jeng. Polyurethane elastomers through multi-hydrogen-bonded association of dendritic structures[J]. Polymer，2005，46（25）：11849-11857.

[209] Middleton J，Burks B，Wells T，et al.The effect of ozone and high temperature on polymer degradation in polymer core composite conductors[J]. Polymer Degradation and Stability，2013，98（11）：2282-2290.

[210] Christenson E M，Anderson J M，Hiltner A.et al.Relationship between nanoscale deformation processes and elastic behavior of polyurethane elastomers[J]. Polymer，2005，46（25）：11744-11754.

[211] Xiao Y，Fu X，Zhang Y，et al.Preparation of waterborne polyurethanes based on the organic solvent free progress[J].Green Chemistry，2016，18（2）：

412–416.

[212] 孙宗杰，丁书江.PEO基聚合物电解质在锂离子电池中的研究进展[J].科学通报，2018，63（22）：2280–2295.

[213] 田军.超支化聚氨酯的合成及改性研究[D].武汉：湖北大学，2018.

[214] Zia K M，Bhatti I A，Barikani M，et al.Surface characteristics of UV-irradiated polyurethane elastomers extended with α，ω-alkane diols[J].Applied Surface Science，2008，254（21）：6754–6761.

[215] 任士通，贺丽娟，常贺飞，等.超支化/星形聚合物电解质的研究进展[J].高分子通报，2012，7：22–34.

[216] Lin M，Shu Y，Tsen W，et al.Synthesis of polyurethane-imide（PU-imide）copolymers with different dianhydrides and their properties[J].Polymer International，2015，48（6）：433–445.

[217] Han Z，Xi Y，Kwon Y.Thermal stability and ablation behavior of modified polydimethylsiloxane-based polyurethane composites reinforced with polyhedral oligomeric silsesquioxane[J].Journal of Nanoscience and Nanotechnology，2016，16（2）：1928–1933.

[218] 董甜甜，张建军，柴敬超，贾庆明，崔光磊.聚碳酸酯基固态聚合物电解质的研究进展[J].高分子学报，2017，6：906–920.

[219] Zhang J，Hu C.Synthesis，characterization and mechanical properties of polyester-based aliphatic polyurethane elastomers containing hyperbranched polyester segments[J].European Polymer Journal，2008，44（11）：3708–3714.

[220] Yu S，Mertens A，Tempel H，et al.Monolithic all-phosphate solid-state lithium-ion battery with improved interfacial compatibility[J].ACS Applied Materials & Interfaces，2018，10：22264–22277.

[221] Fan L，Wei S，Li S，et al.Recent progress of the solid-state electrolytes for high-energy metal-based batteries[J].Advanced Energy Materials，2018，8：2657–2666.

[222] Ma F，Zhang Z，Yan W，et al.Solid polymer electrolyte based on polymerized ionic liquid for high performance all-solid-state lithium-ion batteries[J].Sustainable Chemistry & Engineering，2019，7：4675–4683.

[223] Wang S，Wang A，Liu X，et al.Ordered mesogenic units-containing hyperbranched star liquid crystal all-solid-state polymer electrolyte for high-safety lithium-ion batteries[J].Electrochimica Acta，2018，259：213-224.

[224] 薛永志，胡利方，王浩，等.Si-glass-Al阳极键合电流特性及其力学性能[J].焊接学报，2019，40（6）：71-76.

[225] Wang F，Borodin O，Ding M S，et al.Hybrid aqueous/non-aqueous electrolyte for safe and high-energy Li-ion batteries[J].Joule，2018，2：927-937.

[226] Yu S，Schmohl S，Liu Z，et al.Insights into a layered hybrid solid electrolyte and its application in long lifespan high-voltage all-solid-state lithium batteries[J].Journal of Materials Chemistry A，2019，7：3882-3894.

[227] 孔亚州.应用于锂离子电池聚合物电解质的几种新型锂盐的制备及性质研究[D].合肥：安徽大学，2015.